乐高 BOOST

创意搭建指南

95 例绝妙机械组合

[日] 五十川芳仁（Yoshihito Isogawa） 著
孟 辉 韦皓文 译

机械工业出版社

本书包含了95例使用乐高BOOST套装搭建简单机器人的创造性方法。每个模型都包括零件清单、简单文本说明、程序截图以及多个角度的彩色照片，因此你不需要搭建说明即可重新搭建出这些模型。

你将制作出可以行走、爬行、发射和抓取物体，甚至还可以用笔画画的机器人。搭建提示可以帮助你自行调整模型。

最重要的是，搭建这些模型的所有零件都来自乐高BOOST套装（#17101）。

图书在版编目（CIP）数据

乐高BOOST创意搭建指南：95例绝妙机械组合/（日）五十川芳仁（Yoshihito Isogawa）著；孟辉，韦皓文译. —北京：机械工业出版社，2019.9

书名原文：The LEGO BOOST Idea Book: 95 Simple Robots and Hints for Making More!

ISBN 978-7-111-63505-5

Ⅰ. ①乐…　Ⅱ. ①五… ②孟… ③韦…　Ⅲ. ①智能机器人－程序设计－指南　Ⅳ. ①TP242.6-62

中国版本图书馆CIP数据核字（2019）第177553号

机械工业出版社（北京市百万庄大街22号　邮政编码100037）
策划编辑：林　桢　　　责任编辑：林　桢
责任校对：贾立萍　　　封面设计：陈　沛
责任印制：孙　炜
北京联兴盛业印刷股份有限公司印刷
2019年10月第1版第1次印刷
210mm×226mm・13.4印张・326千字
标准书号：ISBN 978-7-111-63505-5
定价：79.00元

电话服务　　　　　　　　网络服务
客服电话：010-88361066　机　工　官　网：www.cmpbook.com
010-88379833　机　工　官　博：weibo.com/cmp1952
010-68326294　金　　书　　网：www.golden-book.com
封面无防伪标均为盗版　机工教育服务网：www.cmpedu.com

原书前言

本书不是乐高 BOOST 的初学者指南。它也与乐高 BOOST 的应用程序不同，并不会教你构建 BOOST 机器人。但是，如果你已经尝试过使用 BOOST 进行搭建和编程，并且已准备好接受更多创意来挑战自己，那么本书将帮助你实现这一目标。

你只需使用乐高 BOOST 创意套装（#17101）即可搭建本书中的模型。

如何使用本书

本书大多数模型的结构小巧而简单，控制它们的程序也很简单。当你搭建模型并让它们动起来时，你将更好地理解这些结构和程序。随着你搭建出越来越多的模型，你甚至可以创建出自己的结构。结合书中的一些结构进行改造、加固和装饰也是一个好主意，充分发挥你的创造力吧。

你不必按照顺序制作这些模型。翻阅本书，然后尝试制作你感兴趣的模型，你可能希望首先从相对简单的模型开始。

致谢

本书中的插图使用 LDraw 数据和 LPub 应用程序创建，感谢那些参与这些项目的开发者。

编写程序

在乐高 BOOST 应用程序中，点击菜单右侧卷帘后面的“漩涡”图标，可以创建本书中显示的程序。上下滚动屏幕，找到屏幕左上角的“+”图标，点击“+”图标可以显示出一个新的屏幕，你可以在其中制作程序。

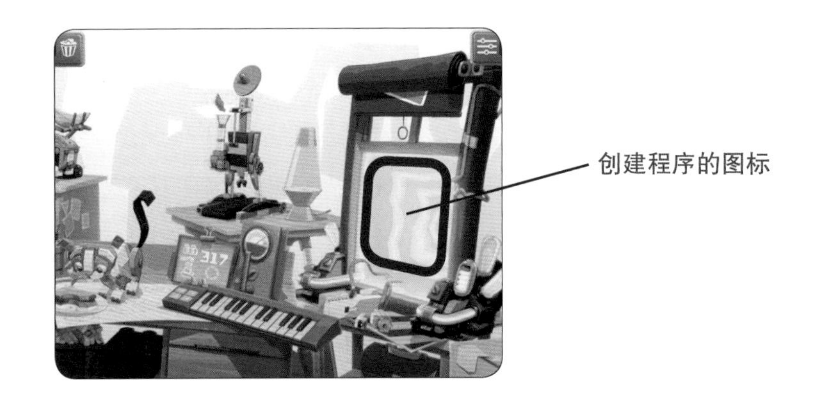

请注意，只有在你尝试在乐高 BOOST 应用程序中为机器人项目编写程序时，才可以使用“漩涡”图标。

乐高 BOOST 应用程序将编程模块的难度设置为三个级别，本书使用了难度级别为 2 的编程模块。你可以按下面的方式选择合适的难度级别。

本书中的程序使用乐高 BOOST 应用程序 1.5.0 版本创建。

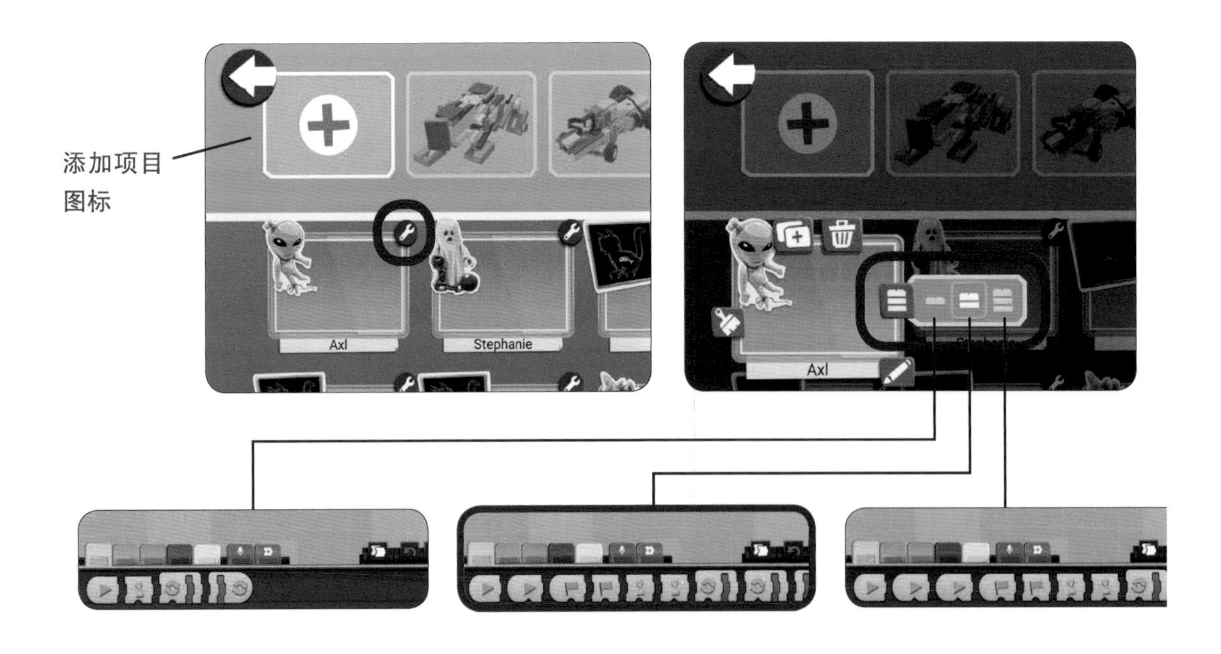

热身练习

你在本书中找不到逐步搭建说明。相反，你要根据从不同角度拍摄的照片来尝试模型搭建，这种方式就像拼图一样。你很快就能掌握这个过程的窍门，并学会享受它！

我们先来做一些练习。

1 这是模型的编号。

这个模型所需使用的零件都显示在下面的框中，在你的 BOOST 套装中找到它们，开始搭建吧！

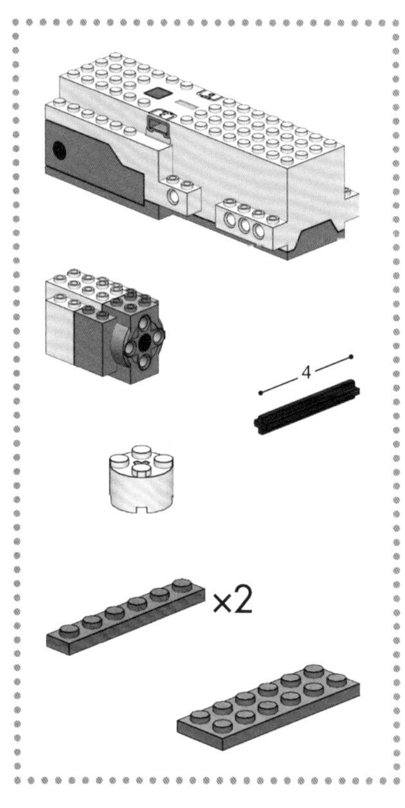

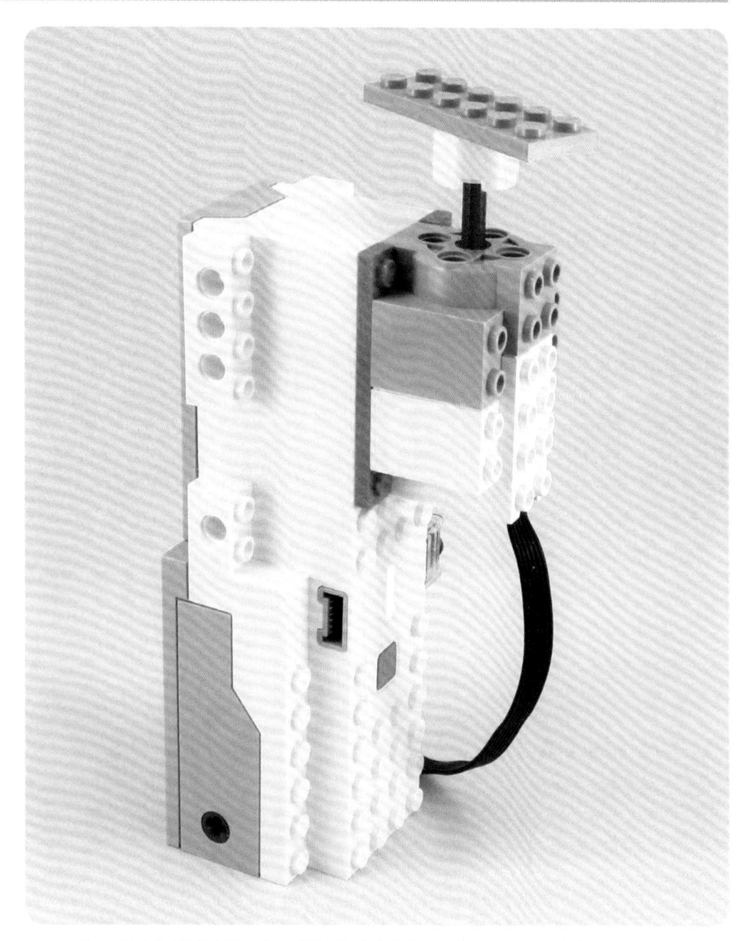

找齐框中的零件后，尝试使用此页和下一页中的图片搭建模型。

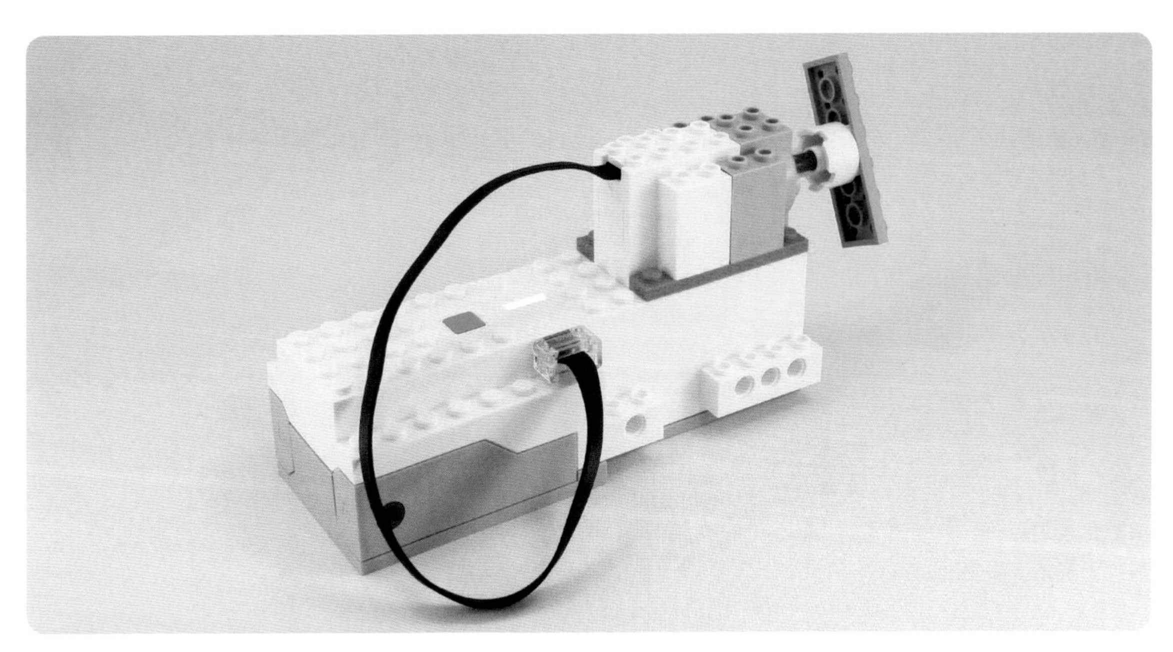

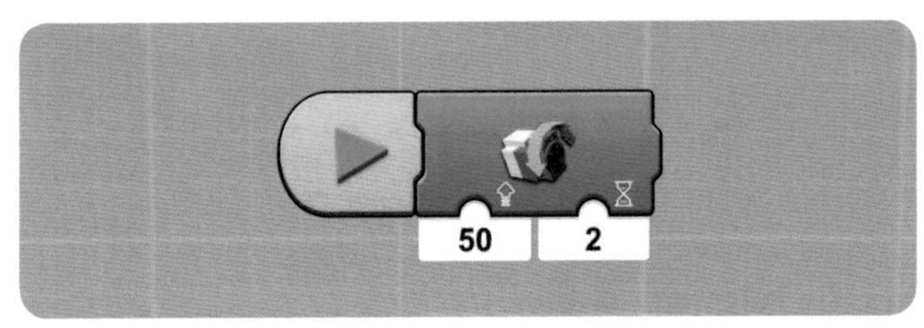

这是示例程序，你可以用它来设置模型的运动状态。

这是“提示”图标，它表示其他的搭建和编程方式。请试着用这些技巧创造出你自己独特有趣的模型吧。

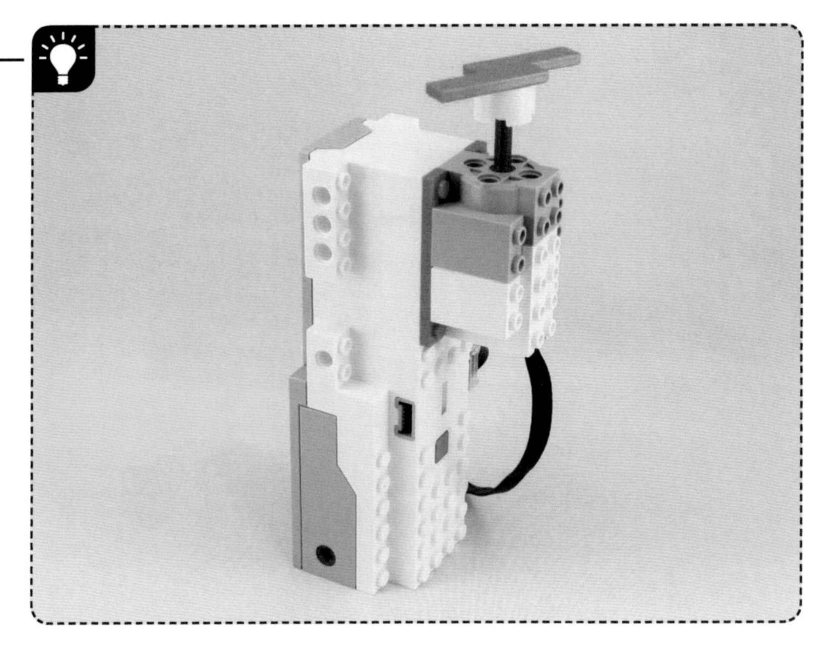

目　录

第 2 部分　使用外置电机

第 3 部分　更多创意！

WELCOME!

第 1 部分

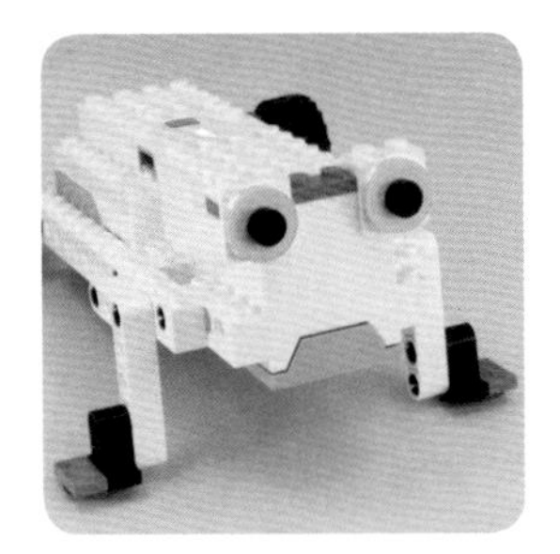

使用智能移动中心的移动方式

车轮式移动

#1

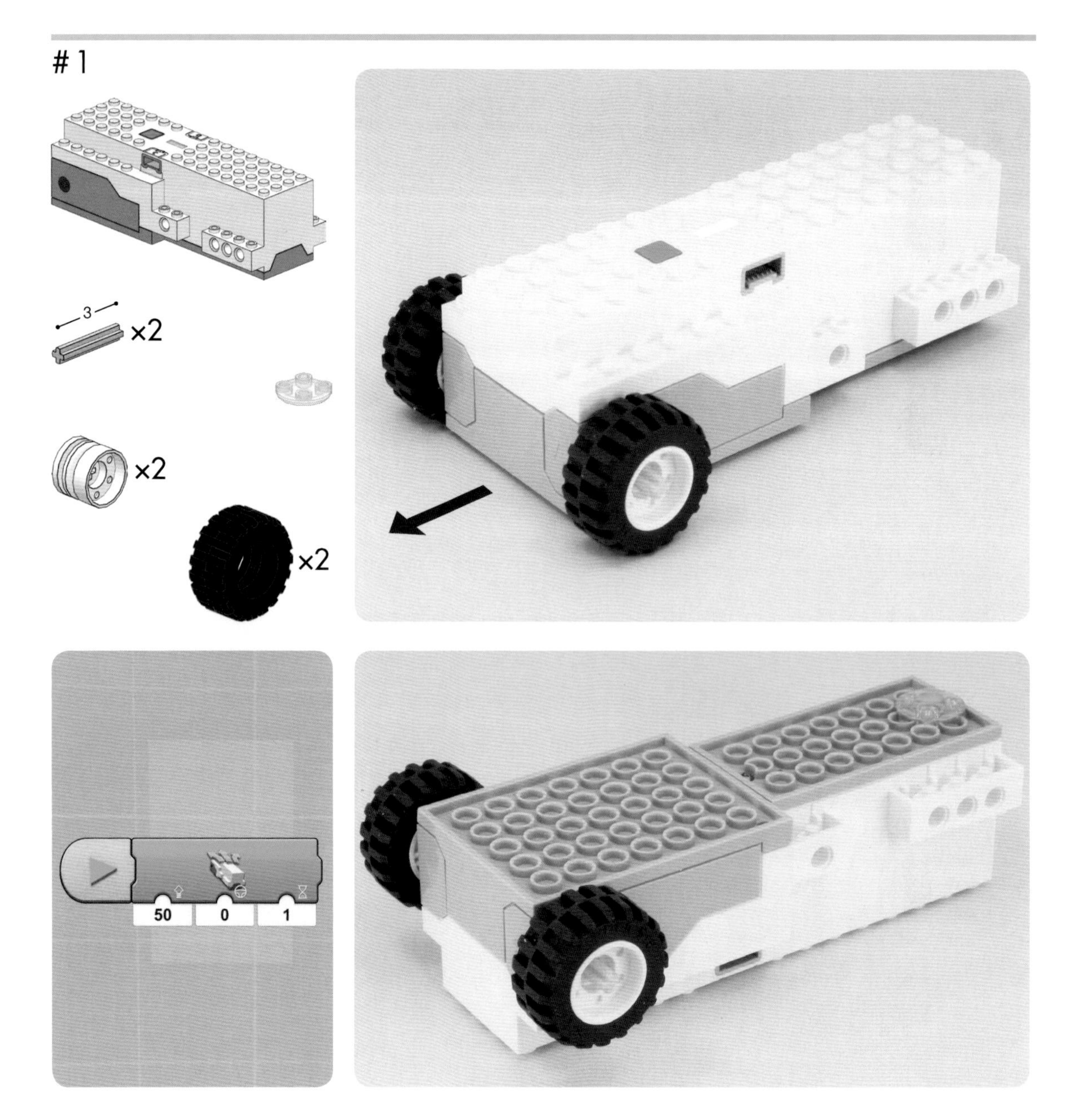

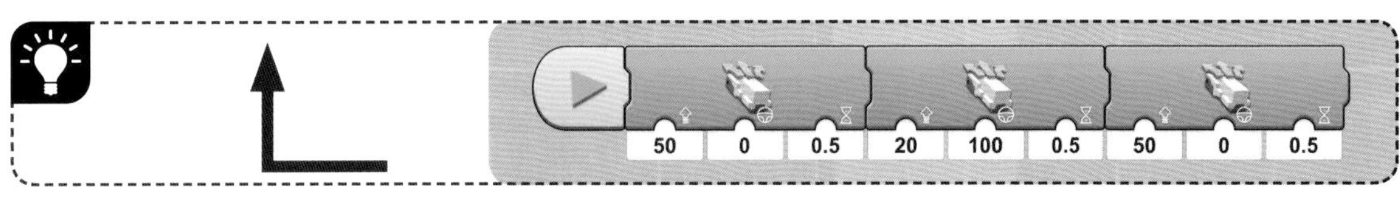

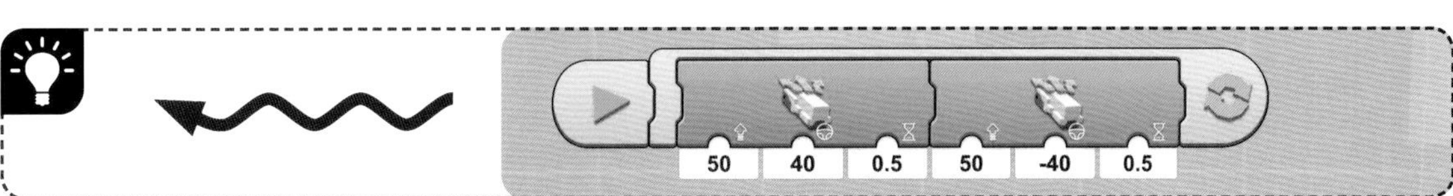

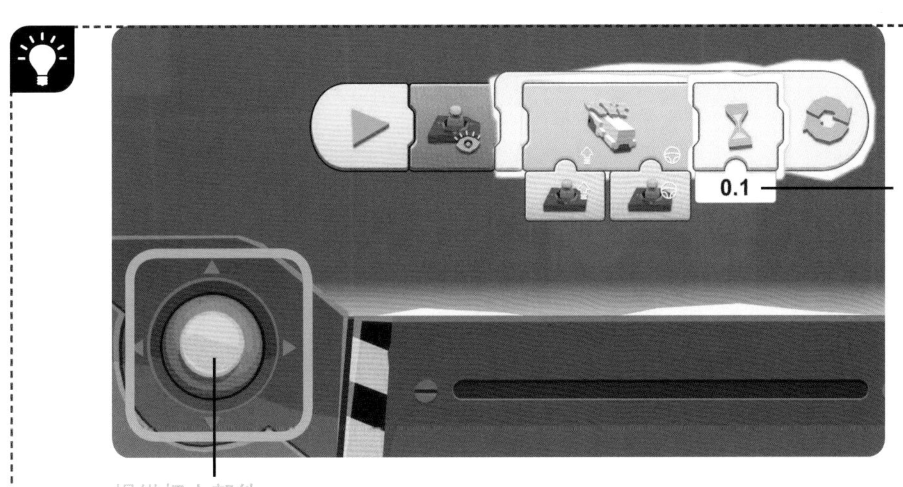

操纵杆程序中包含一个等待模块，用于在程序中引入轻微延迟。如果没有延迟，程序可能会变得混乱，因为它会不断地向机器人发送指令——这样会太快了，机器人无法响应

操纵杆小部件

你可以用这个操纵杆控制你的车

#2

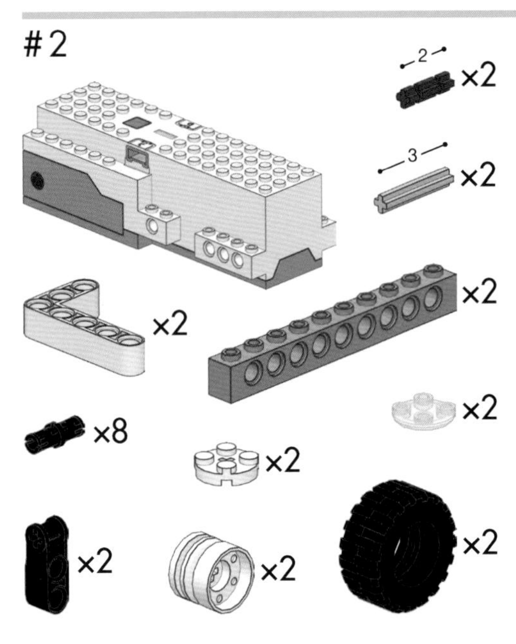

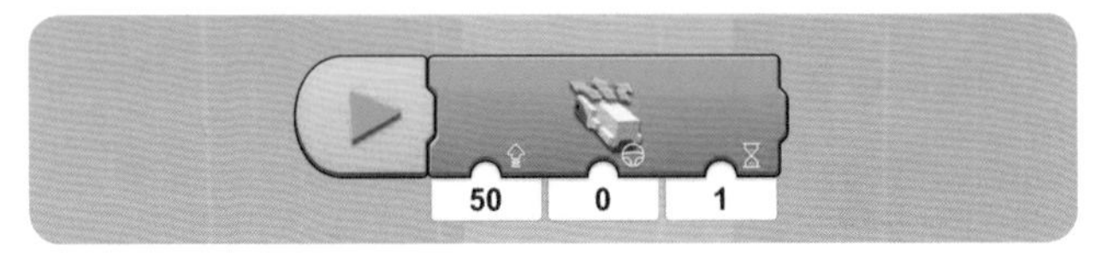

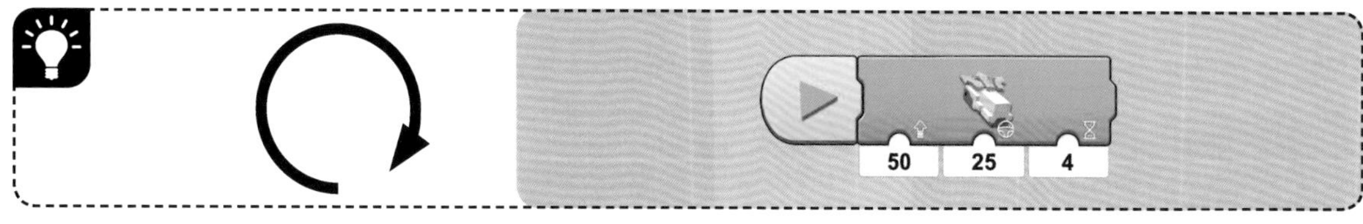
50
25
4

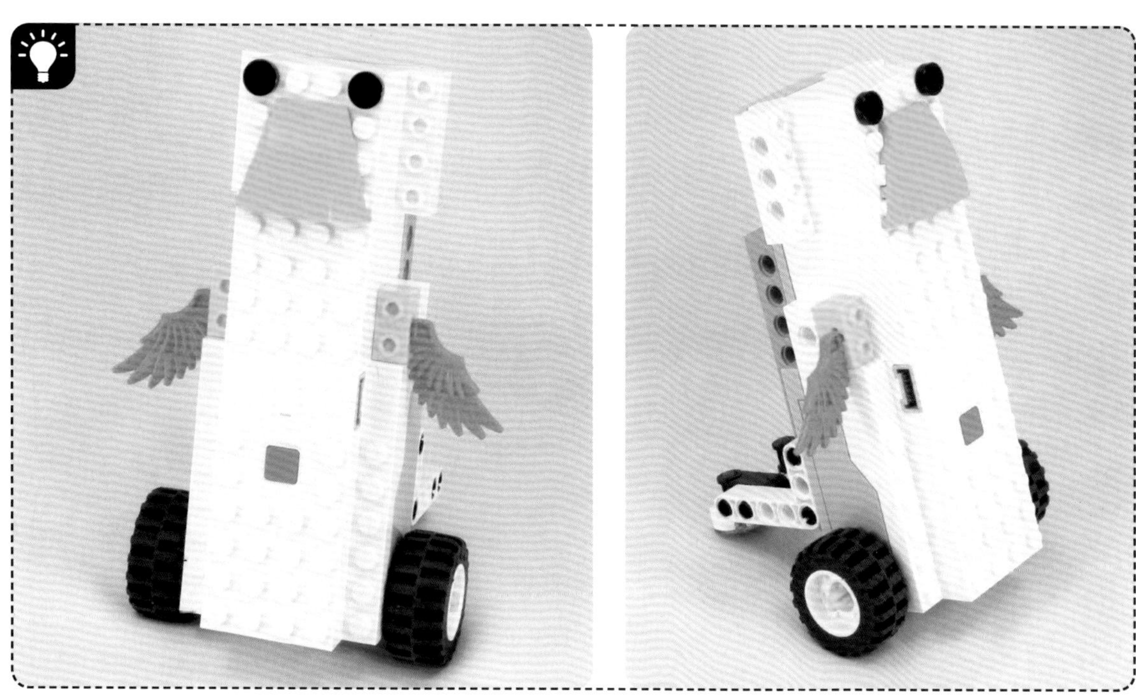

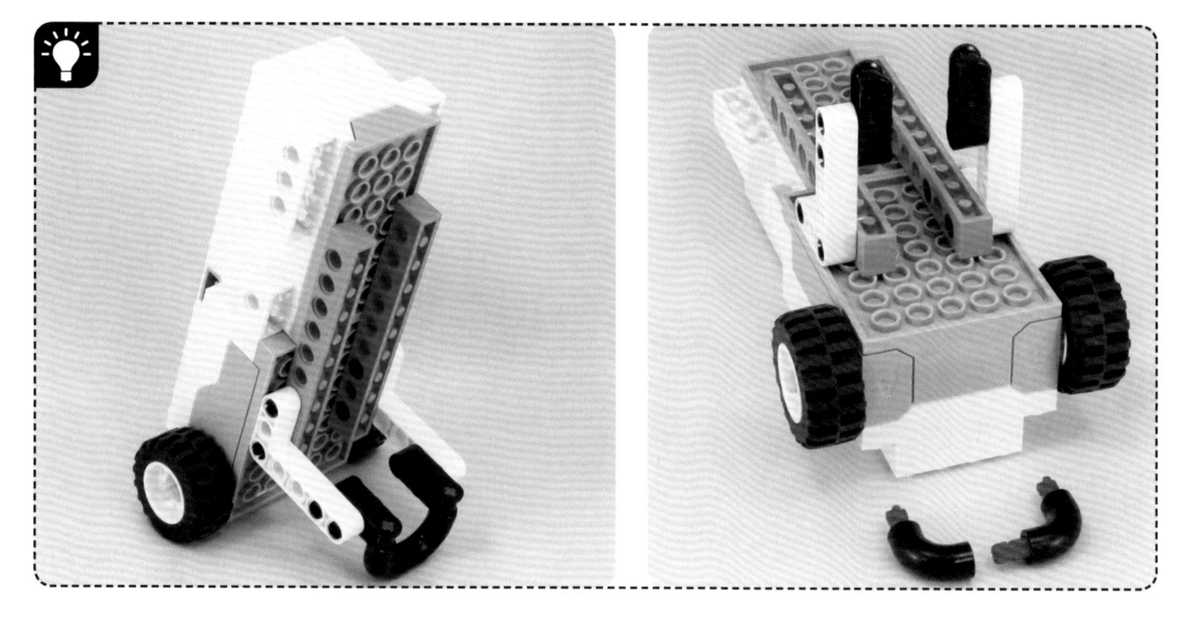

3

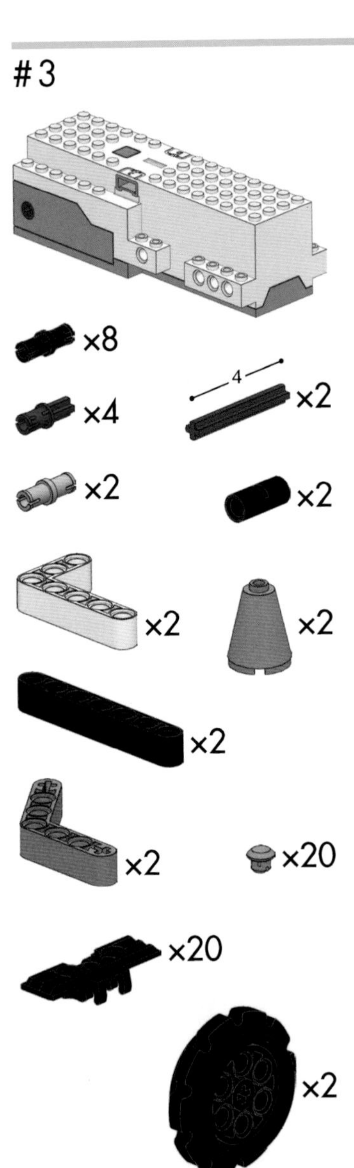

20 0 2

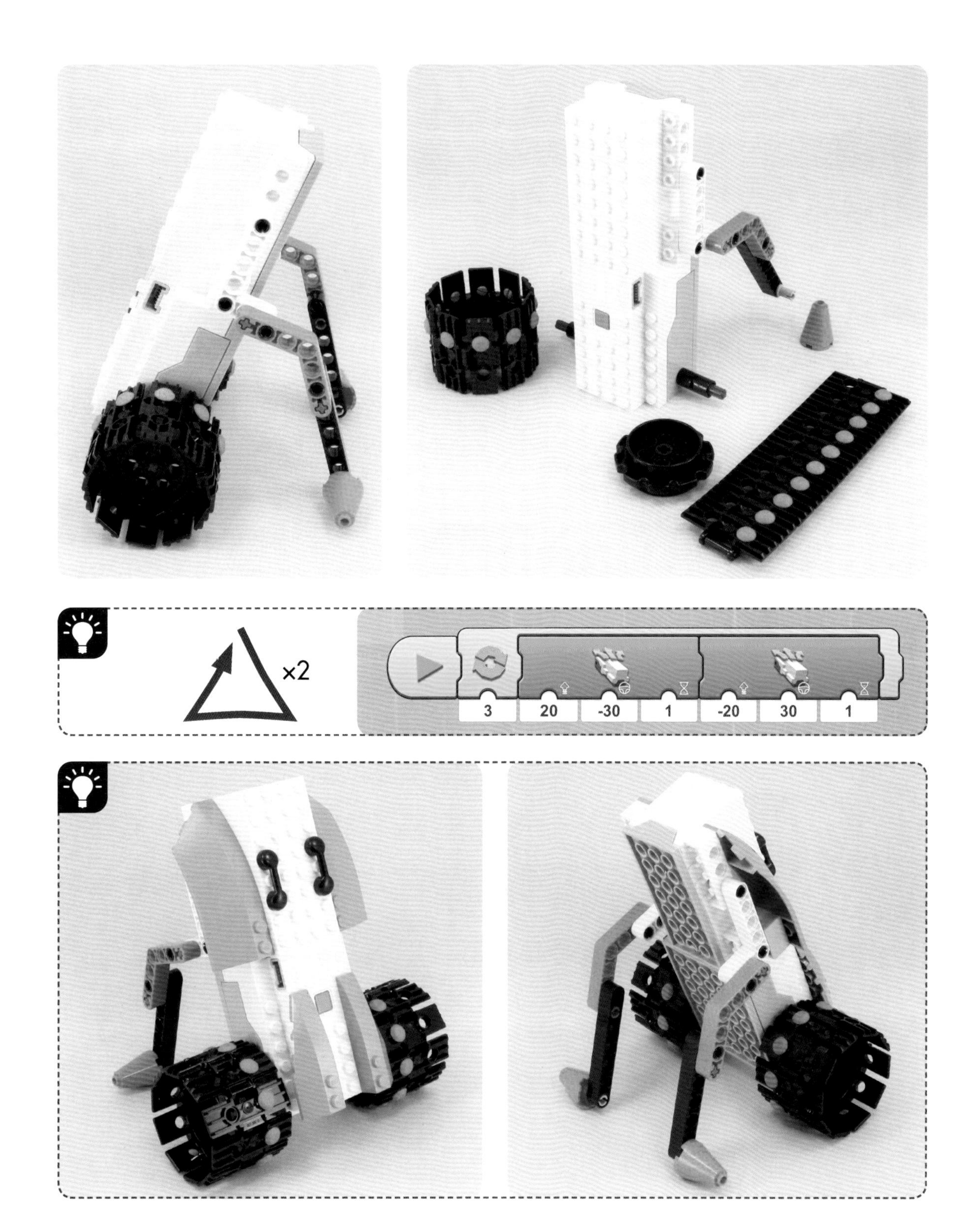
×2
3
20
-30
1
-20
30
1

#4

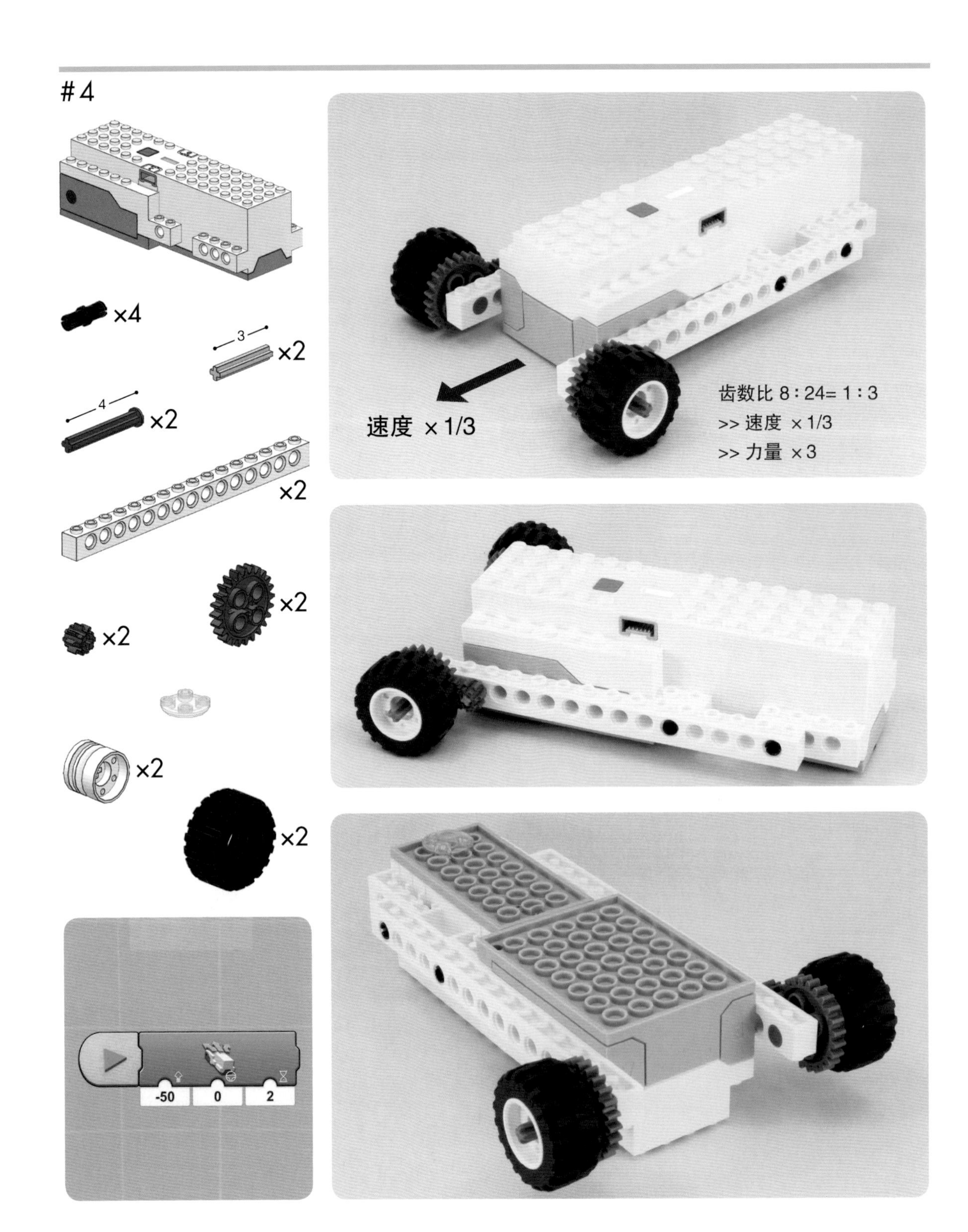

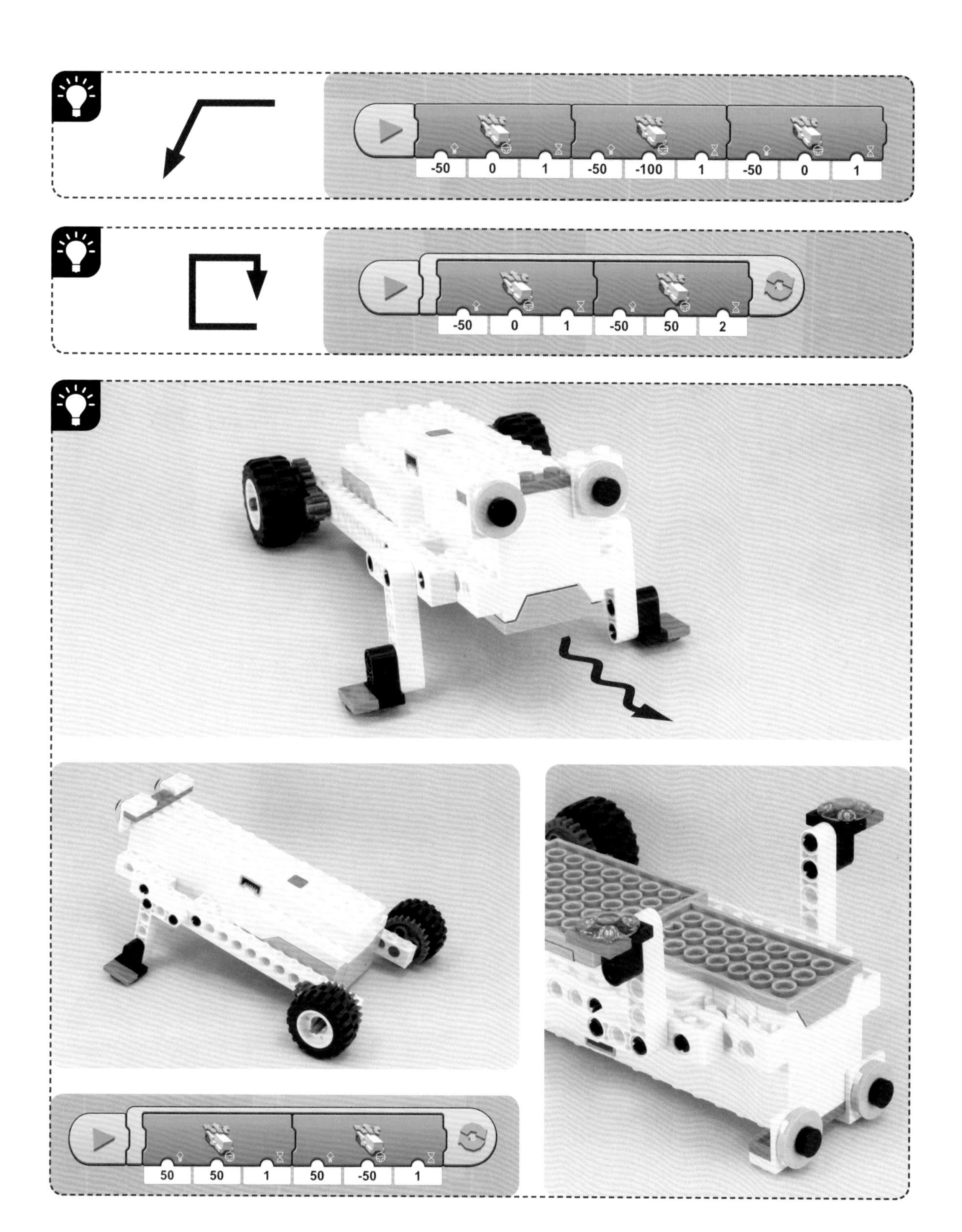
-50
0
1
-50
-100
1
-50
0
1
-50
0
1
-50
50
2
50
50
1
50
-50
1

#5

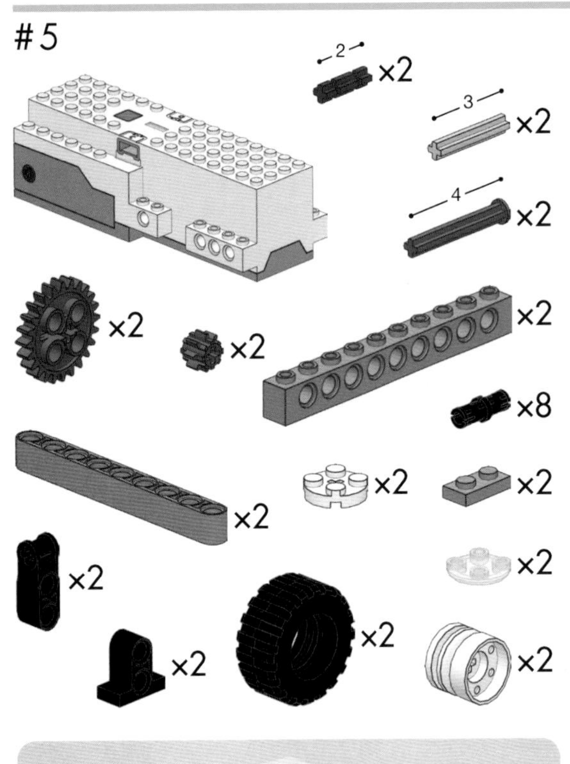

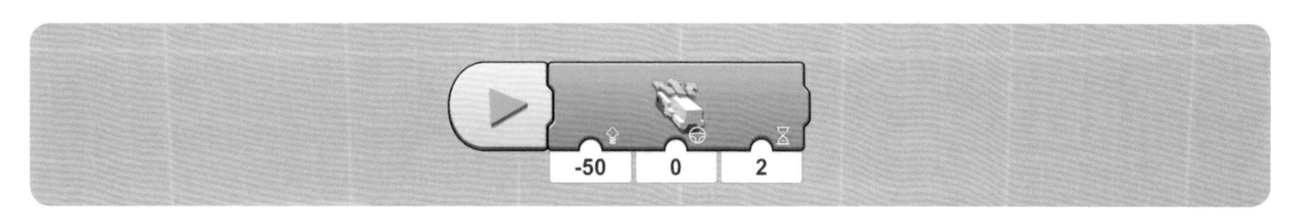

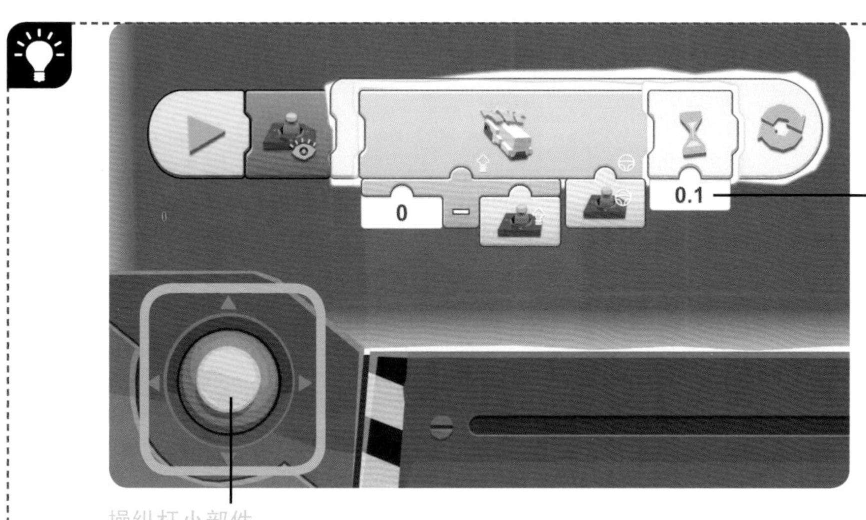

操纵杆程序中包含一个等待模块，用于在程序中引入轻微延迟。如果没有延迟，程序可能会变得混乱，因为它会不断地向机器人发送指令——这样会太快了，机器人无法响应

操纵杆小部件

你可以用这个操纵杆控制你的车

6

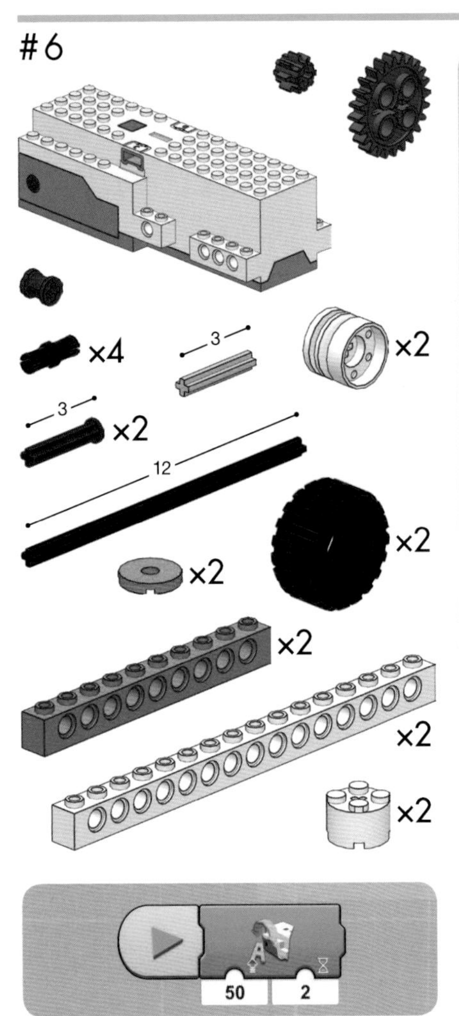

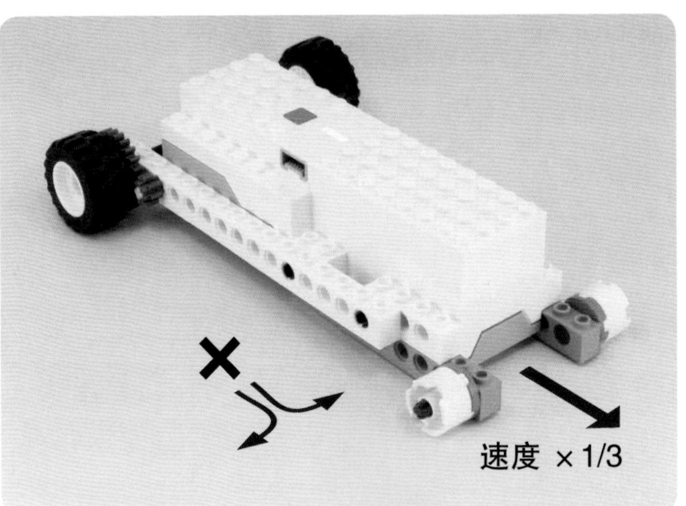

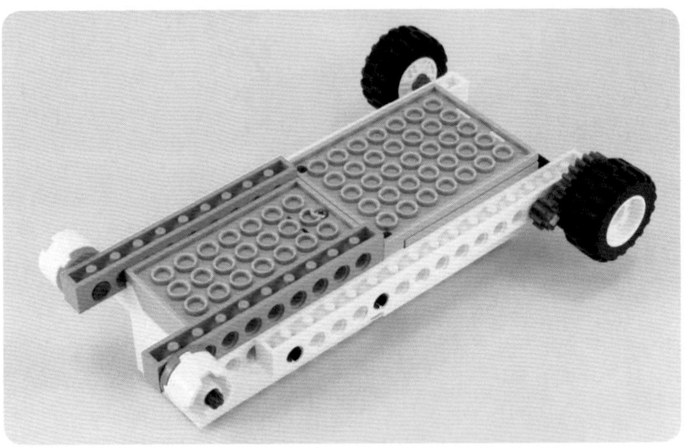

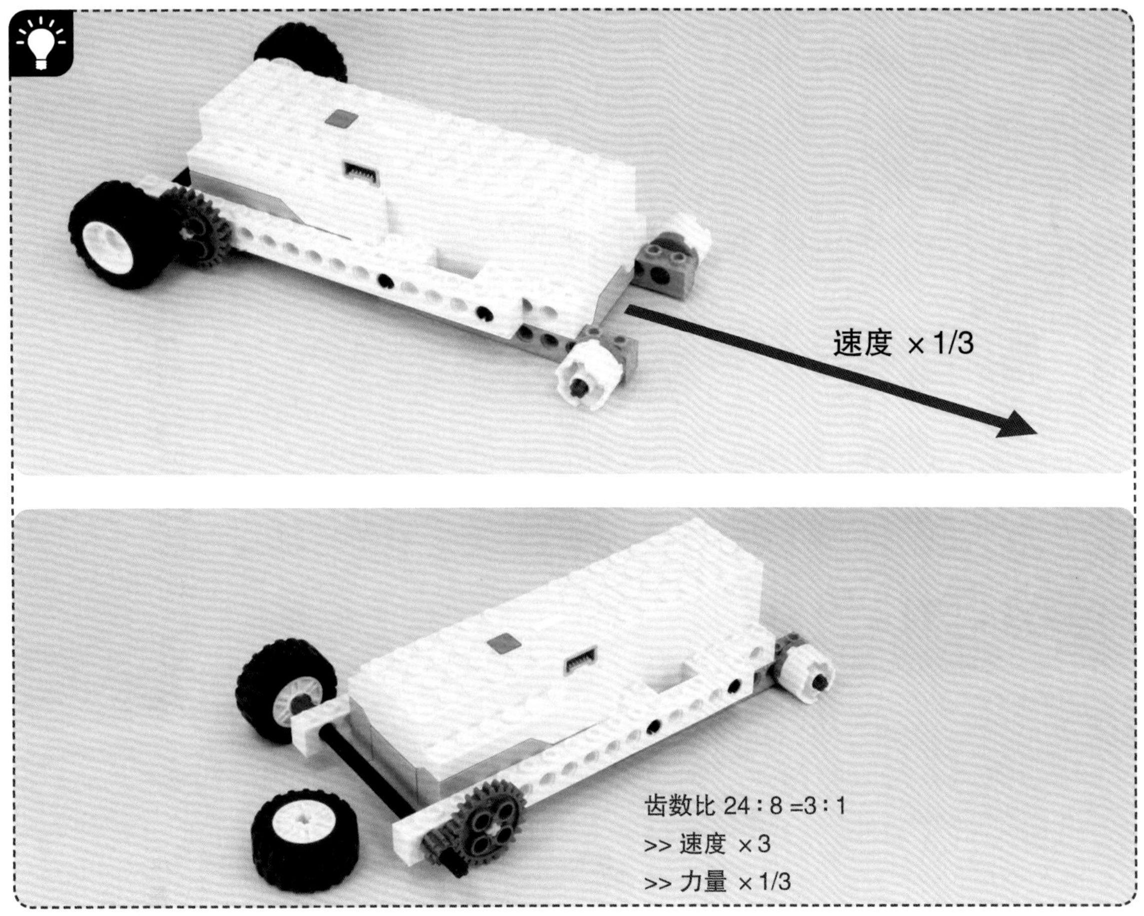
速度 ×1/3
齿数比 24：8 =3：1
>> 速度 ×3
>> 力量 ×1/3

履带式移动

#7

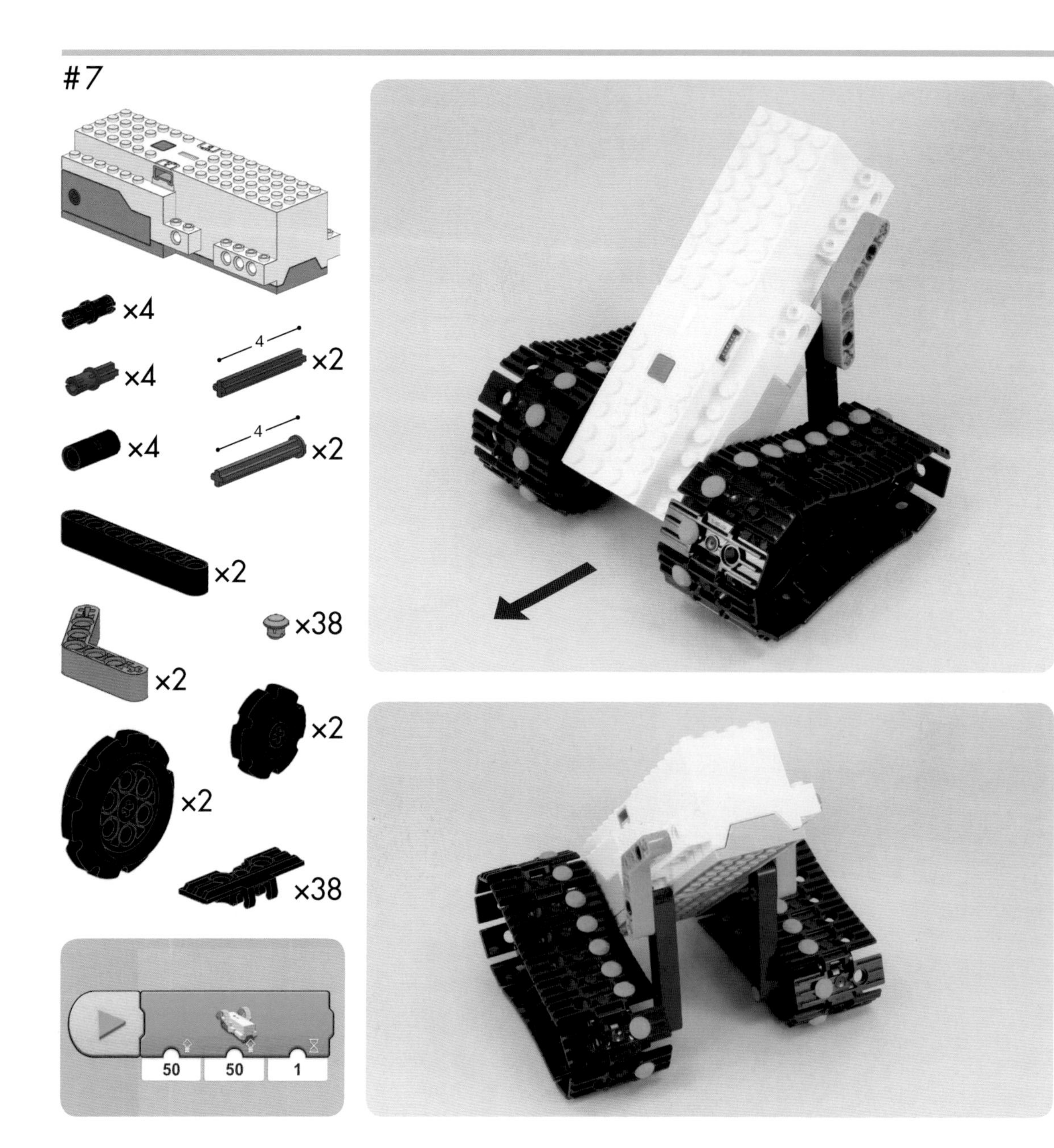

操纵杆程序中包含一个等待模块，用于在程序中引入轻微延迟。如果没有延迟，程序可能会变得混乱，因为它会不断地向机器人发送指令——这样会太快了，机器人无法响应

操纵杆小部件

你可以用这个操纵杆控制你的车

#8

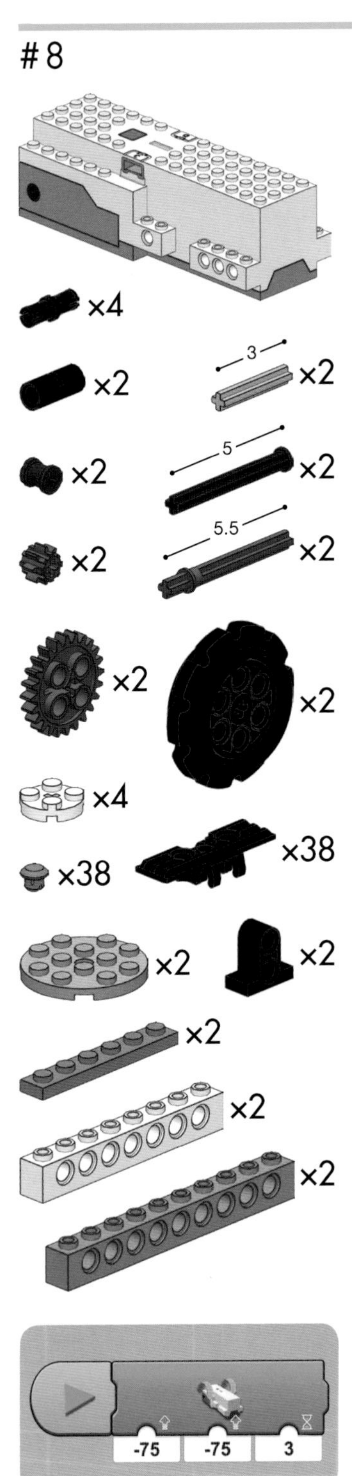

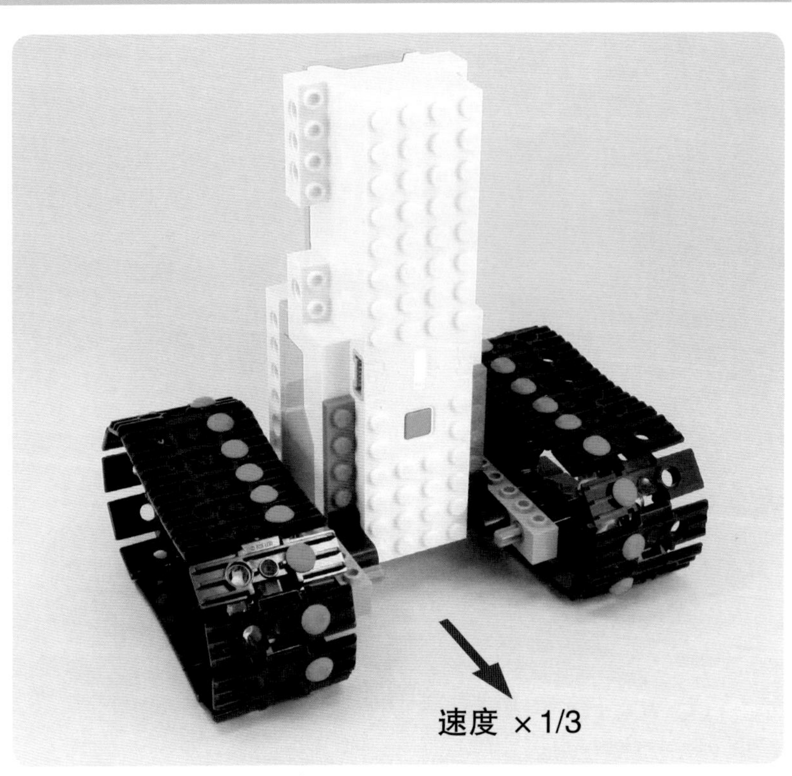

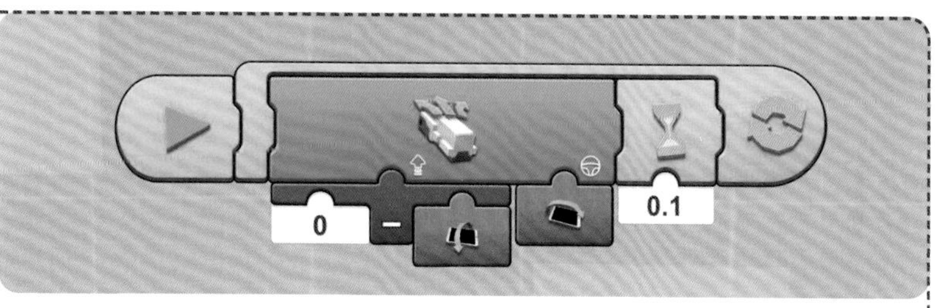

你可以向前、后、左、右倾斜平板电脑或智能手机来控制模型（注意：这可能不是对每一种设备都适用！）

悬挂式小车

#9

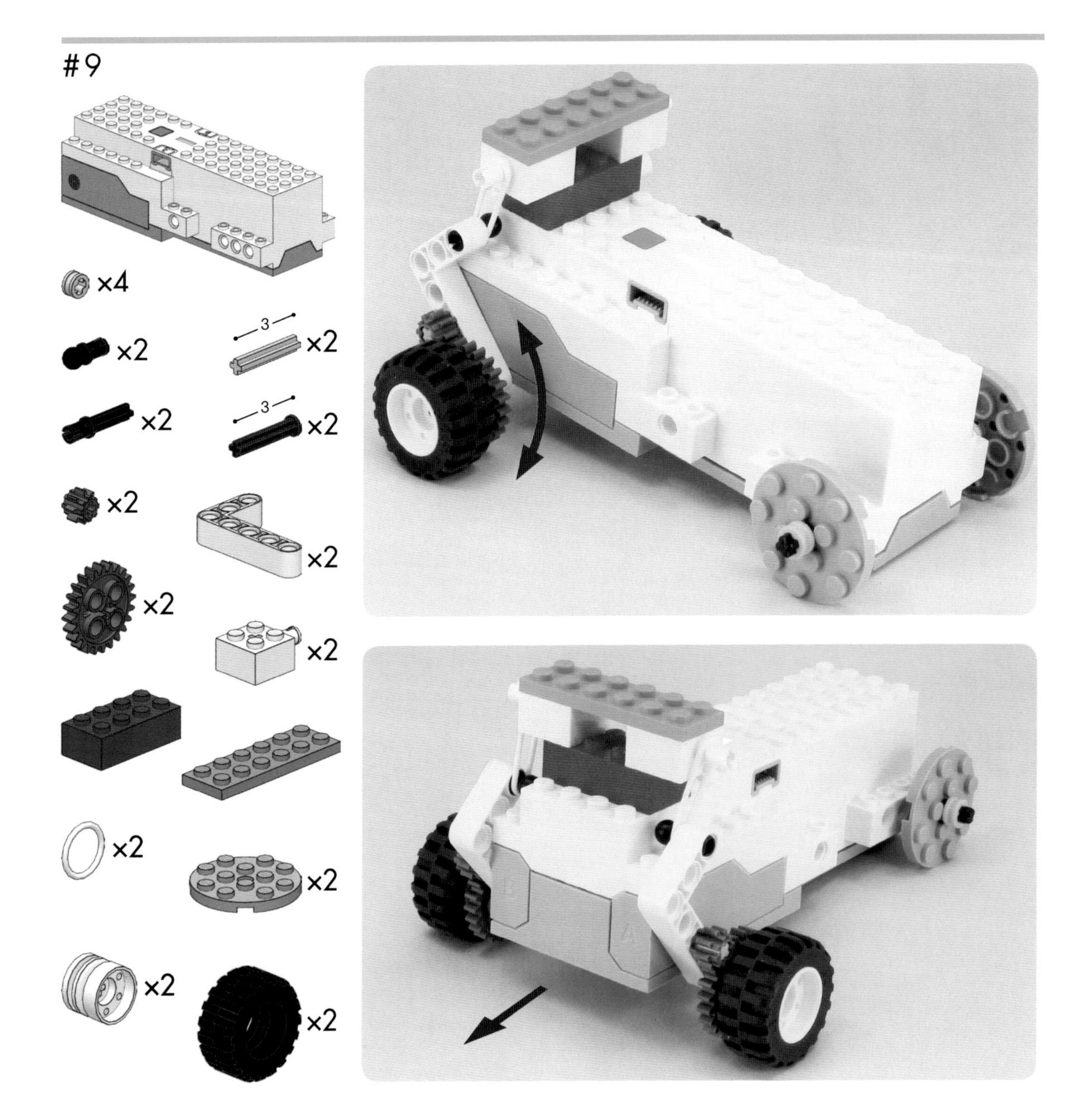

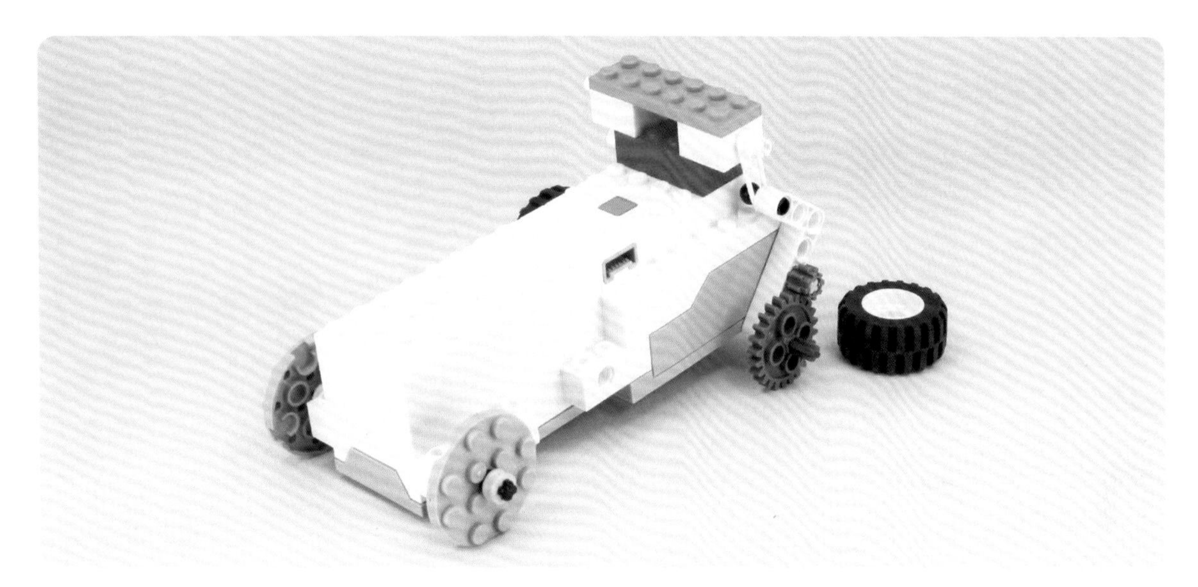

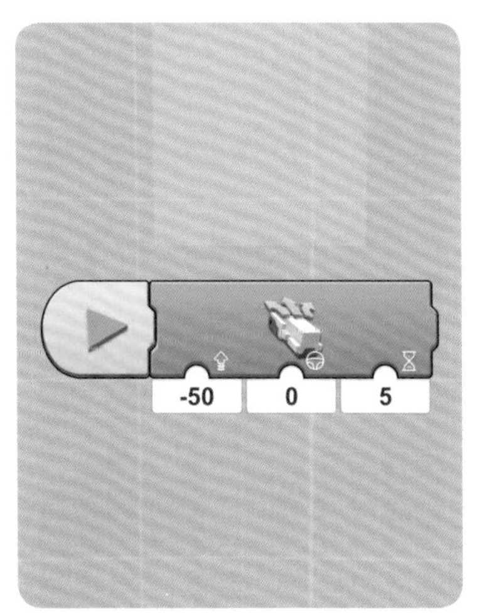
-50
0
5

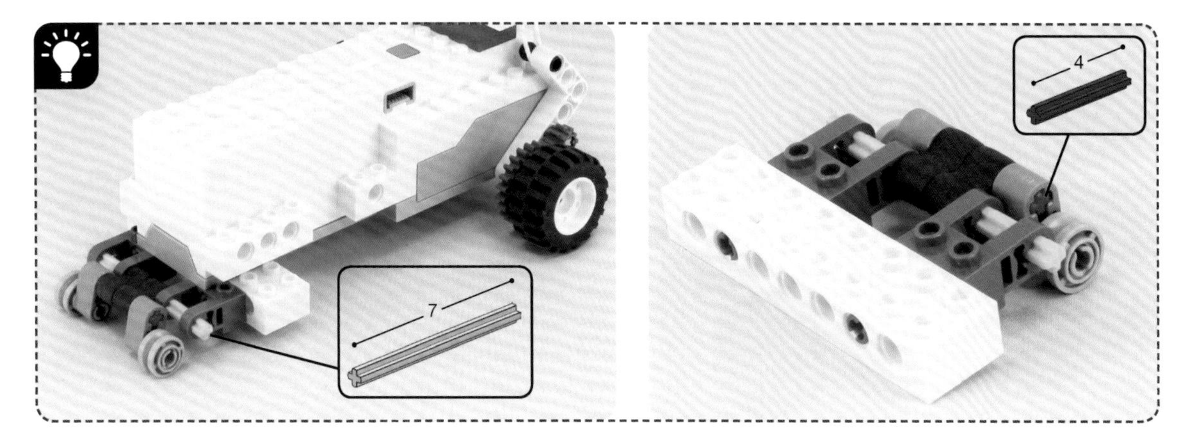
7
4

#10

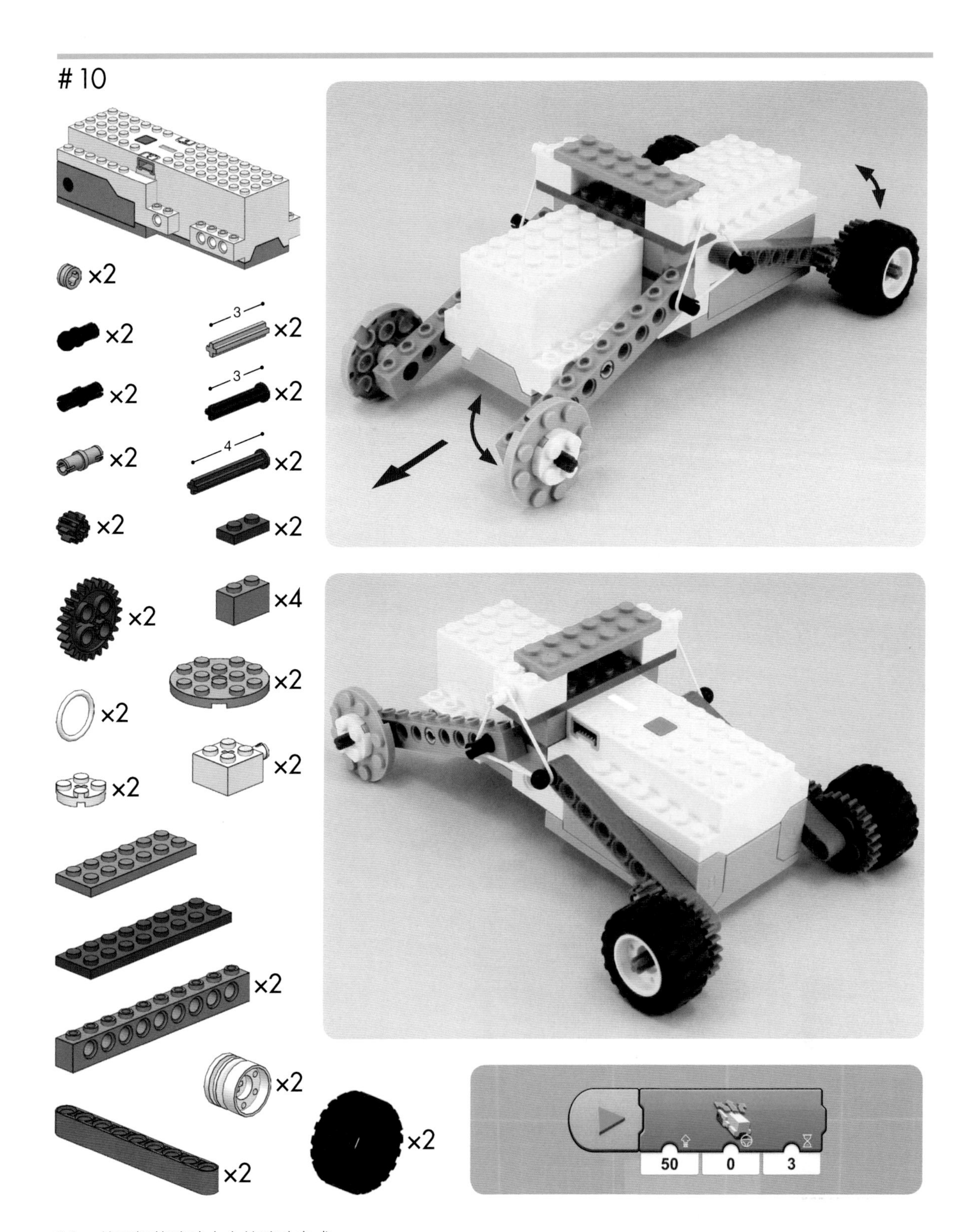

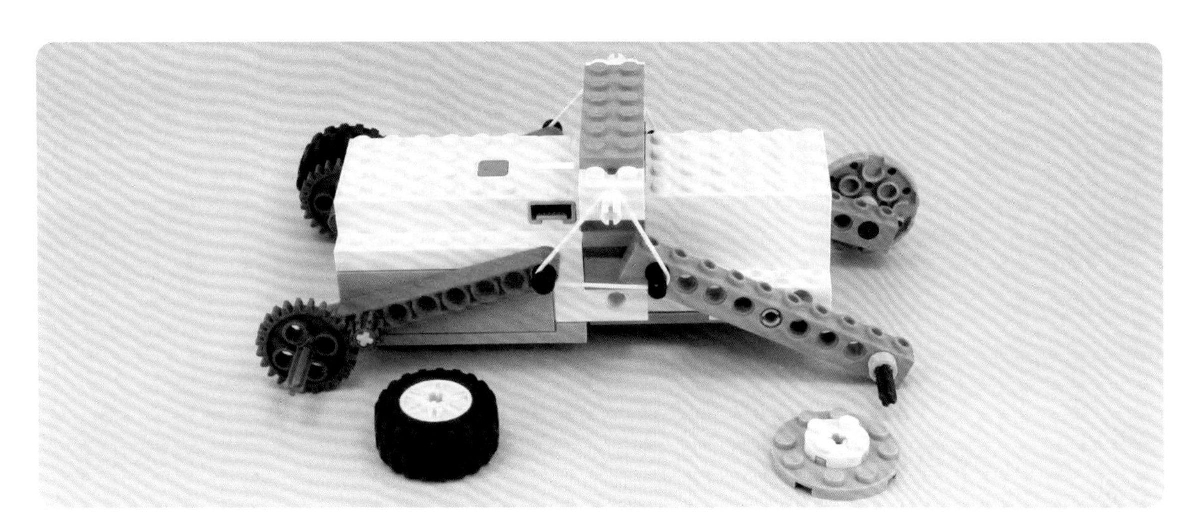

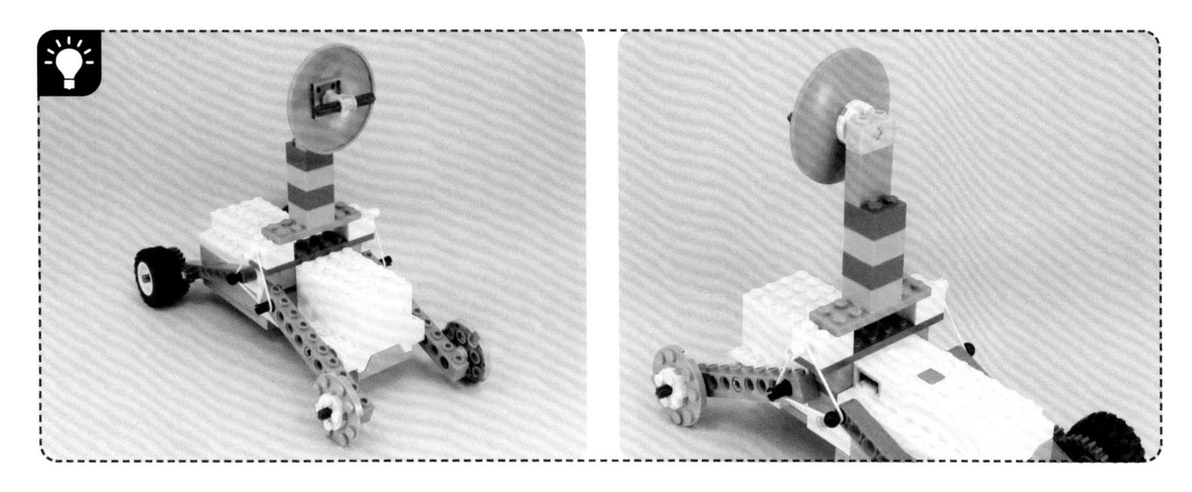

#11

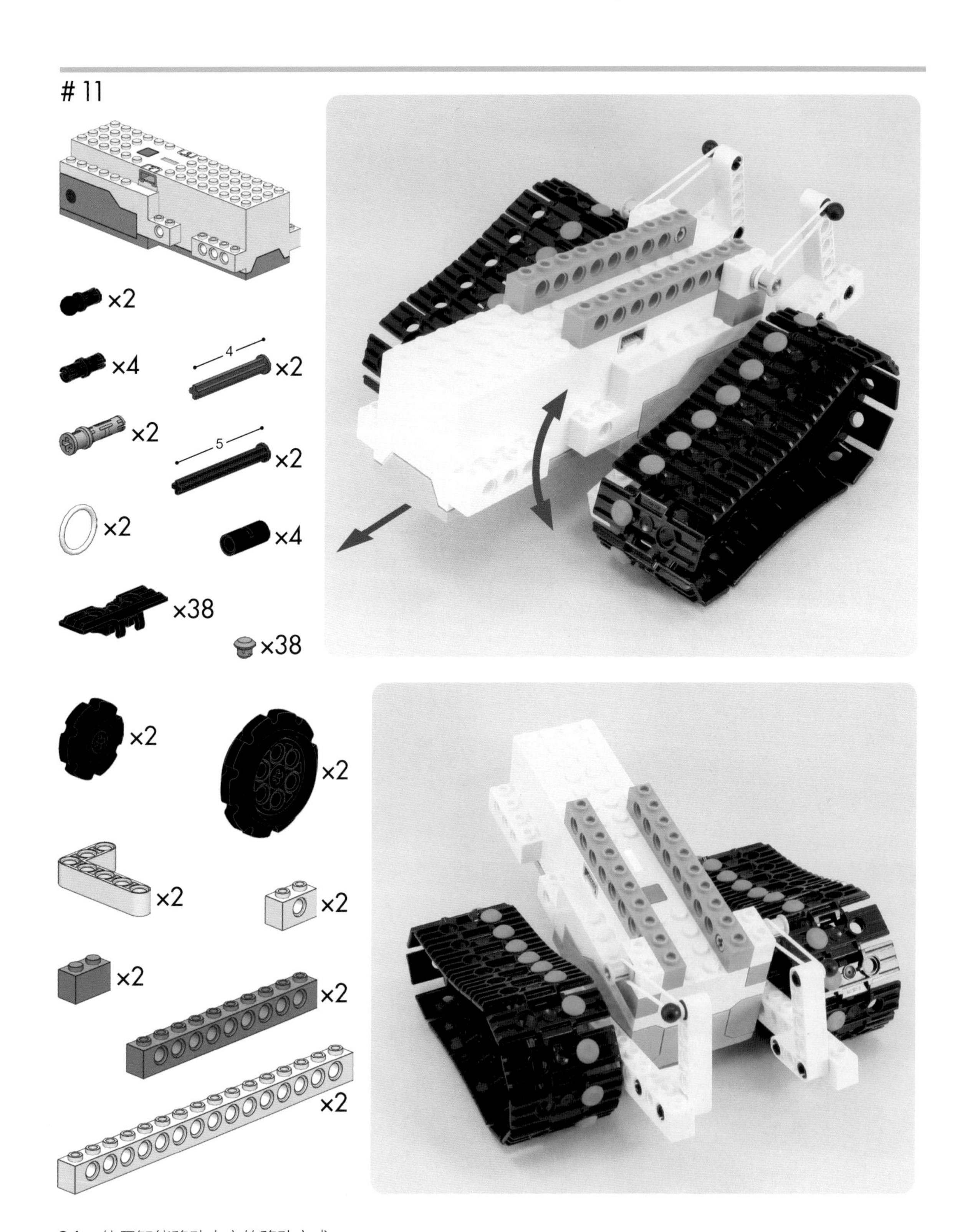

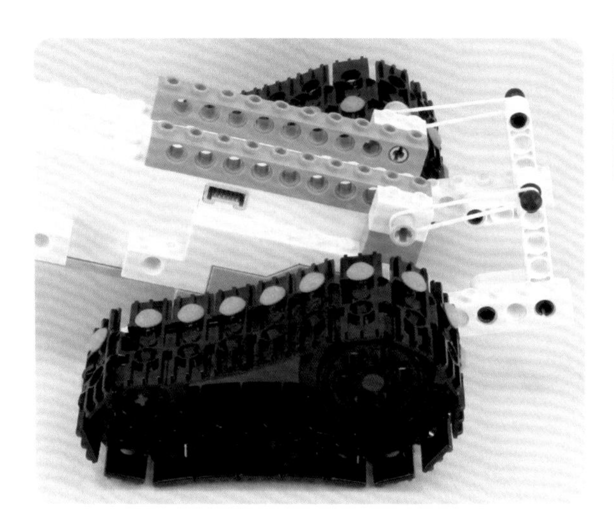

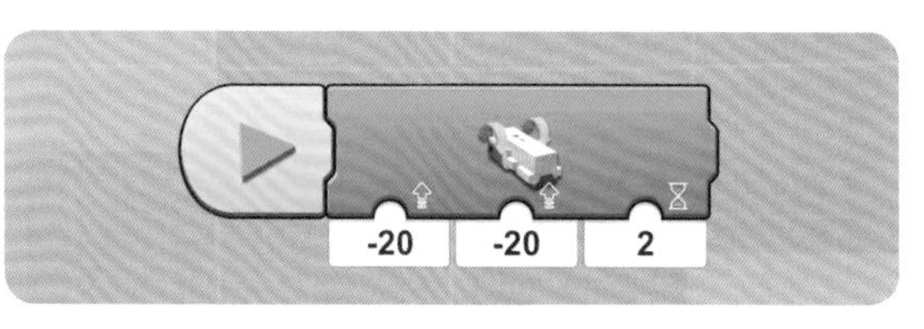
-20
-20
2

步行机

12

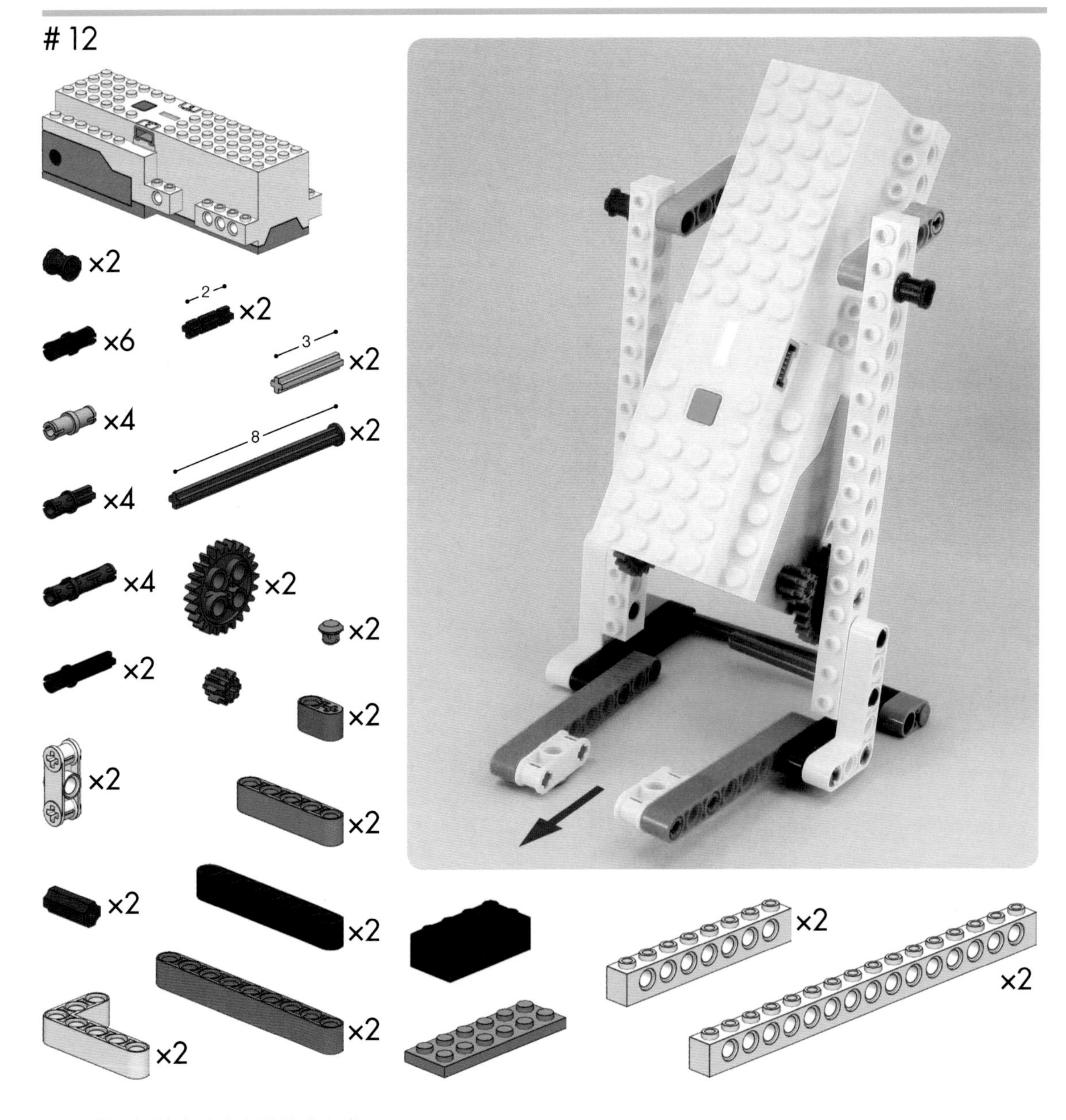

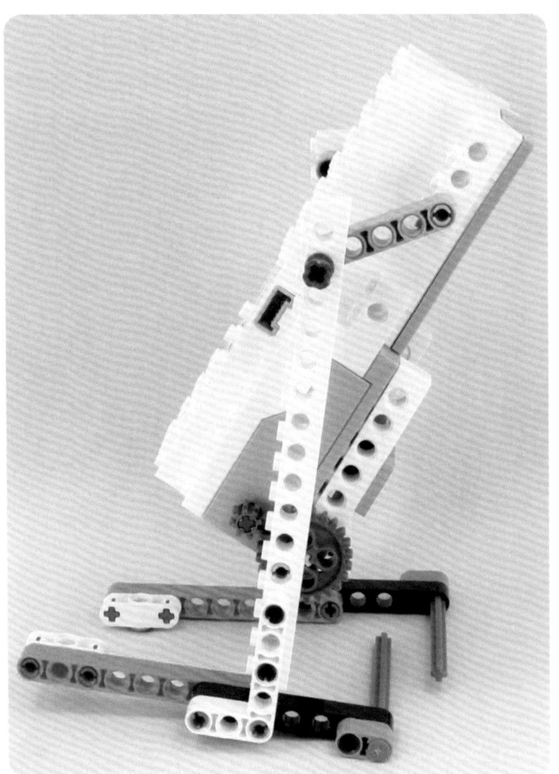

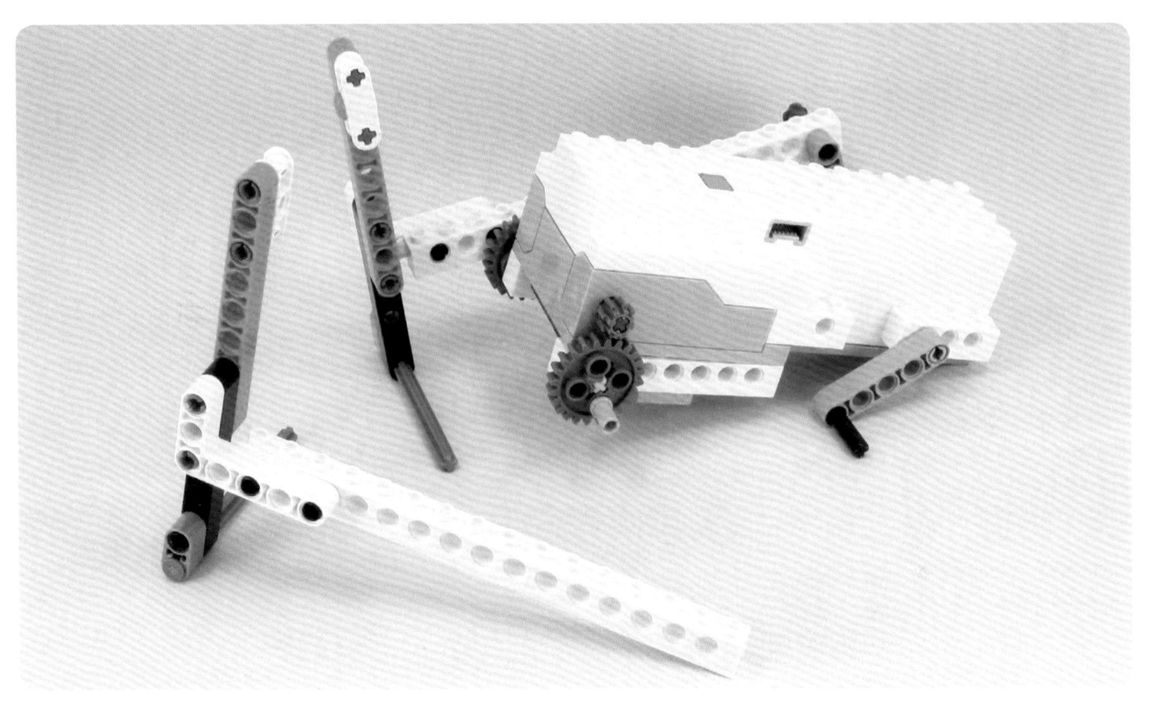

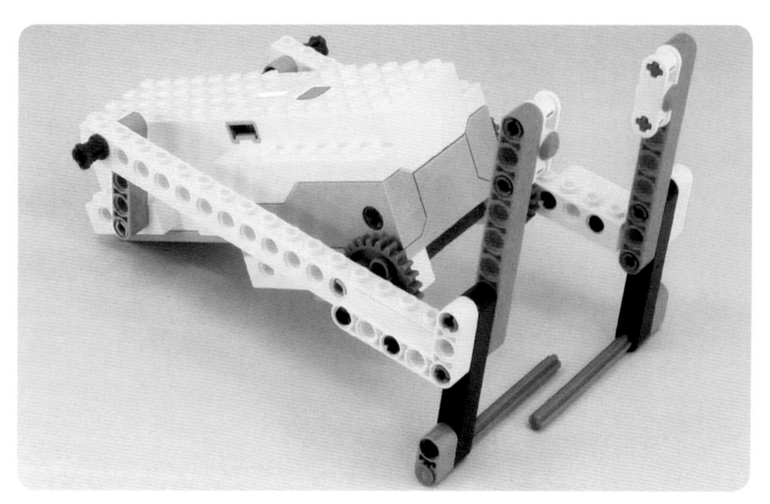

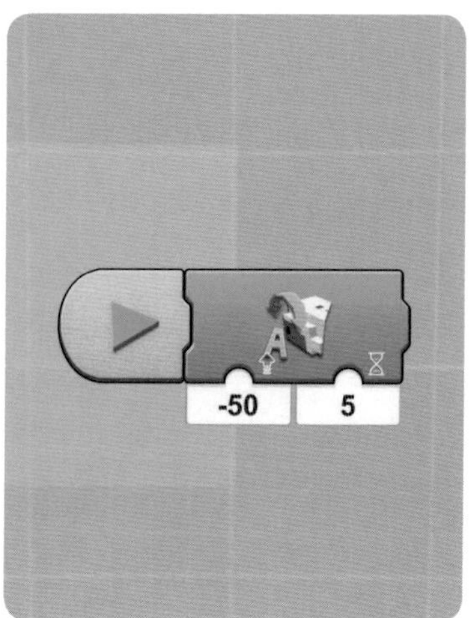
-50
5

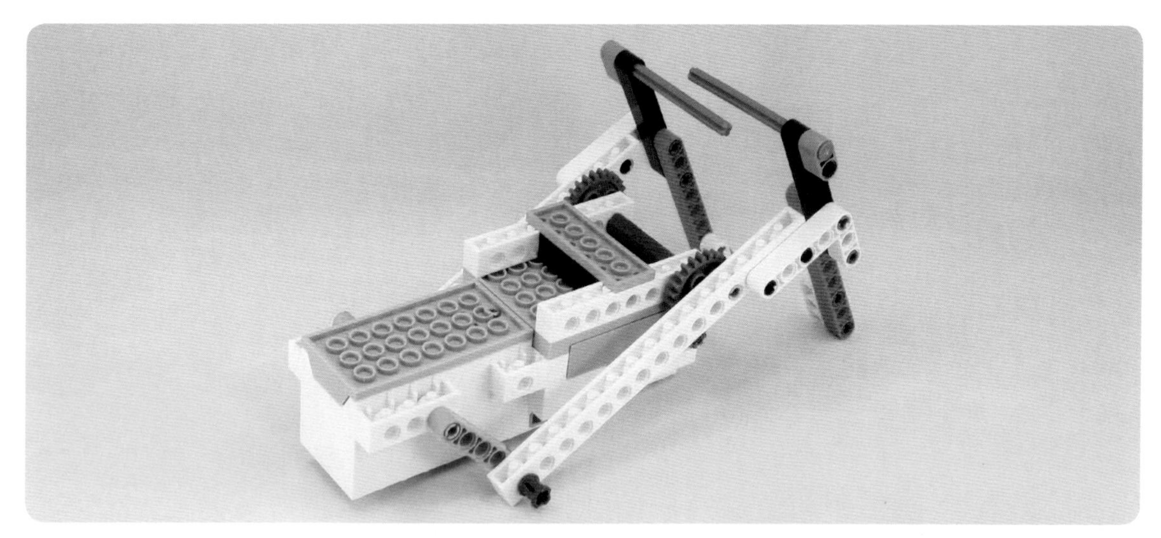

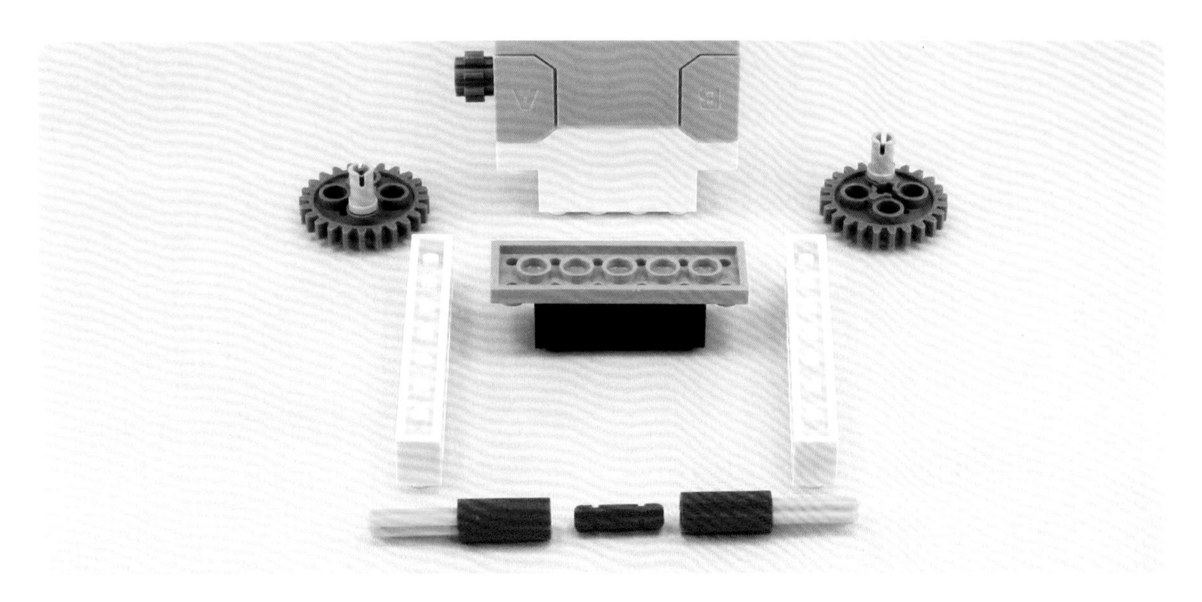

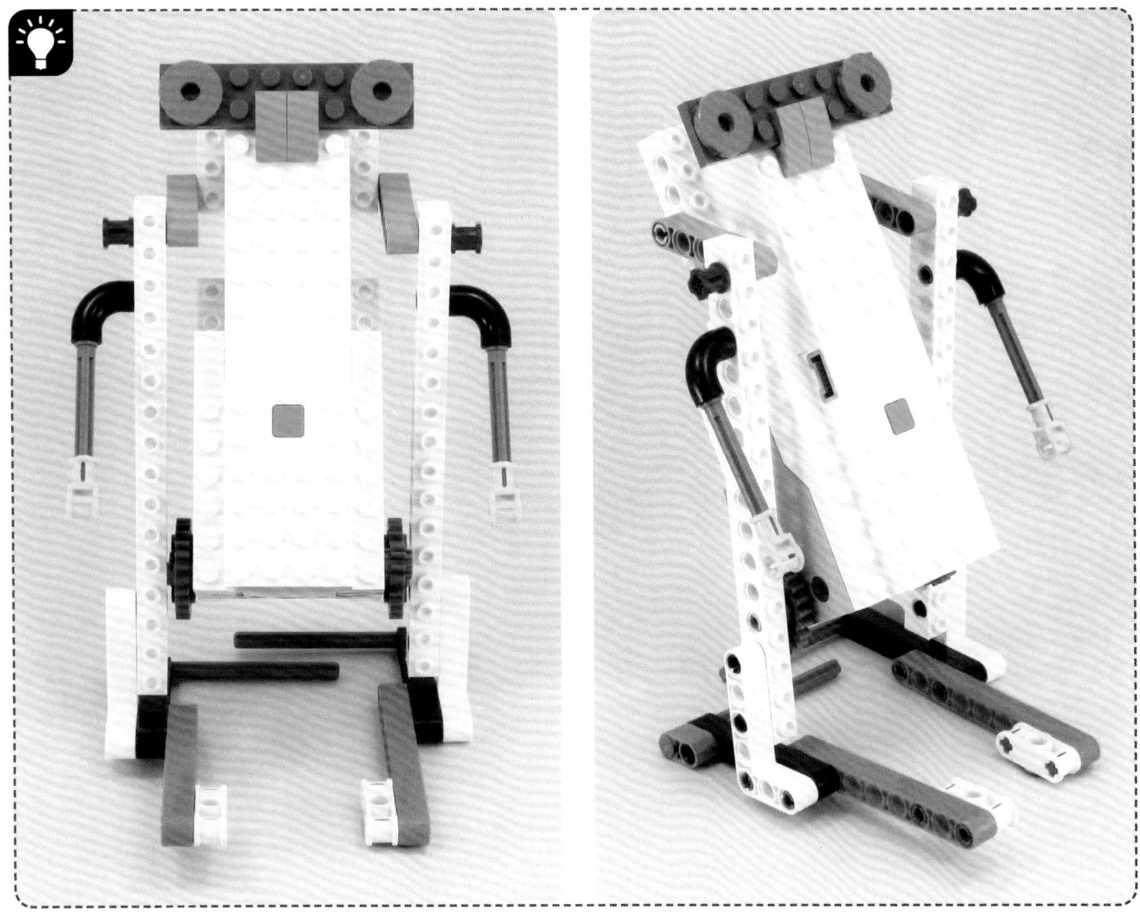

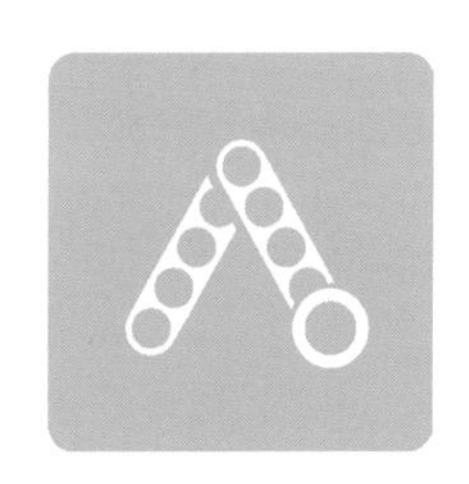

尺蠖式移动

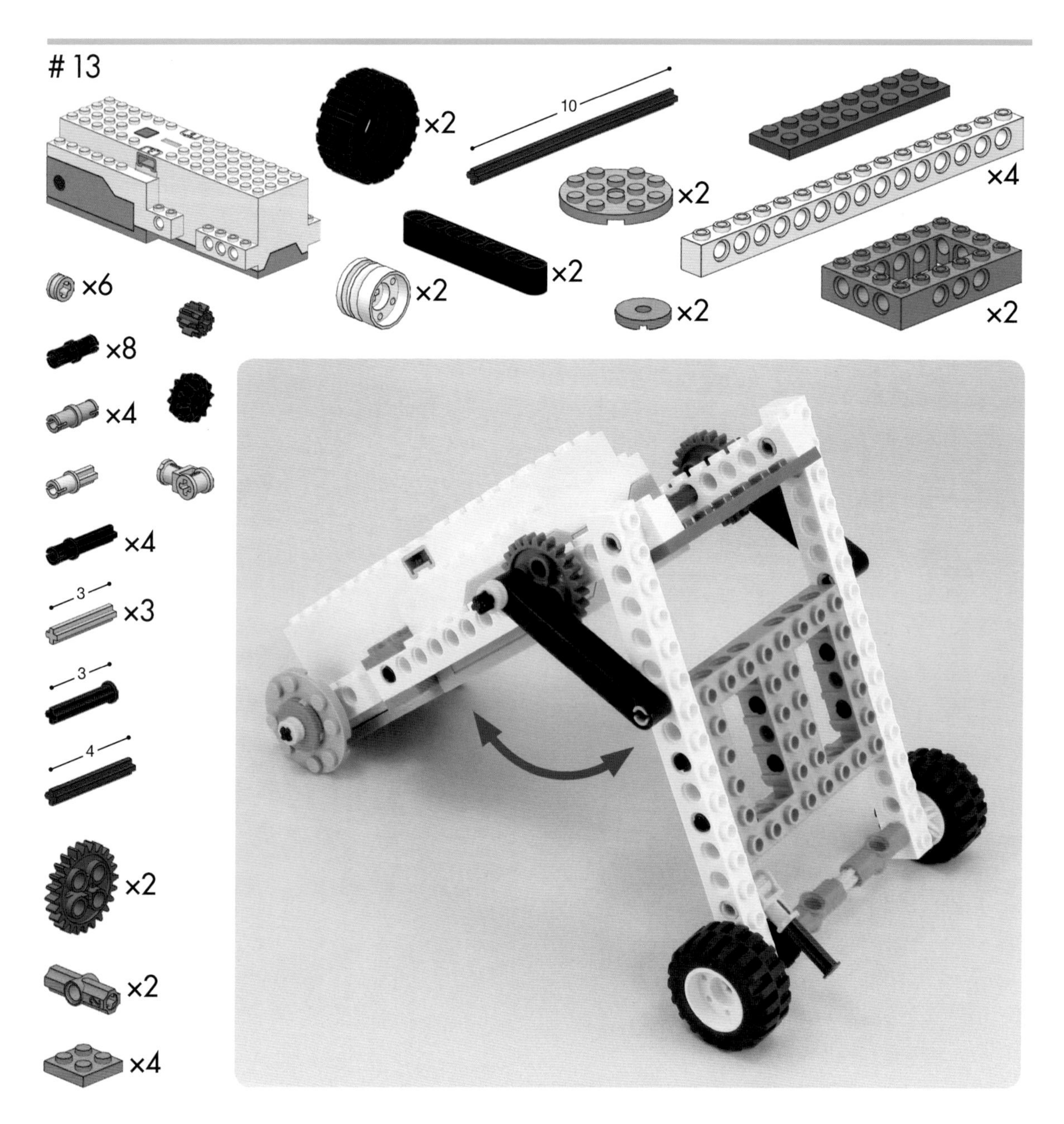

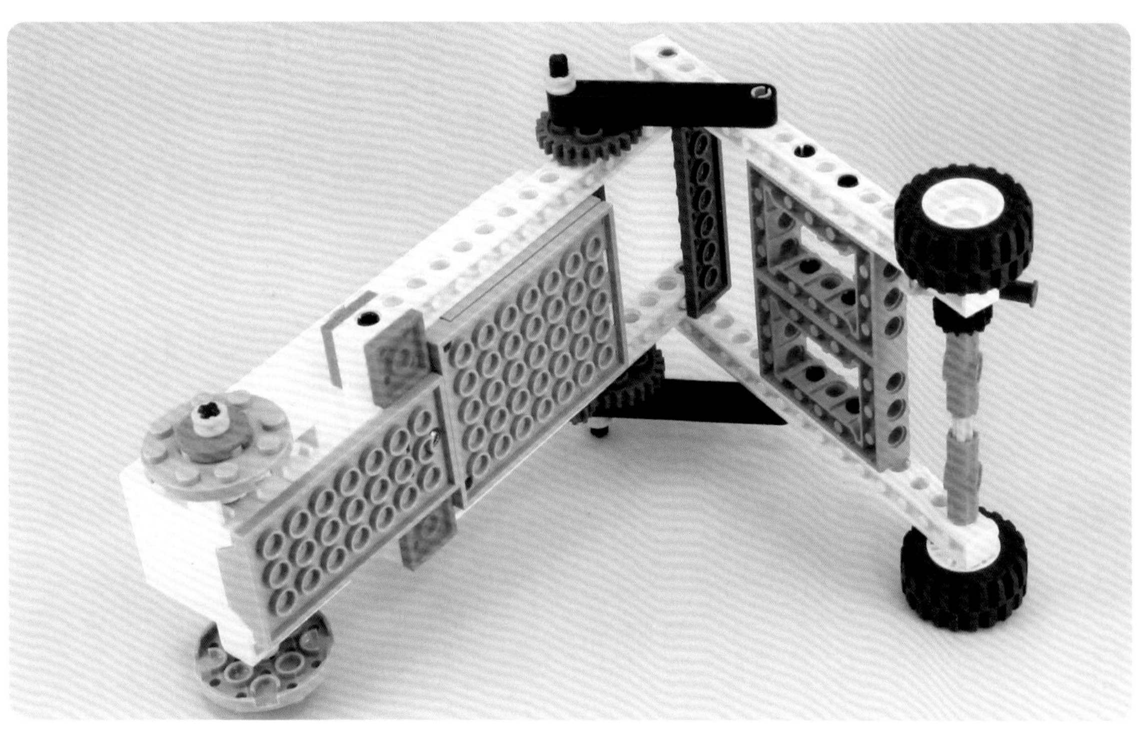

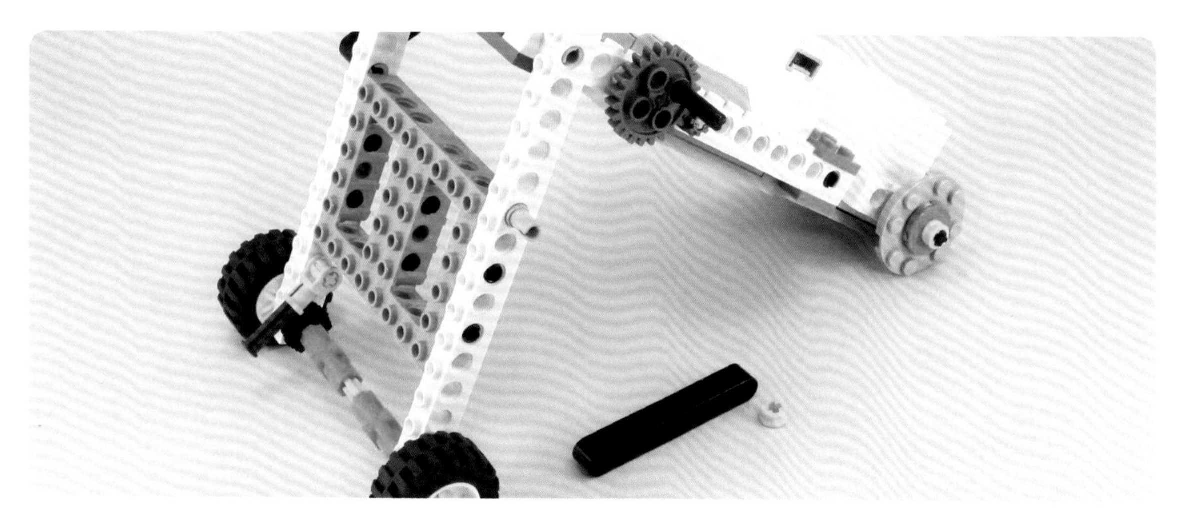

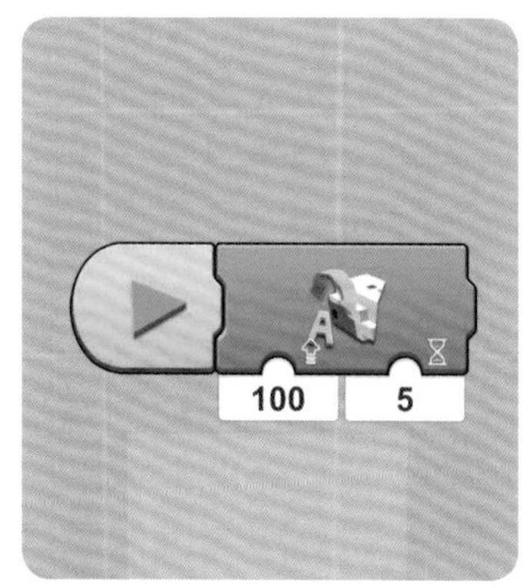
100
5

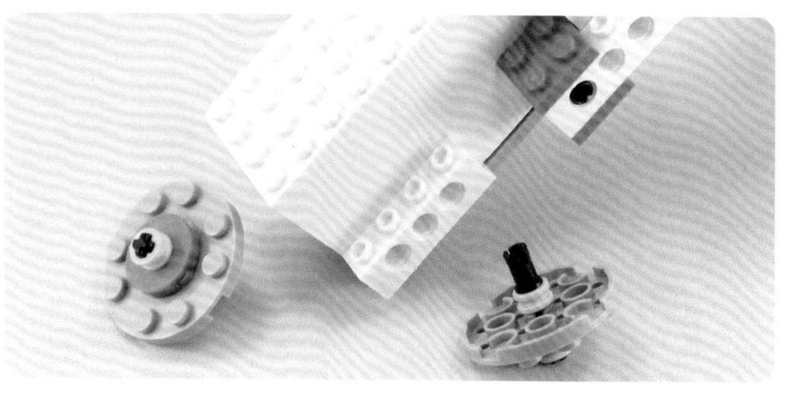

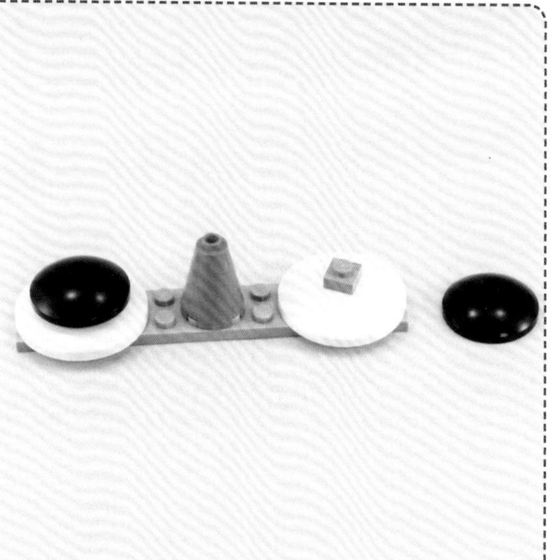

其他移动方式

#14

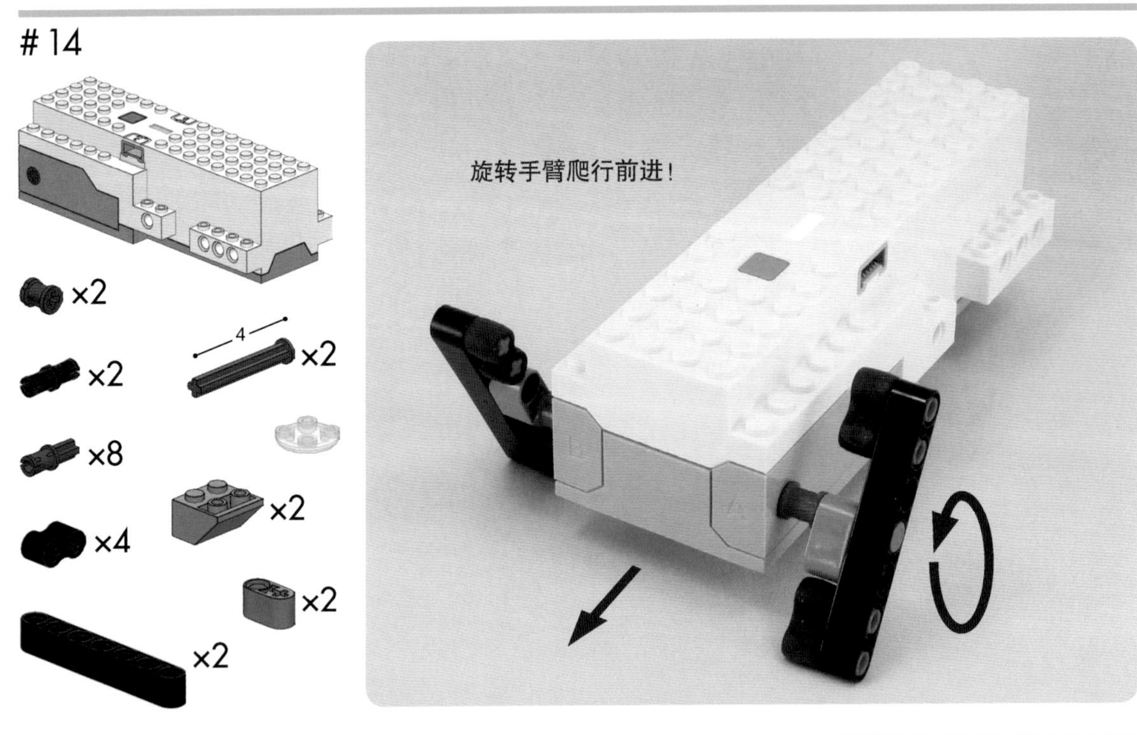

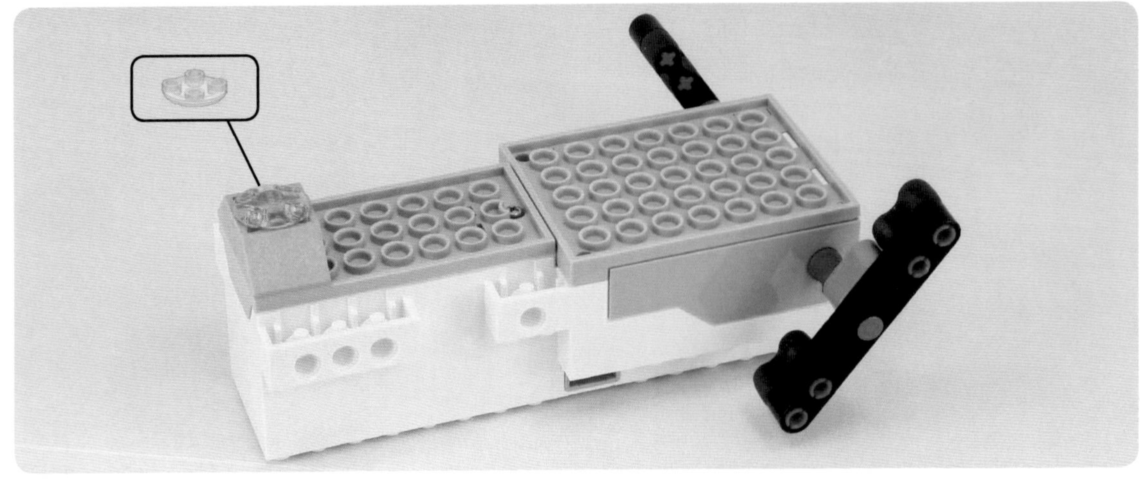

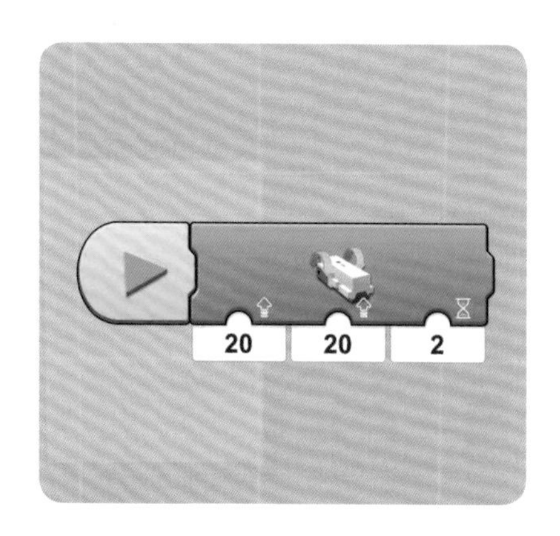
20
20
2

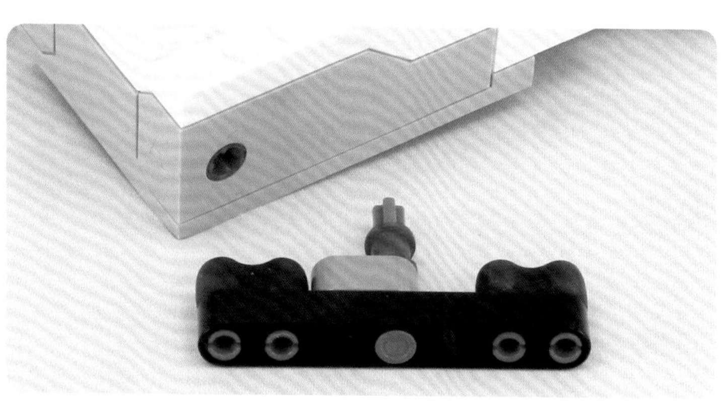

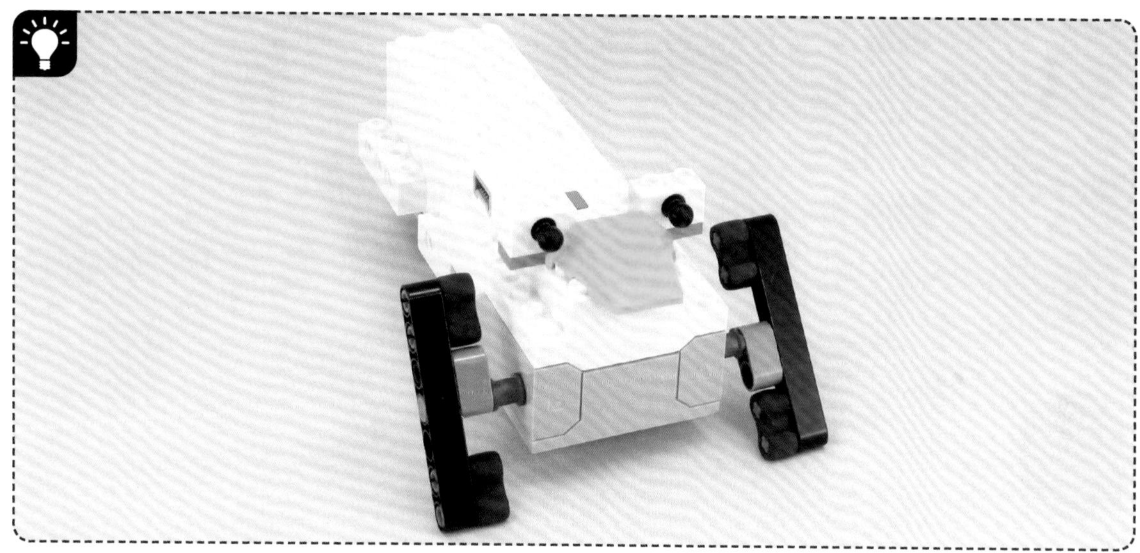

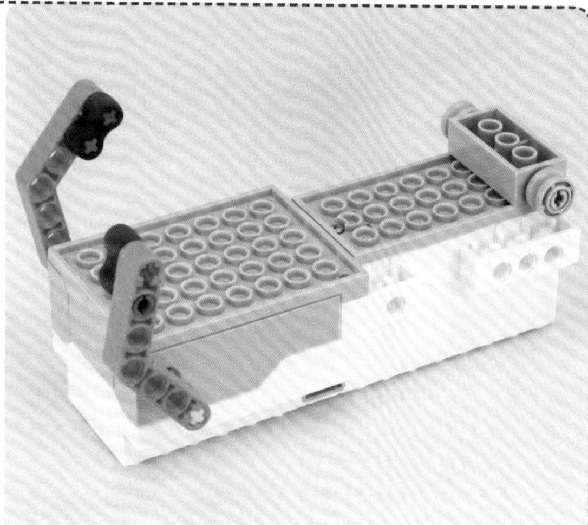

15

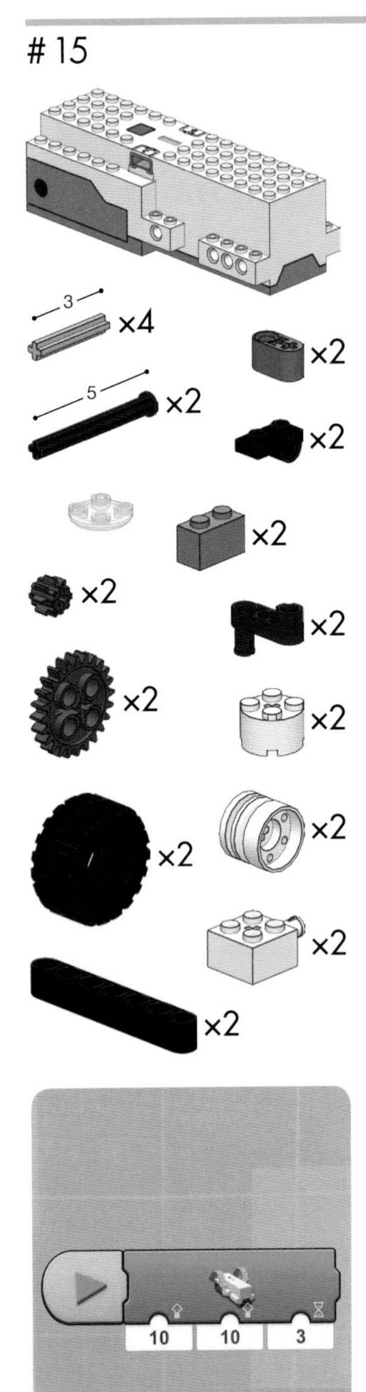

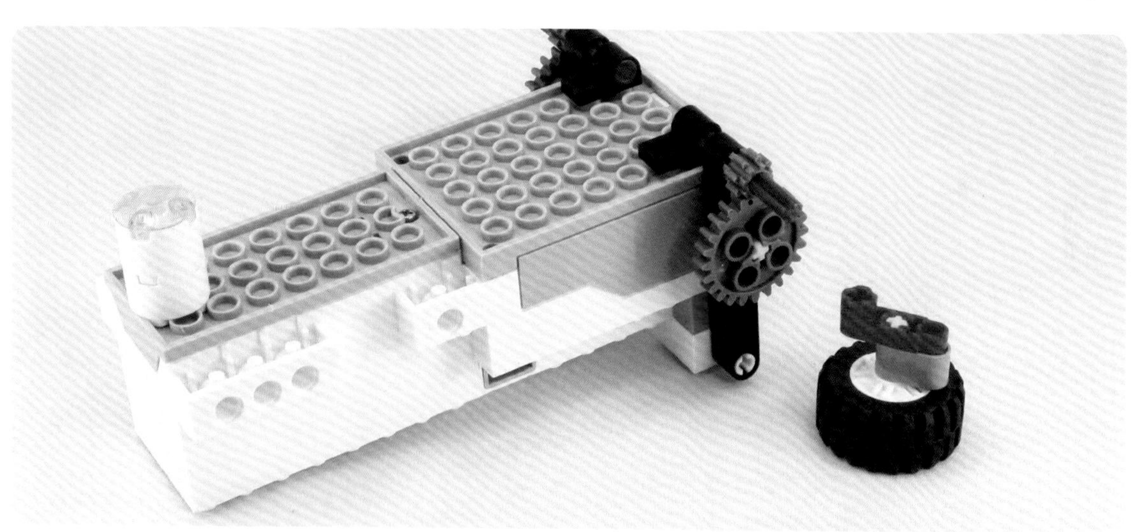

操纵杆小部件

你可以用这个操纵杆控制你的车

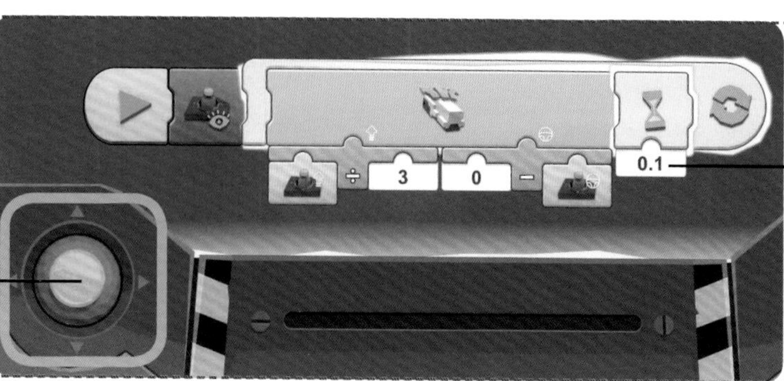

操纵杆程序中包含一个等待模块，用于在程序中引入轻微延迟。如果没有延迟，程序可能会变得混乱，因为它会不断地向机器人发送指令——这样会太快了，机器人无法响应

#16

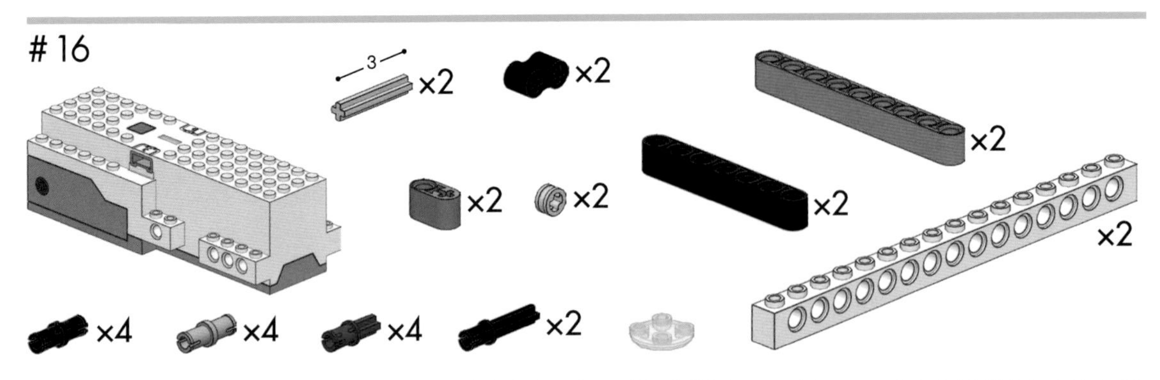

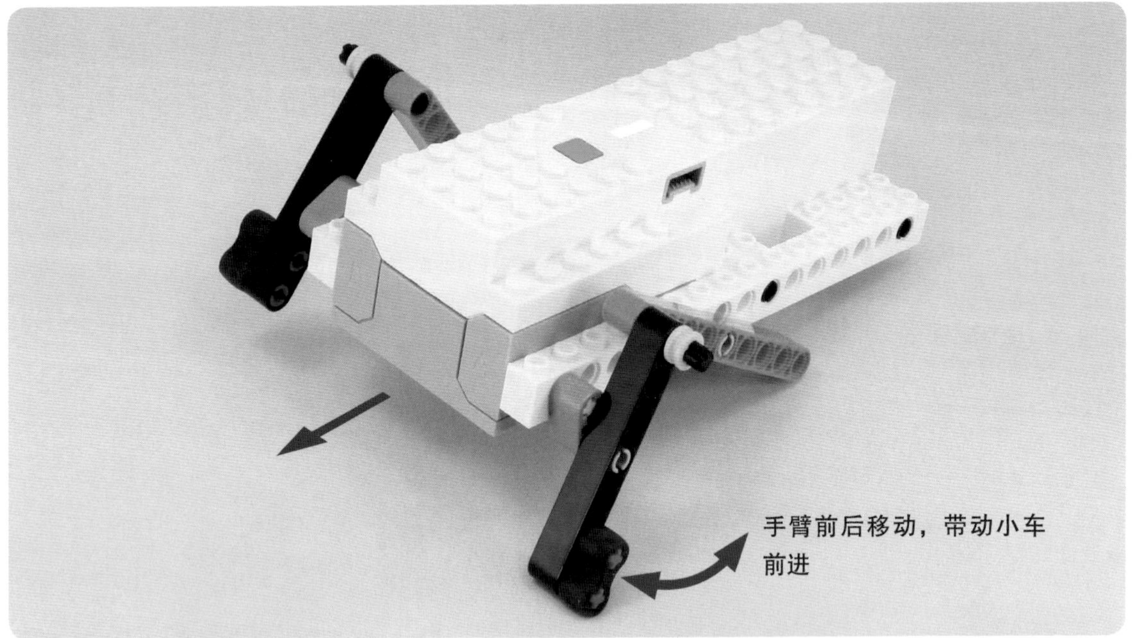

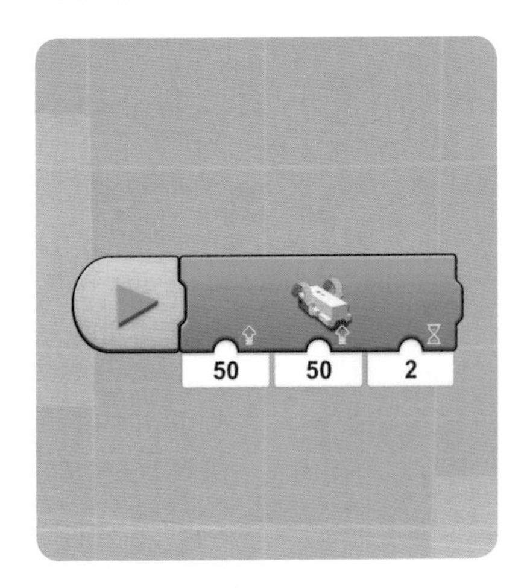

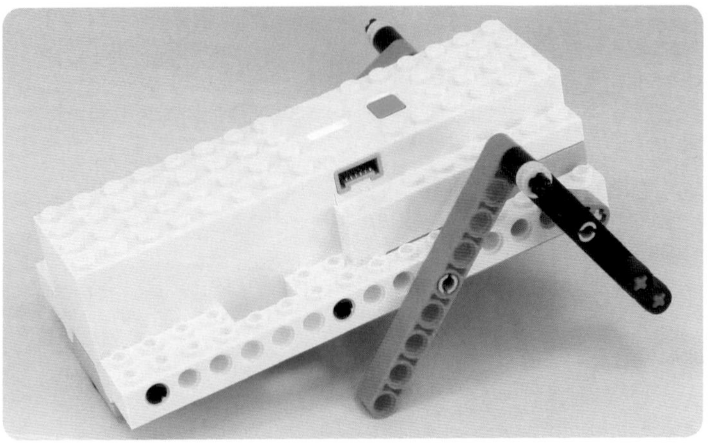

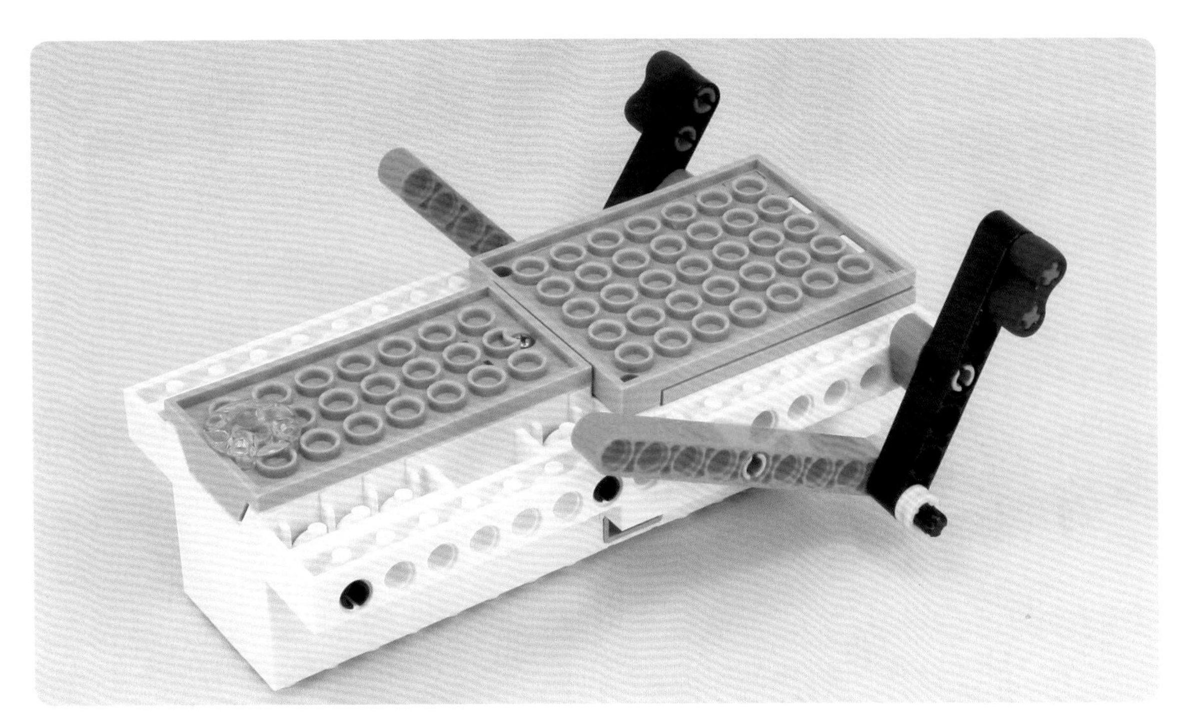

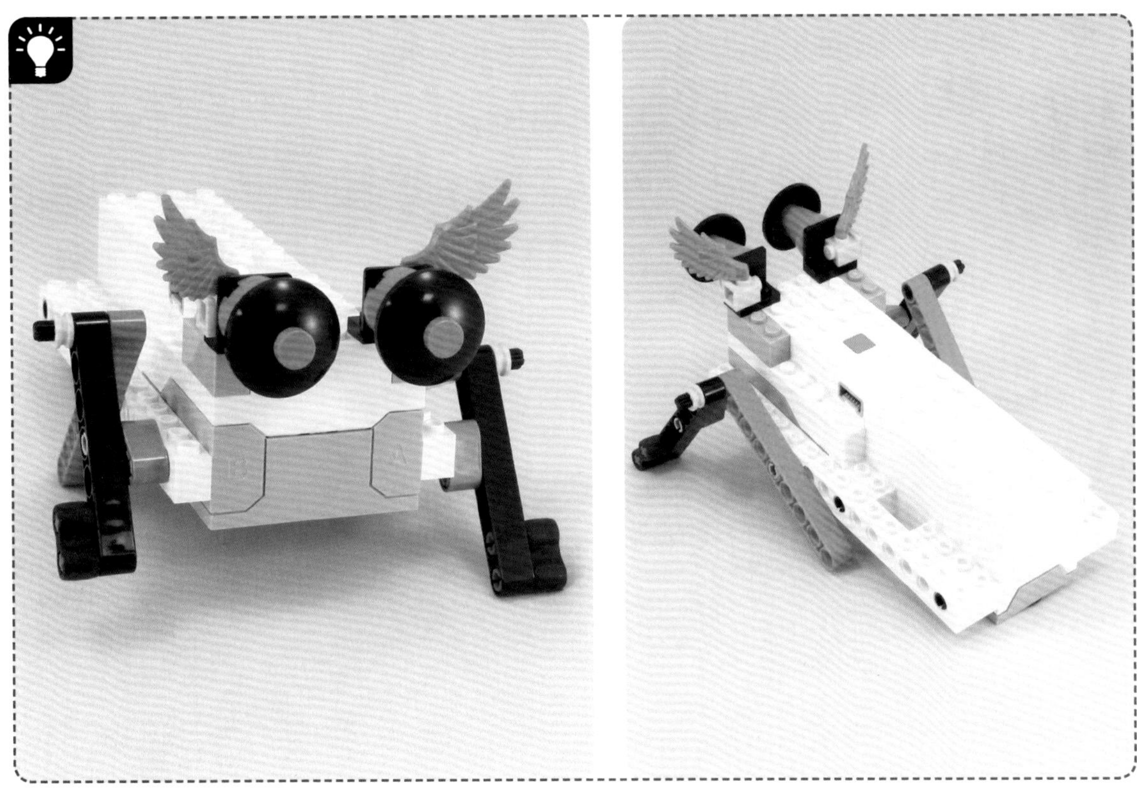

#17

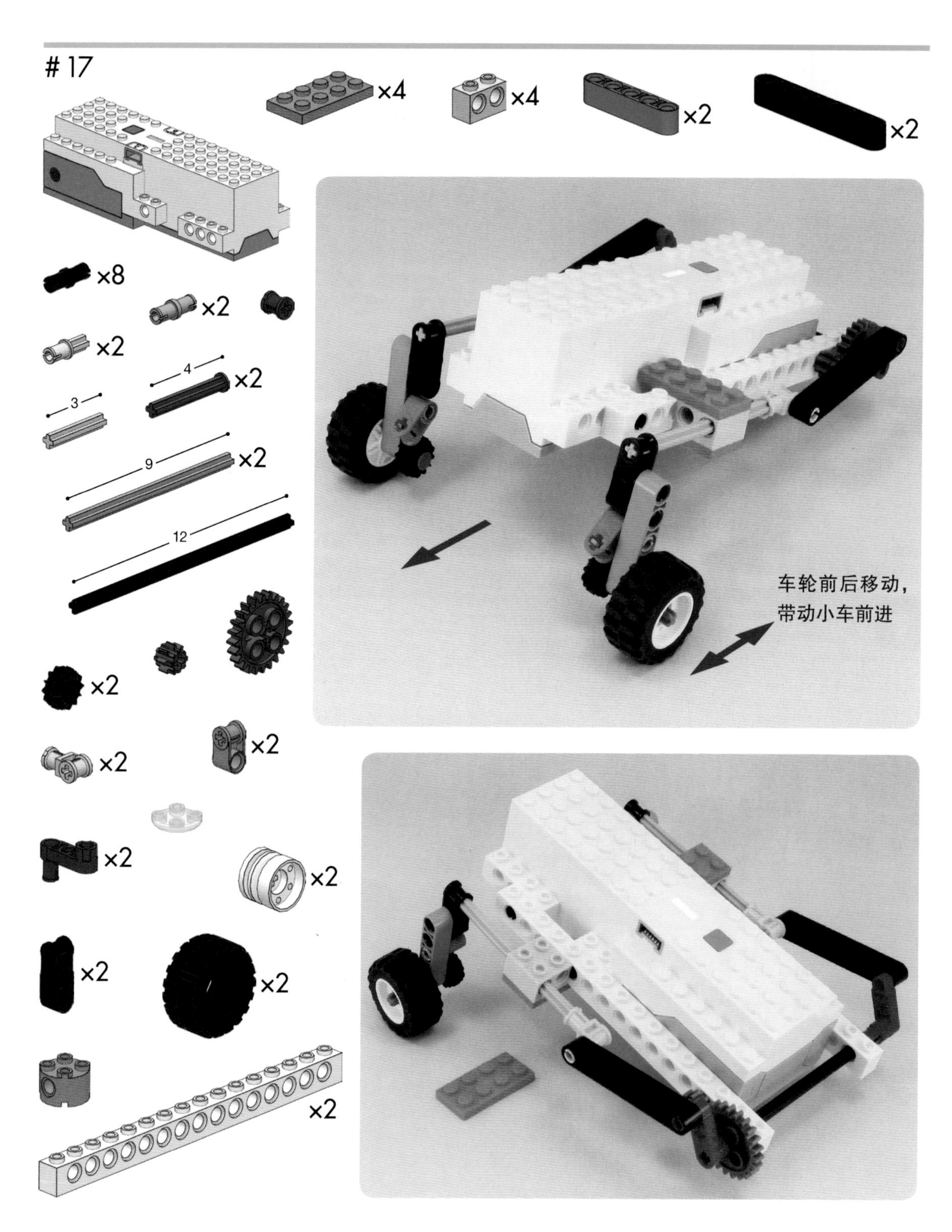

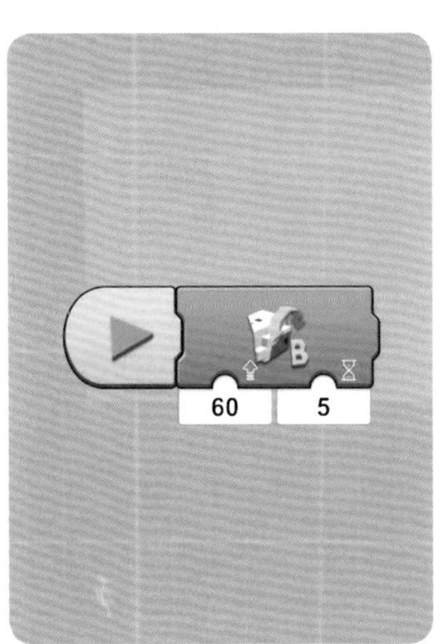
B
60
5

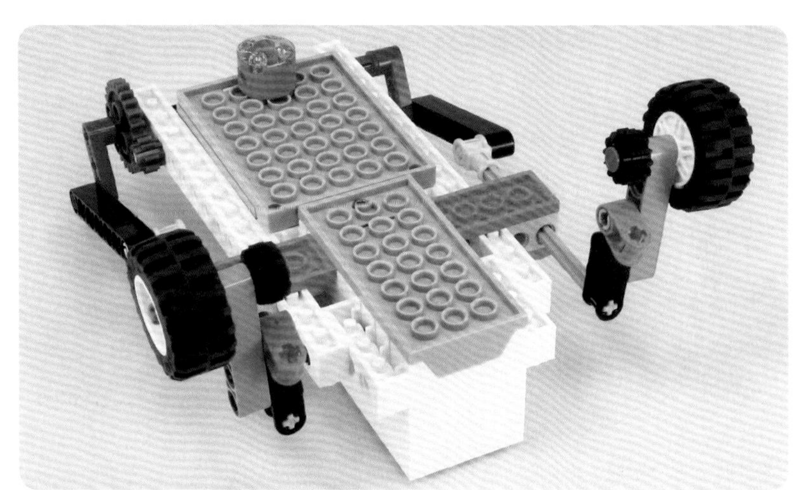

18

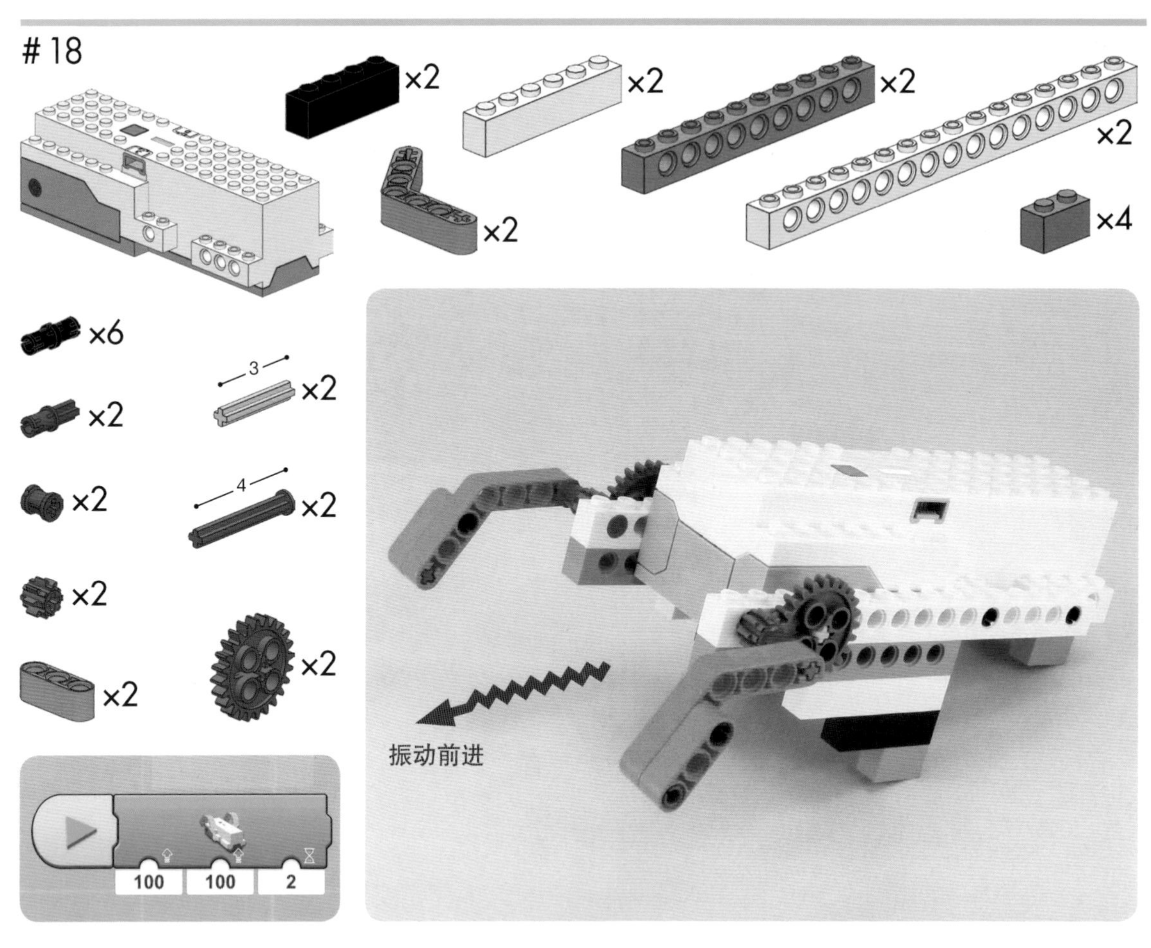

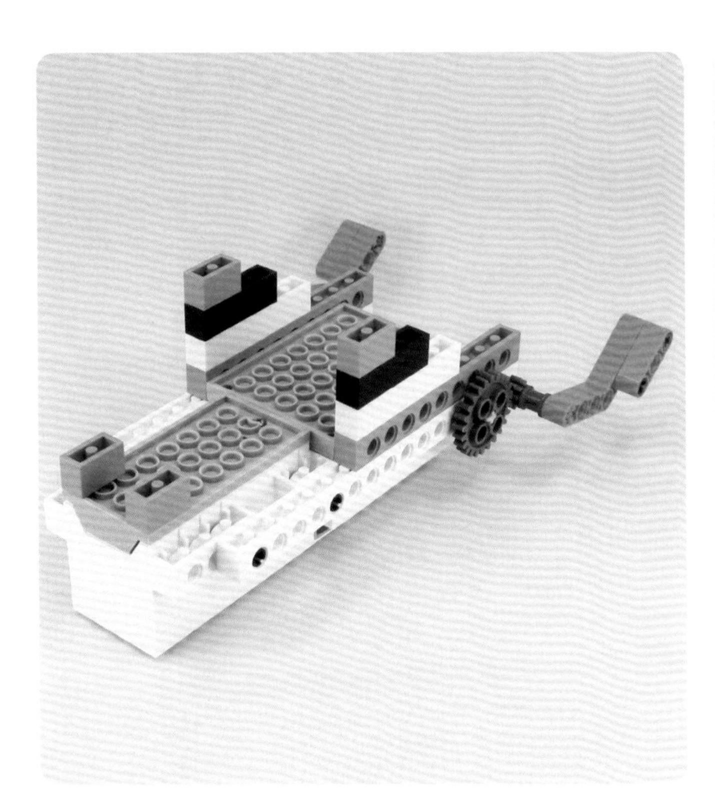

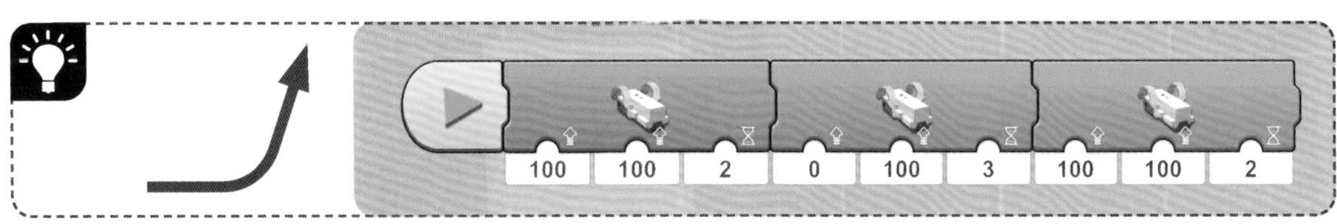
100
100
2
0
100
3
100
100
2

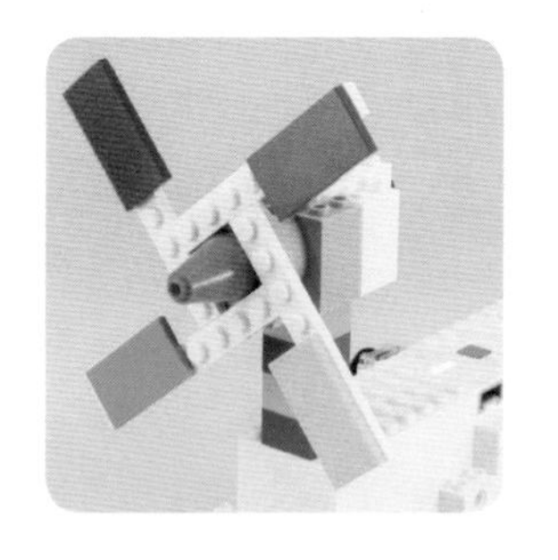

第 2 部分

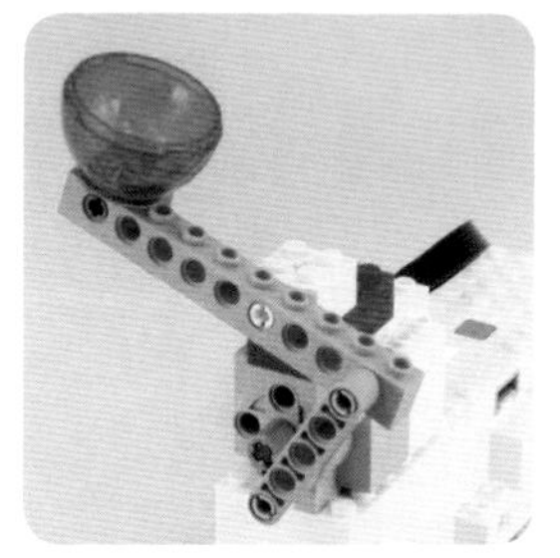

使用外置电机

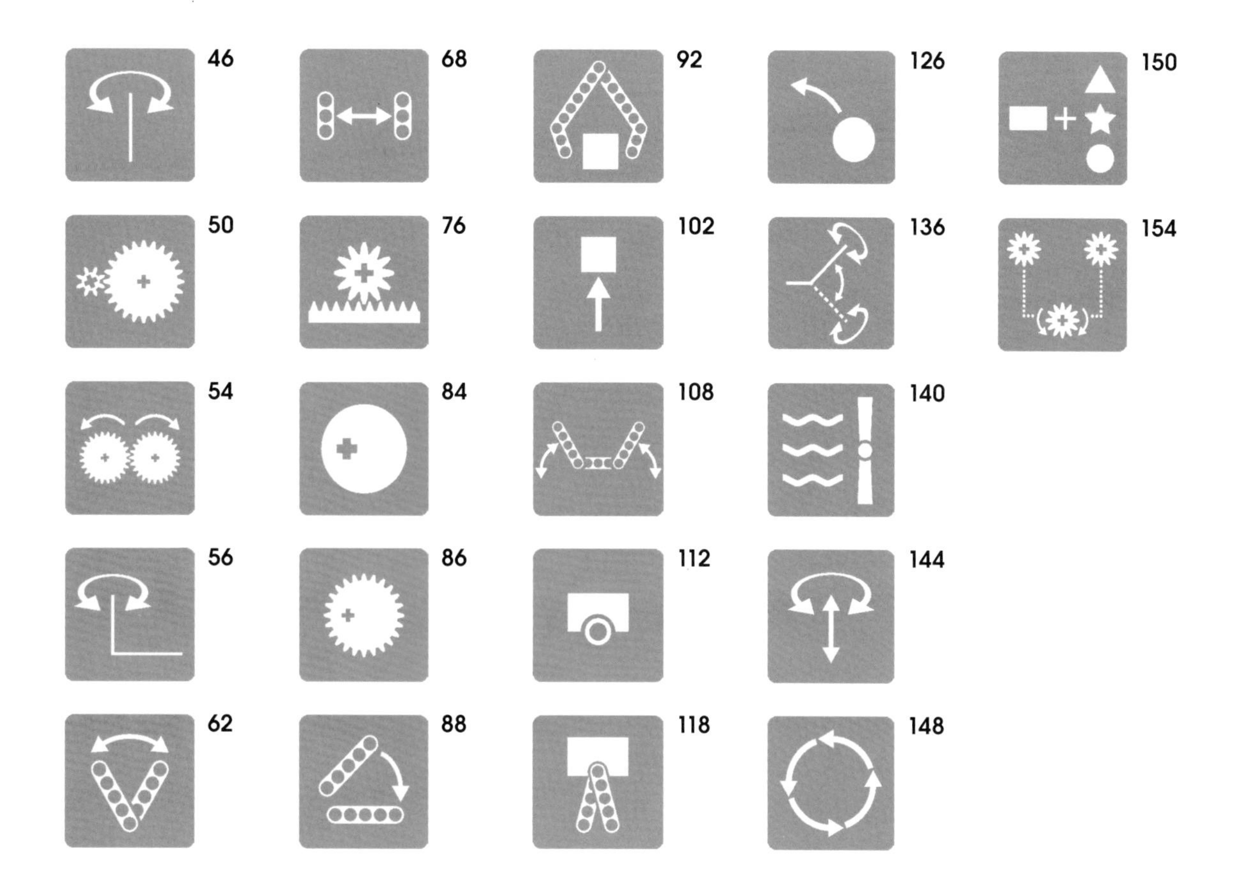

46
68
92
126
150
50
76
102
136
154
54
84
108
140
56
86
112
144
62
88
118
148

旋转

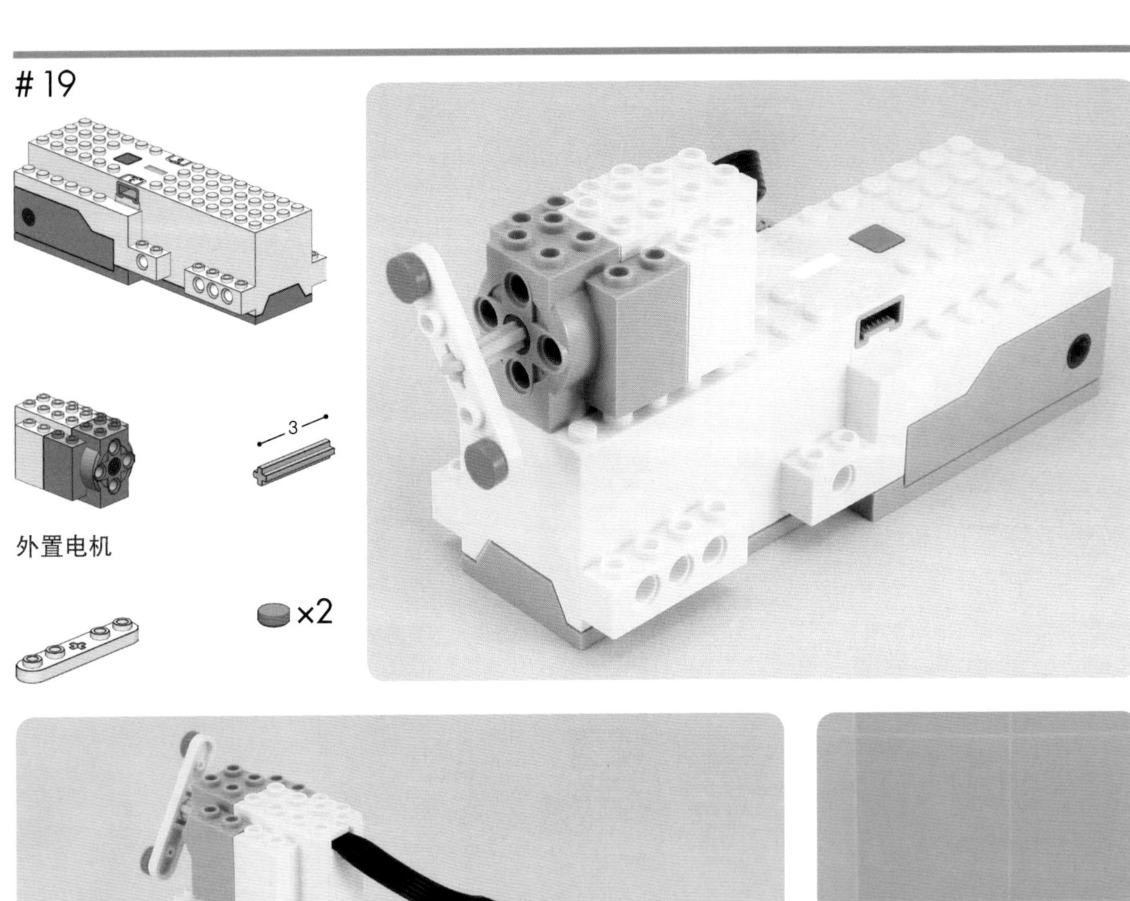

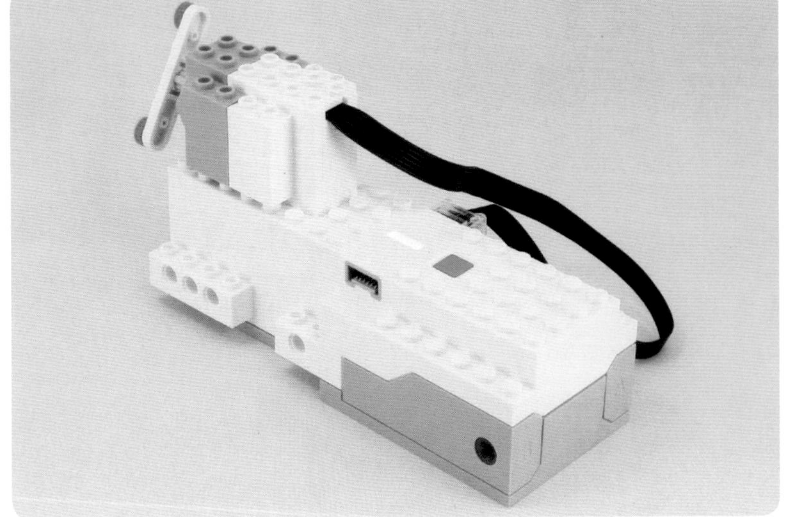

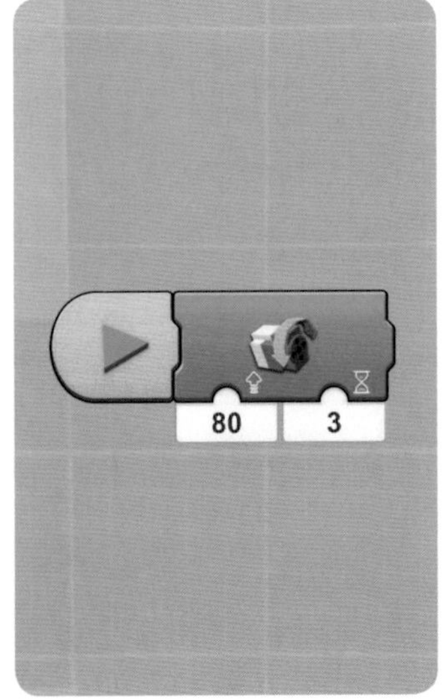

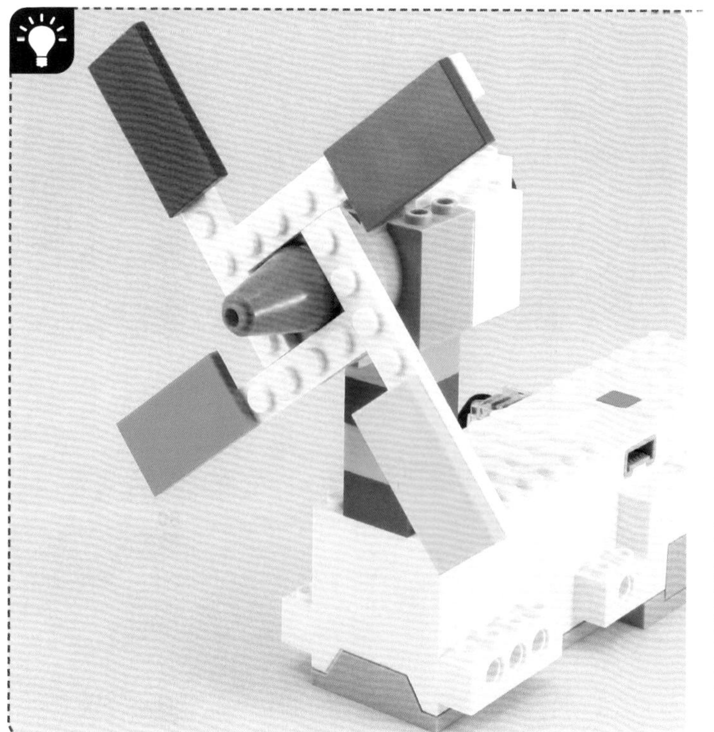

#20

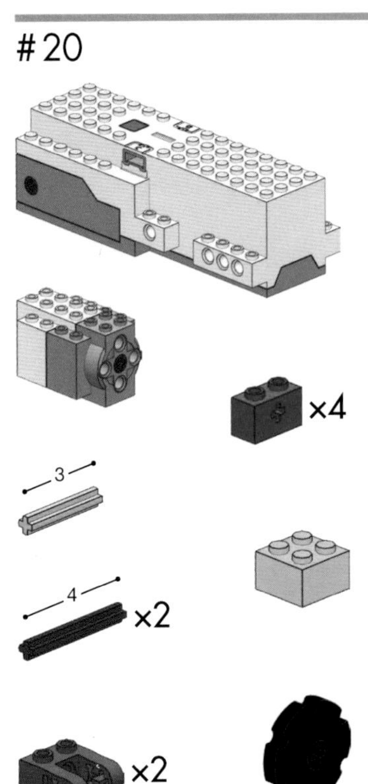

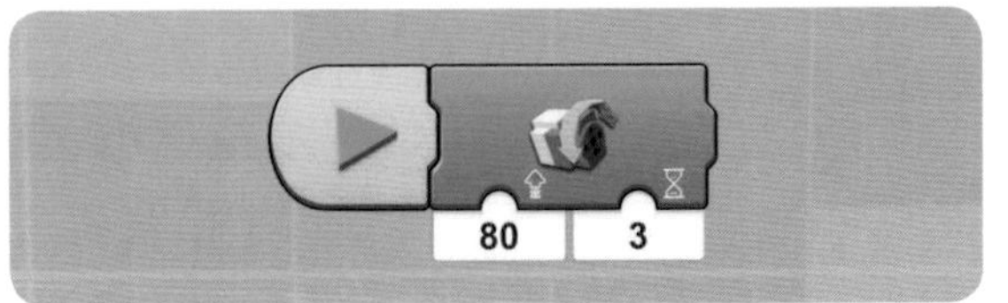

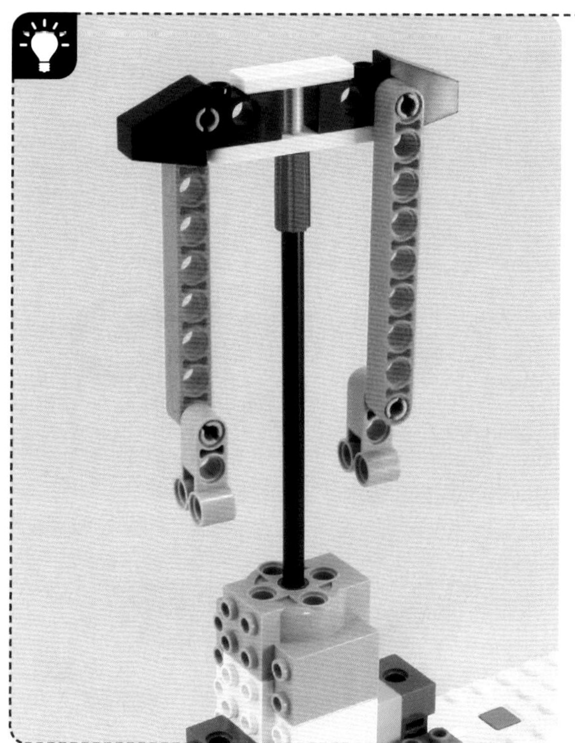

用齿轮改变速度

#21

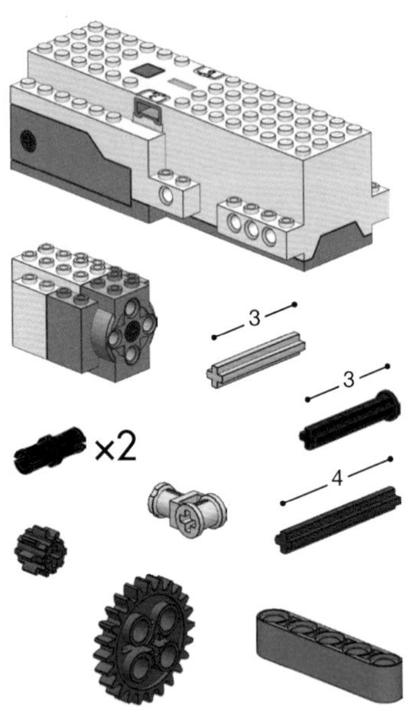

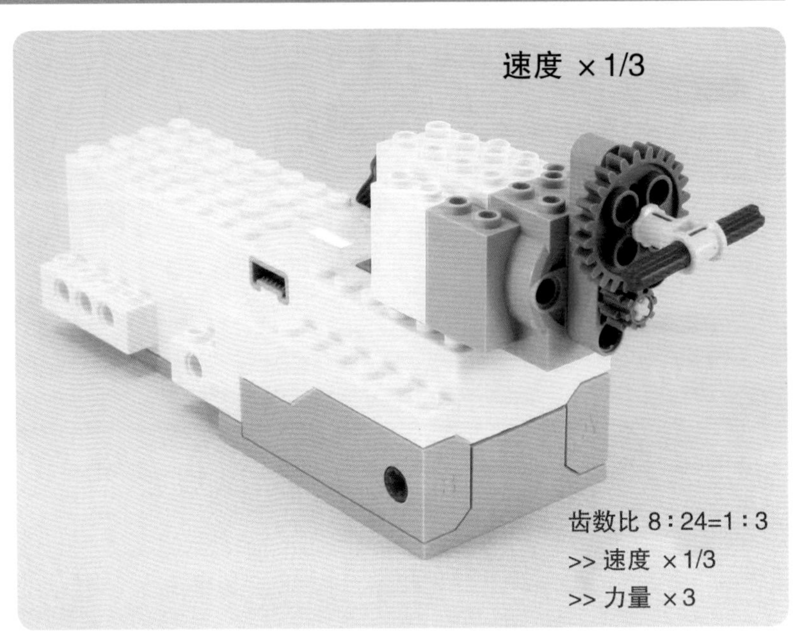

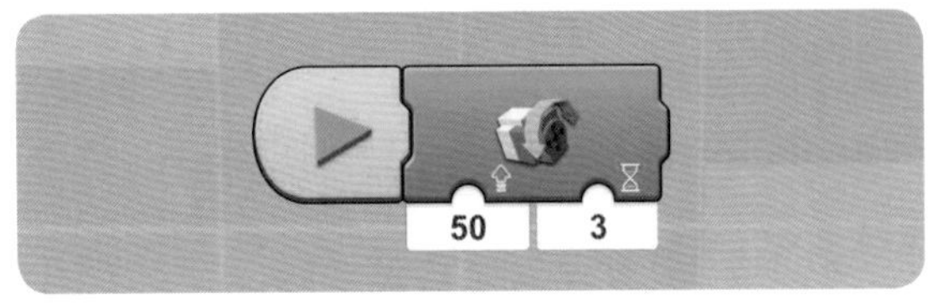

#22

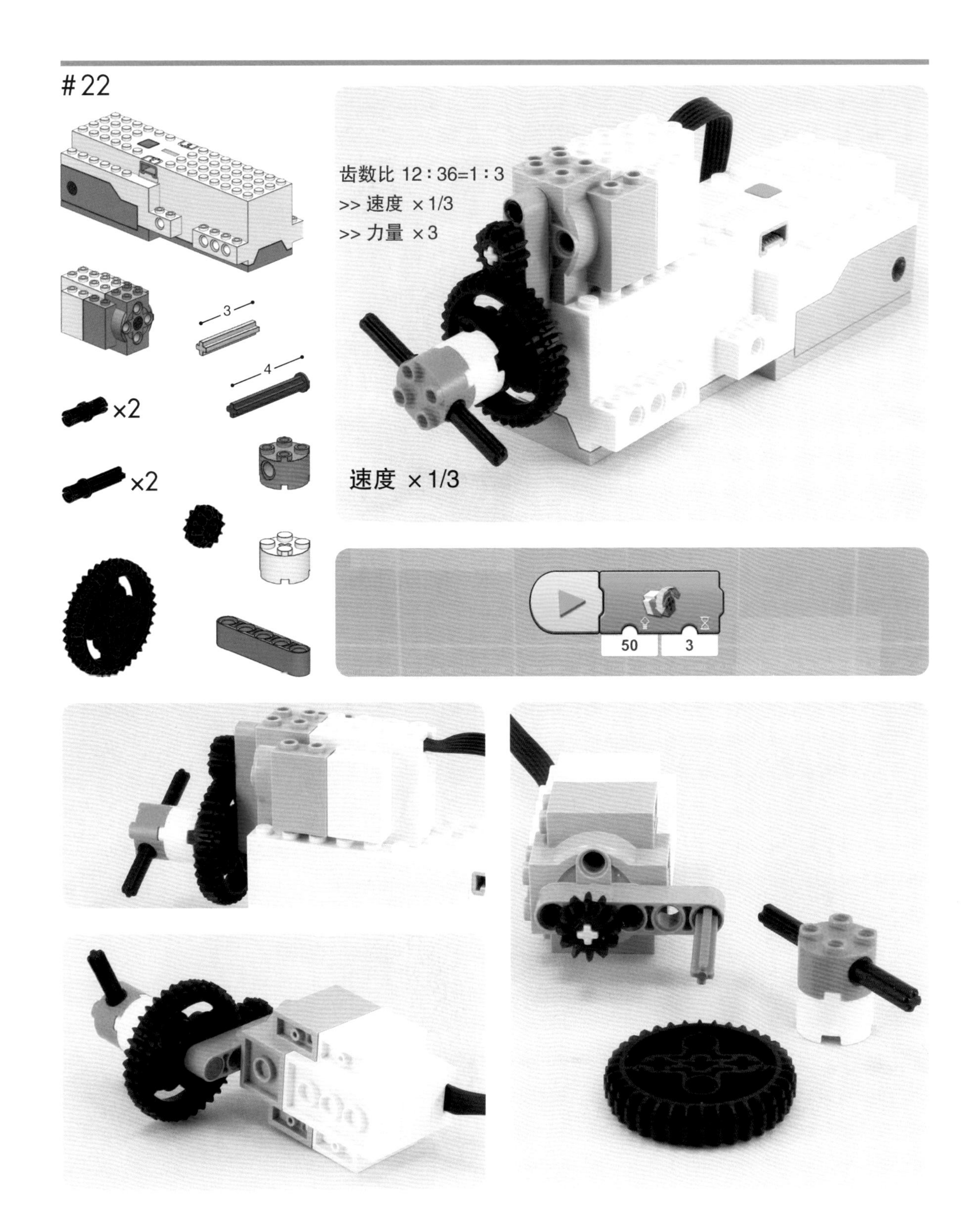

#23

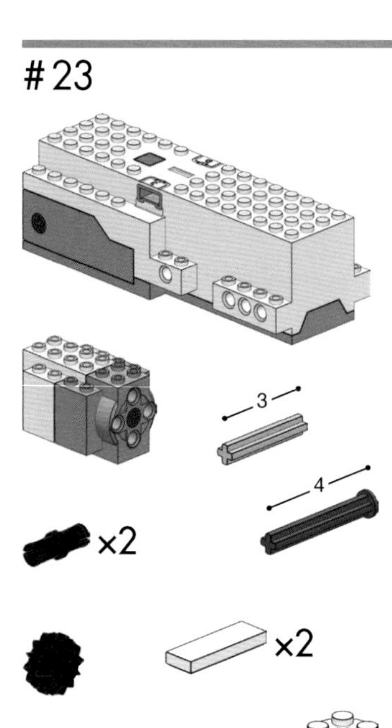

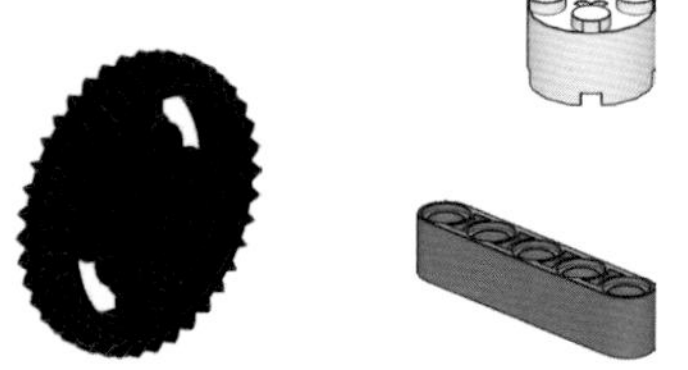

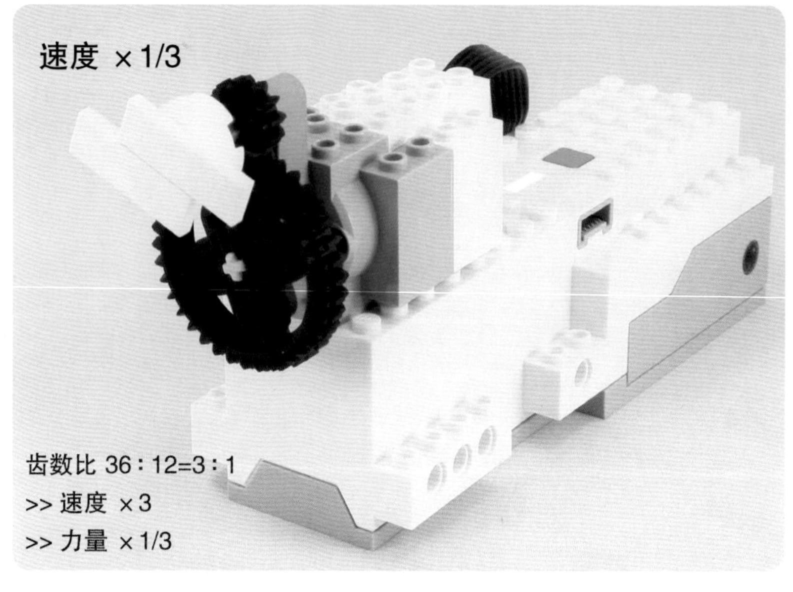

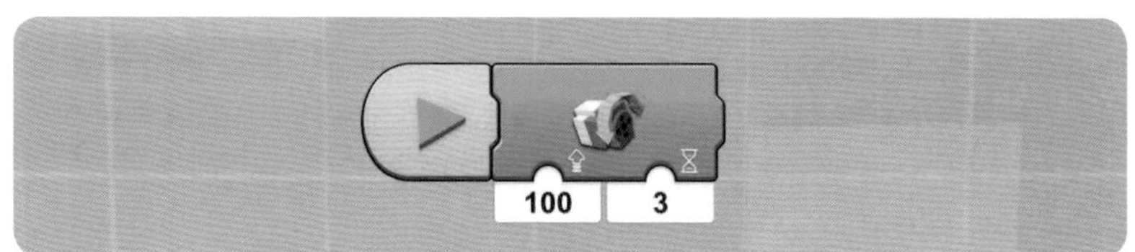

#24

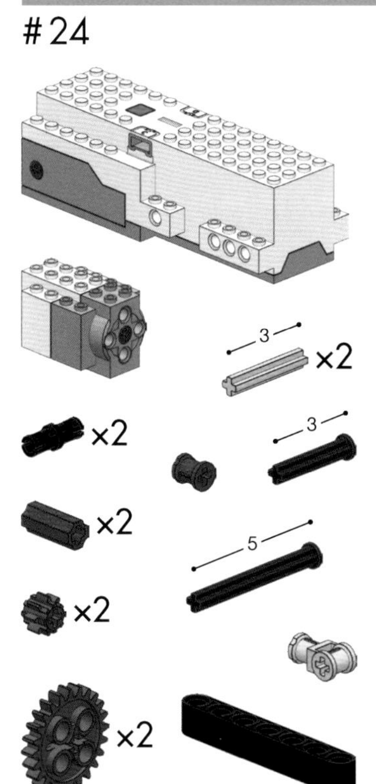

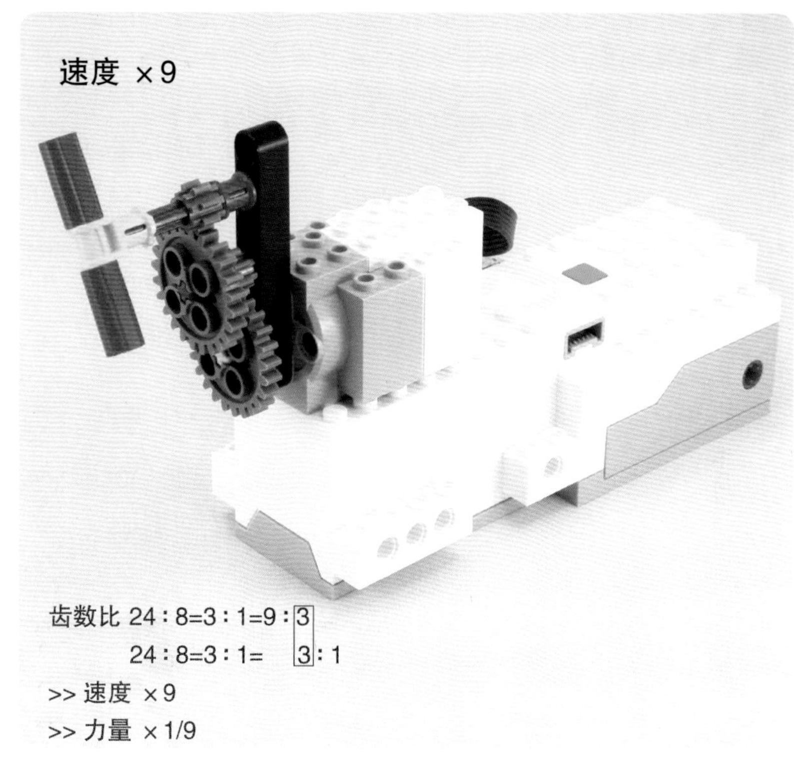

速度 ×9

齿数比 24：8=3：1=9：3

24：8=3：1= 3：1

>> 速度 ×9

>> 力量 ×1/9

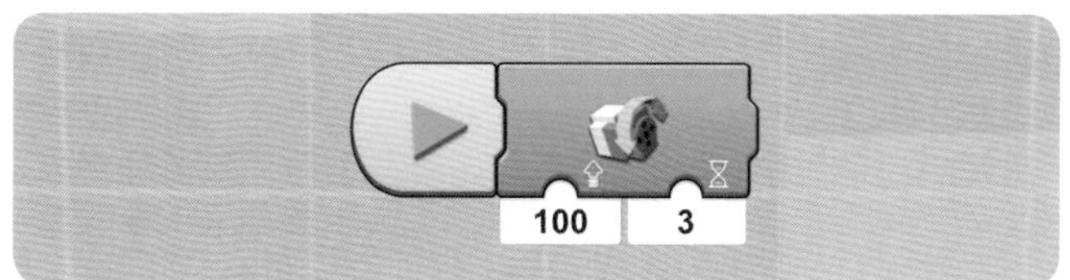

改变旋转方向

#25

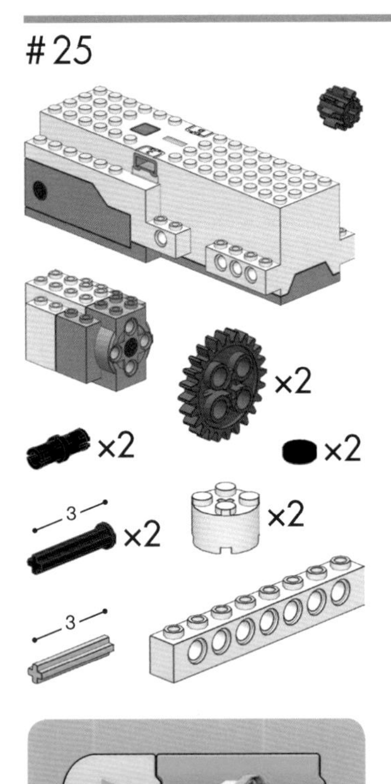

#26

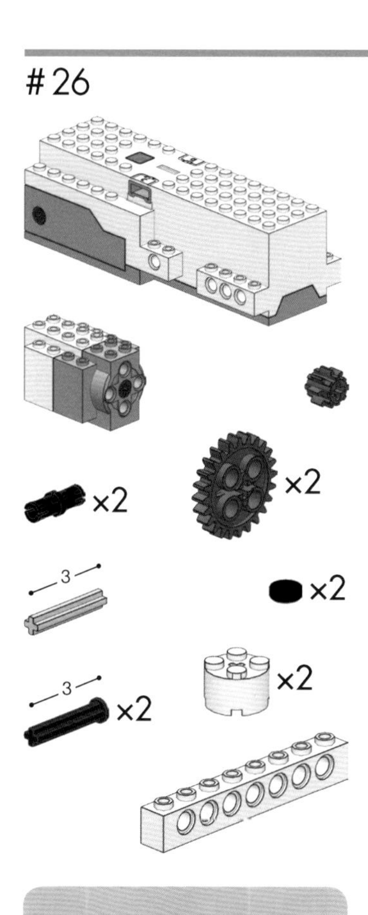

50 5

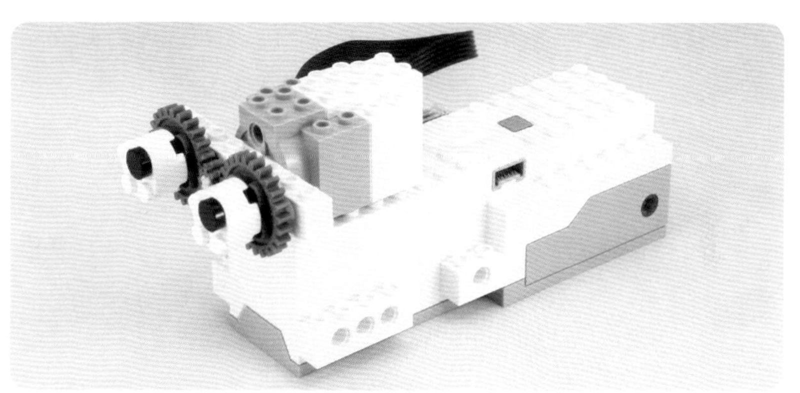

将水平旋转改变为垂直旋转

#27

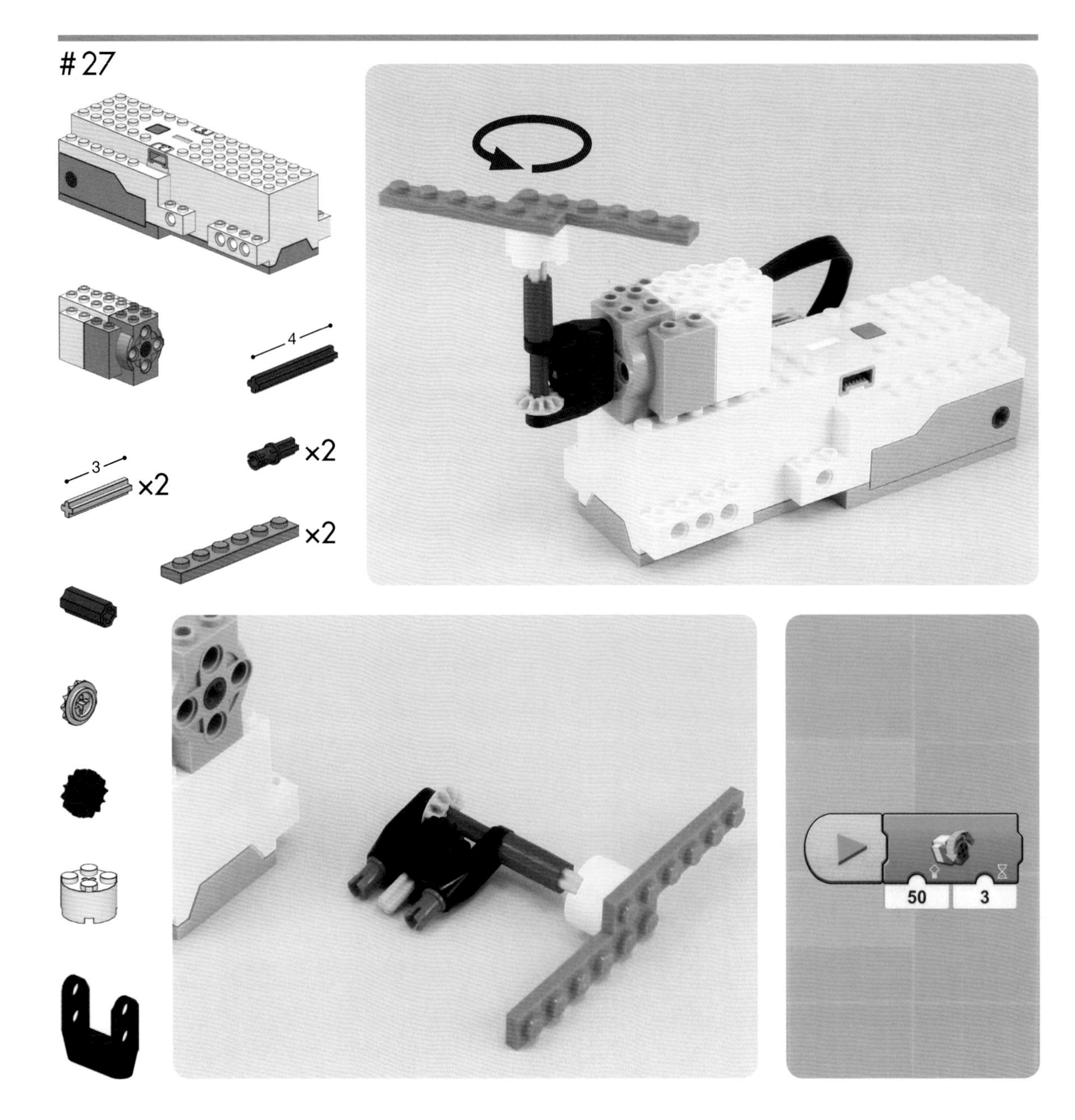

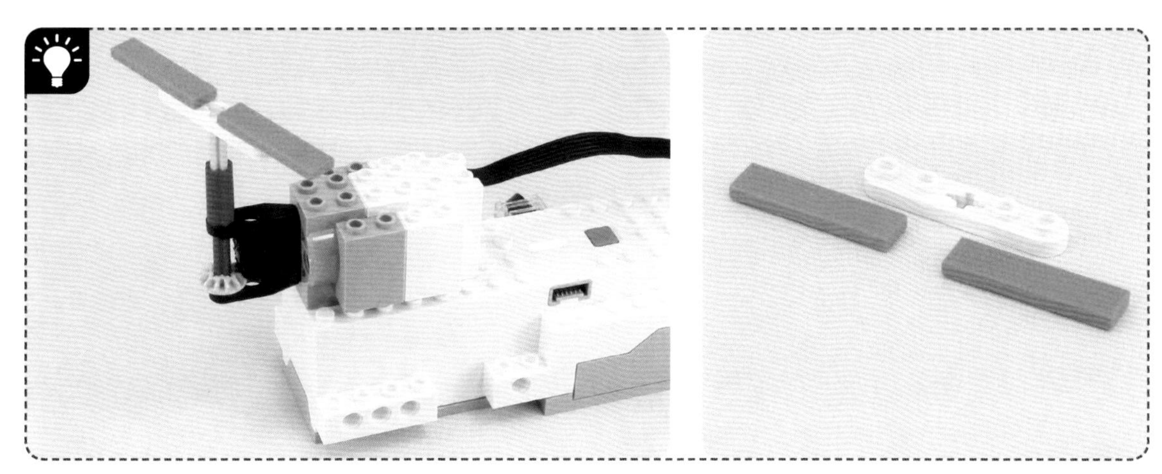

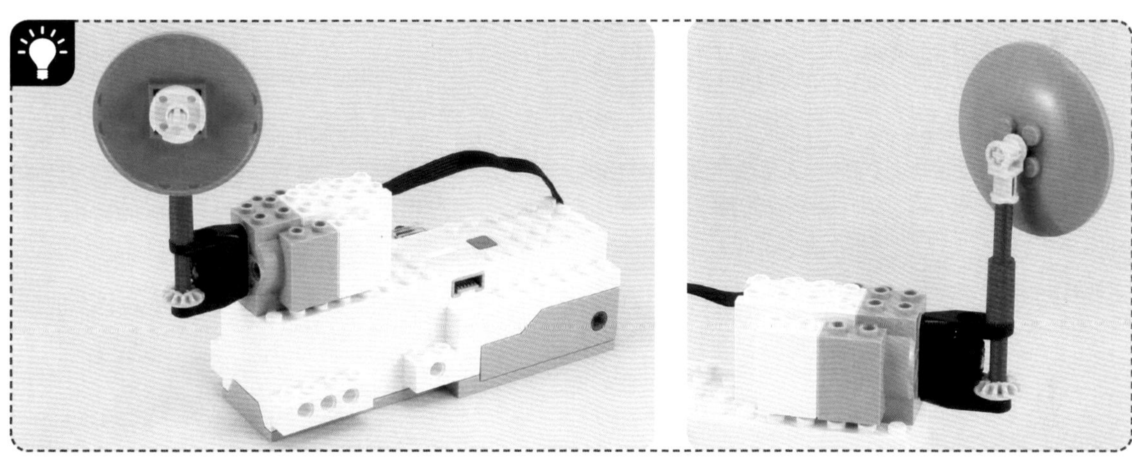

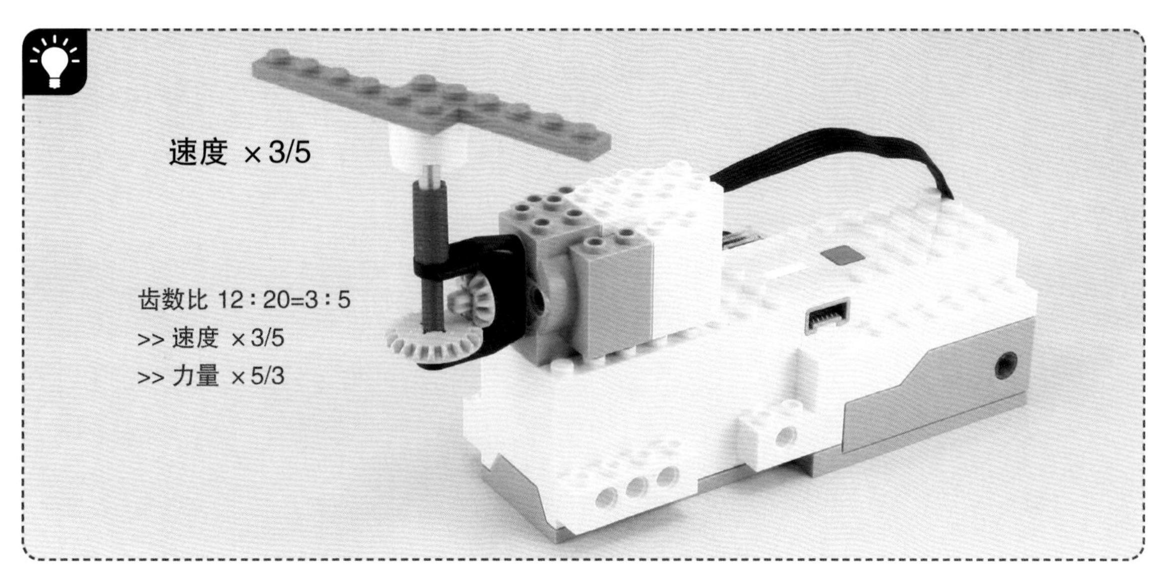
速度 ×3/5
齿数比 12：20=3：5
>> 速度 ×3/5
>> 力量 ×5/3

#28

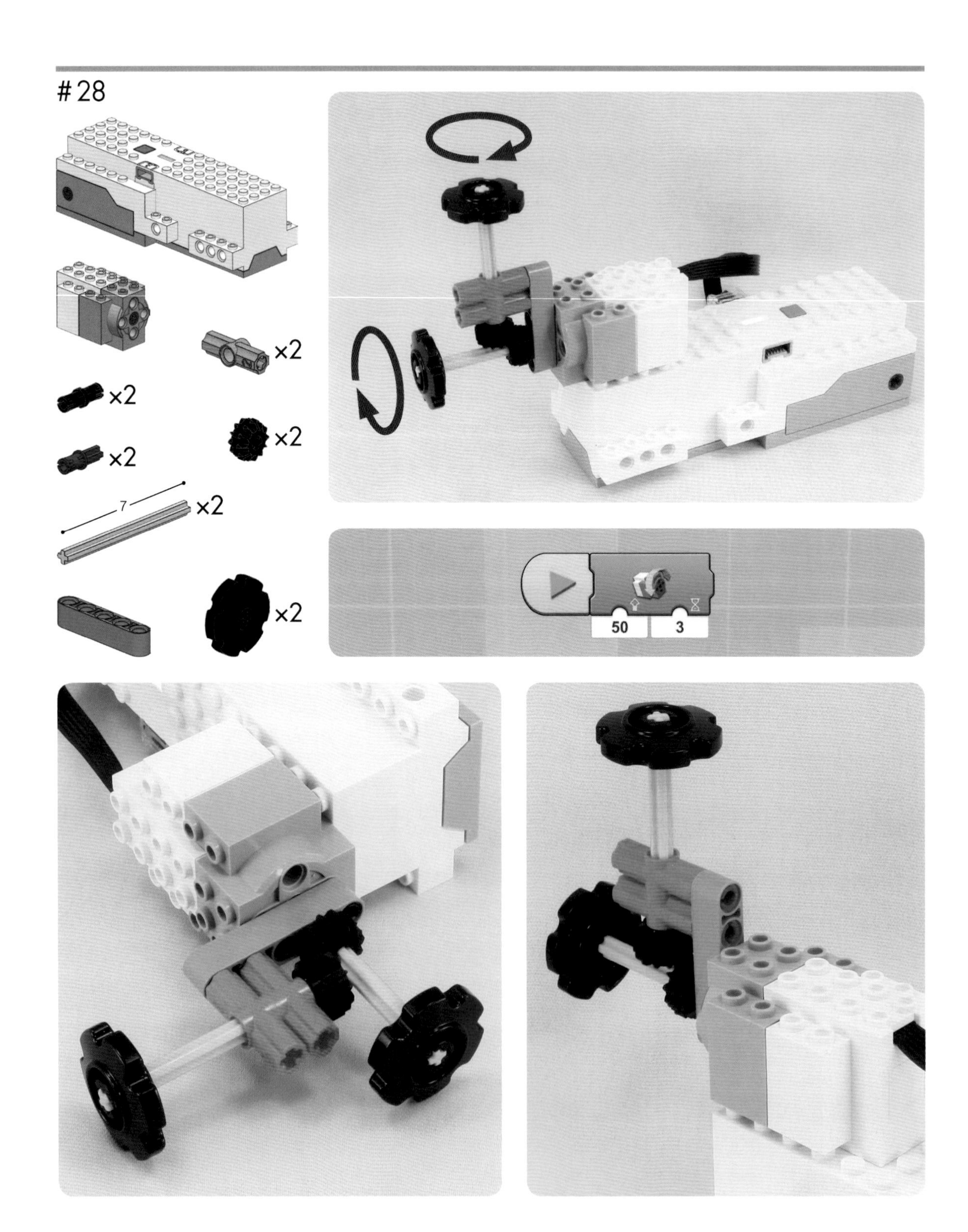

29

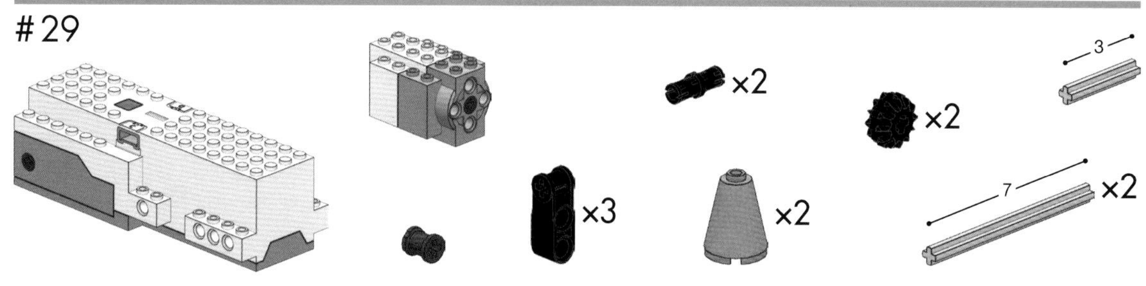

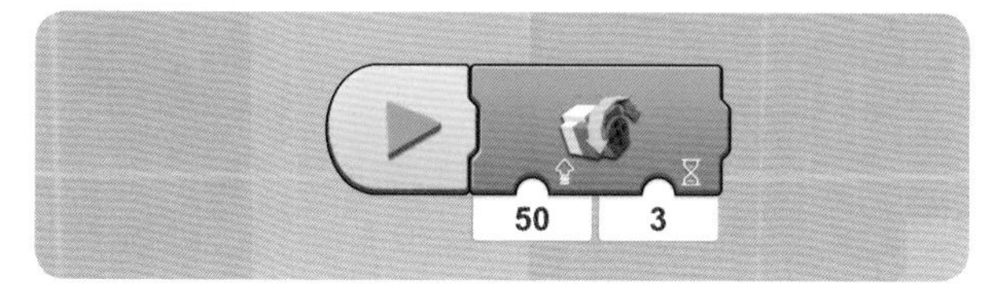

#30

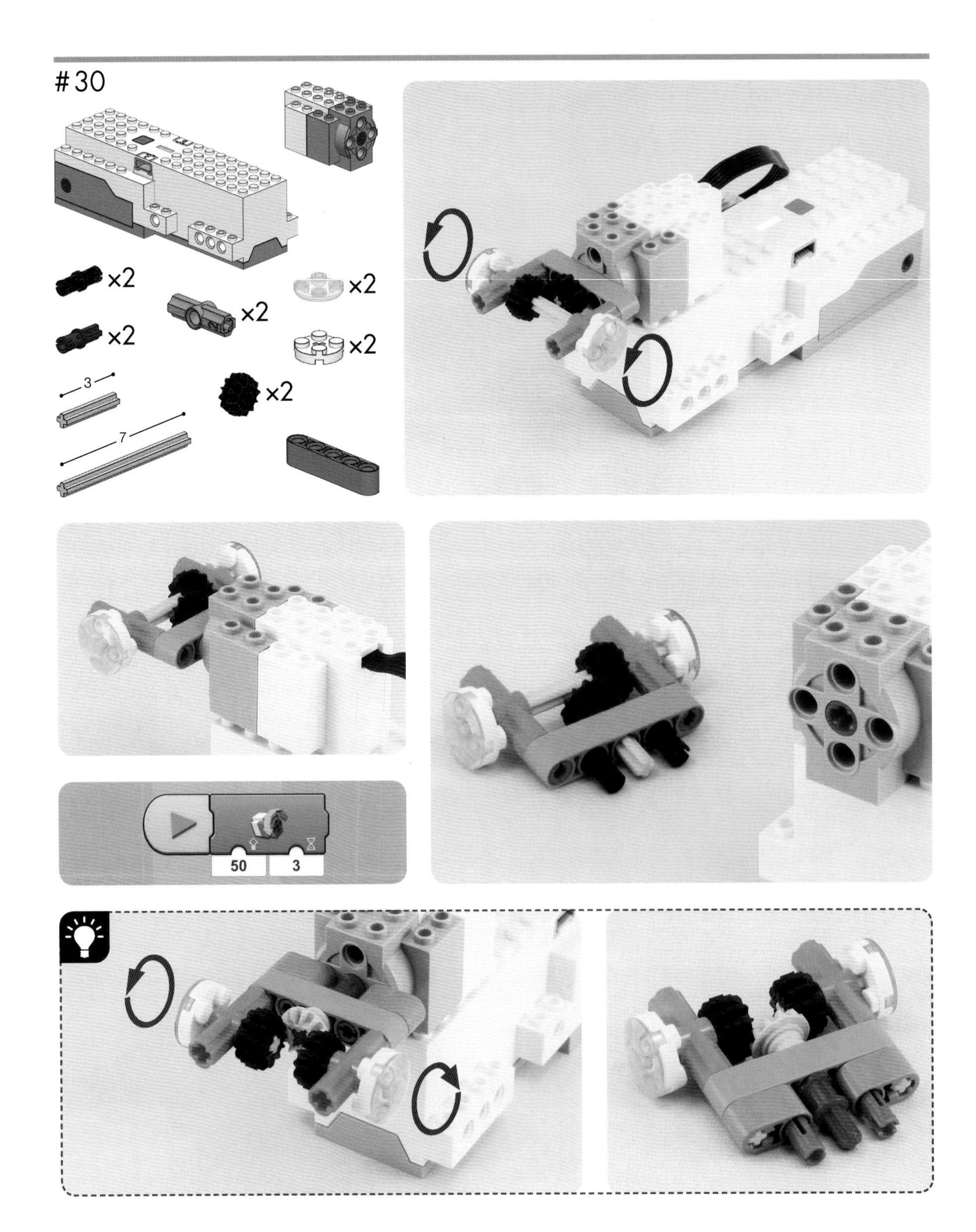

#31

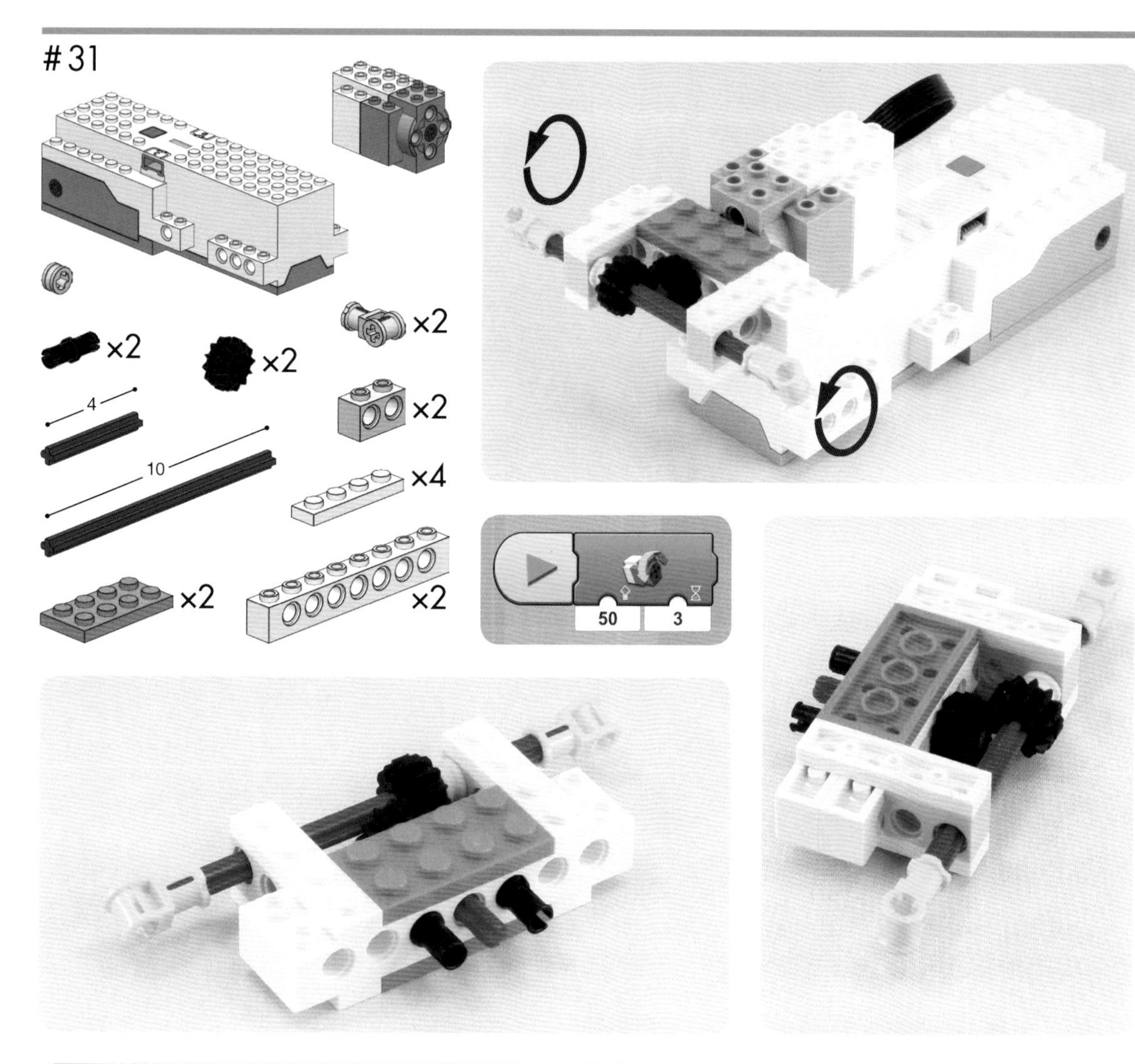
×2
×2
×2
4
×2
10
×4
×2
×2
50
3

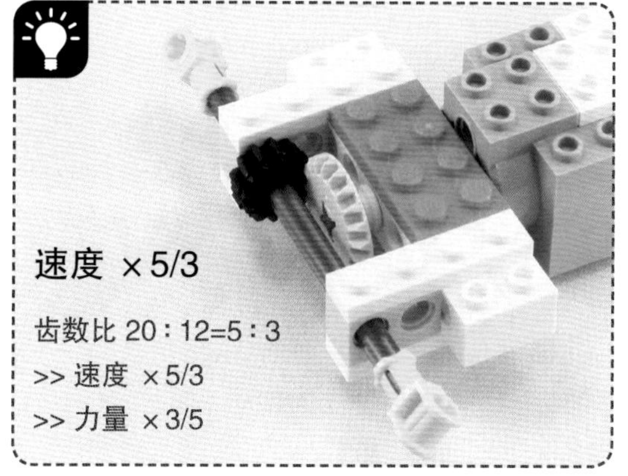
速度 ×5/3
齿数比 20：12=5：3
>> 速度 ×5/3
>> 力量 ×3/5

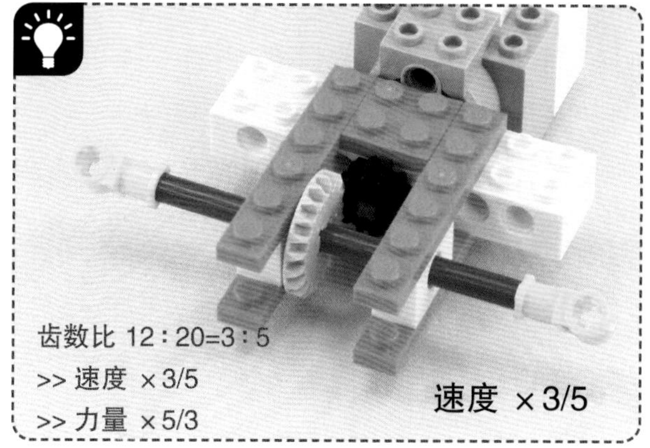
齿数比 12：20=3：5
>> 速度 ×3/5
>> 力量 ×5/3
速度 ×3/5

摆动机构

#32

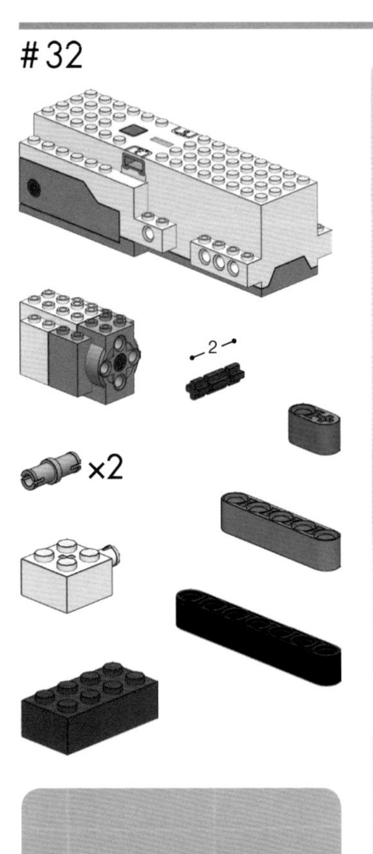

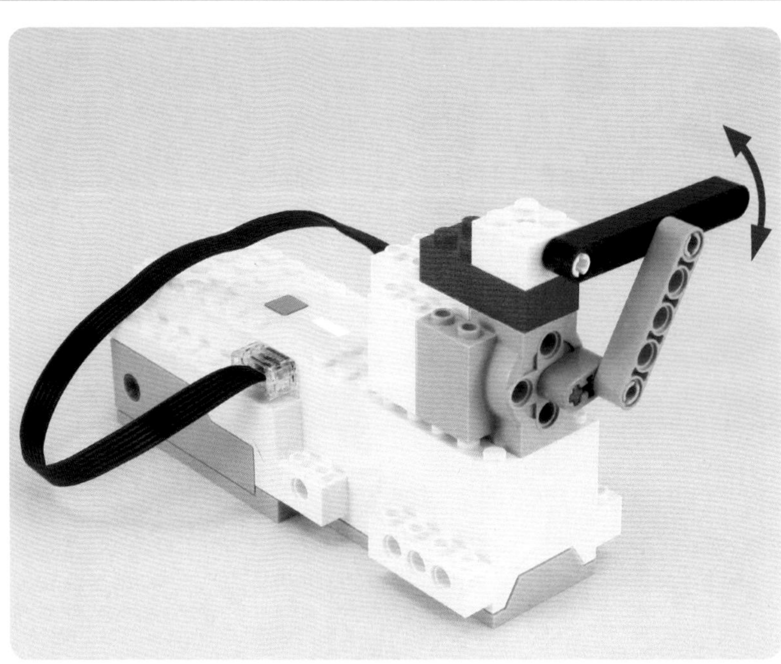

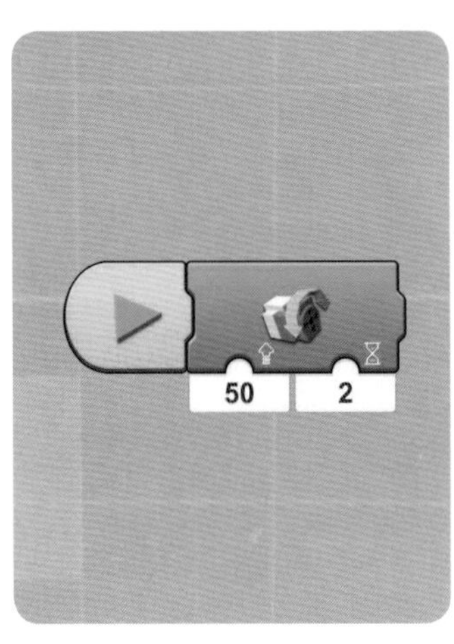

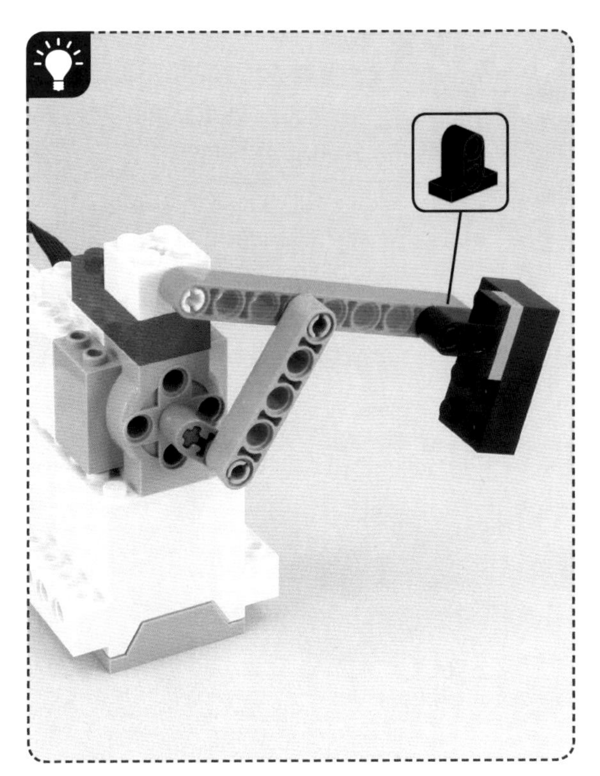

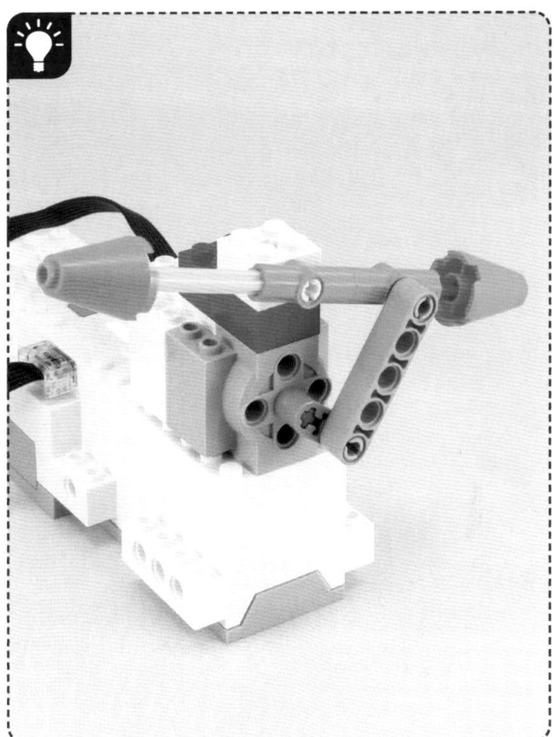

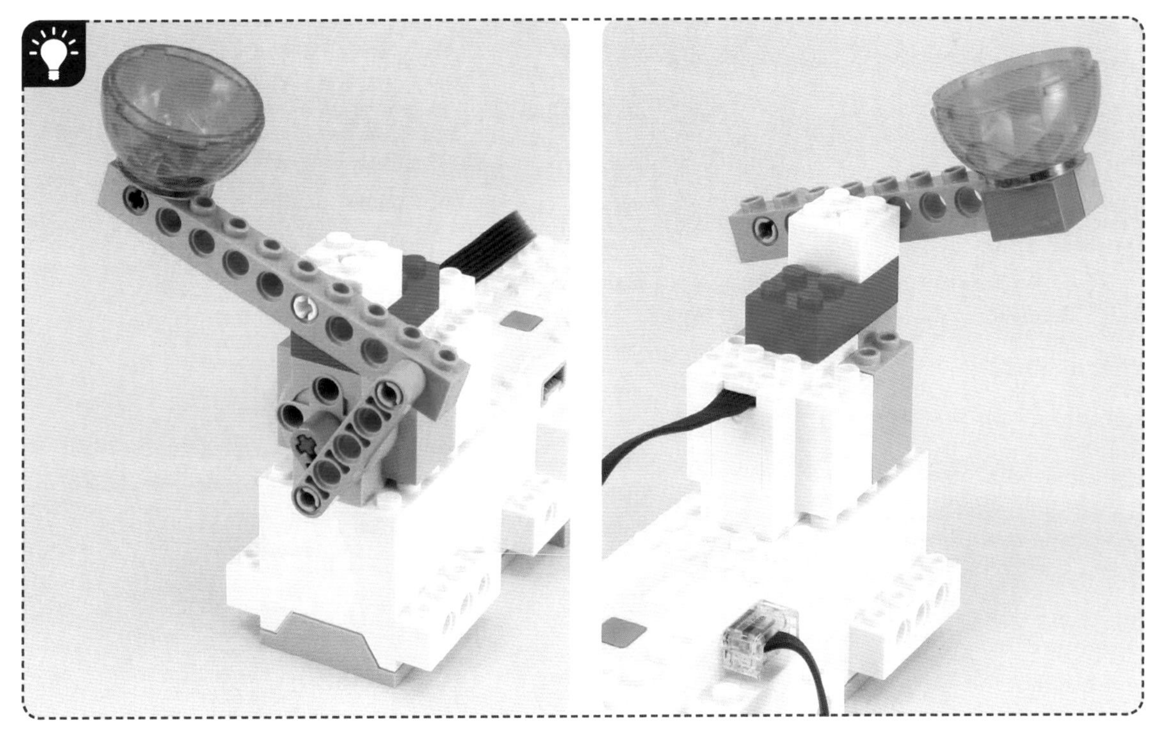

#33

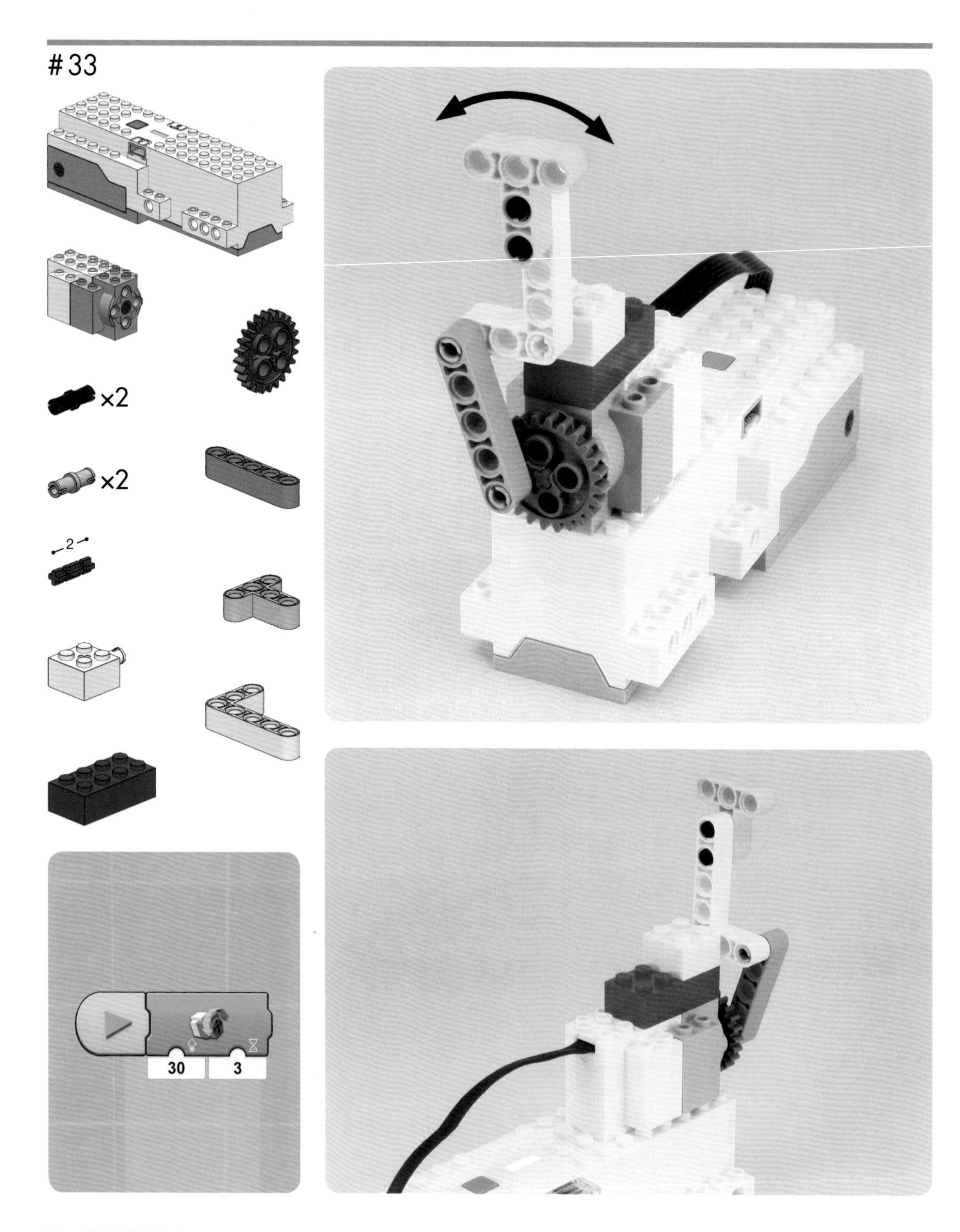

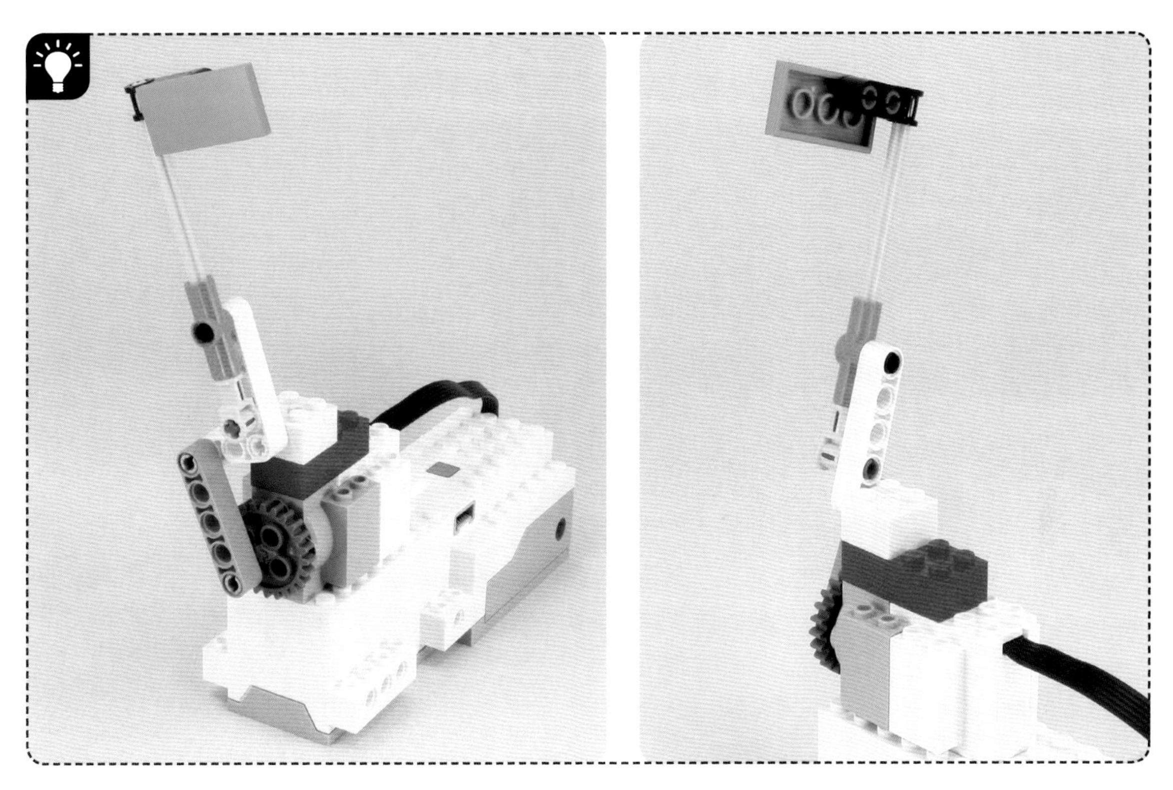

#34

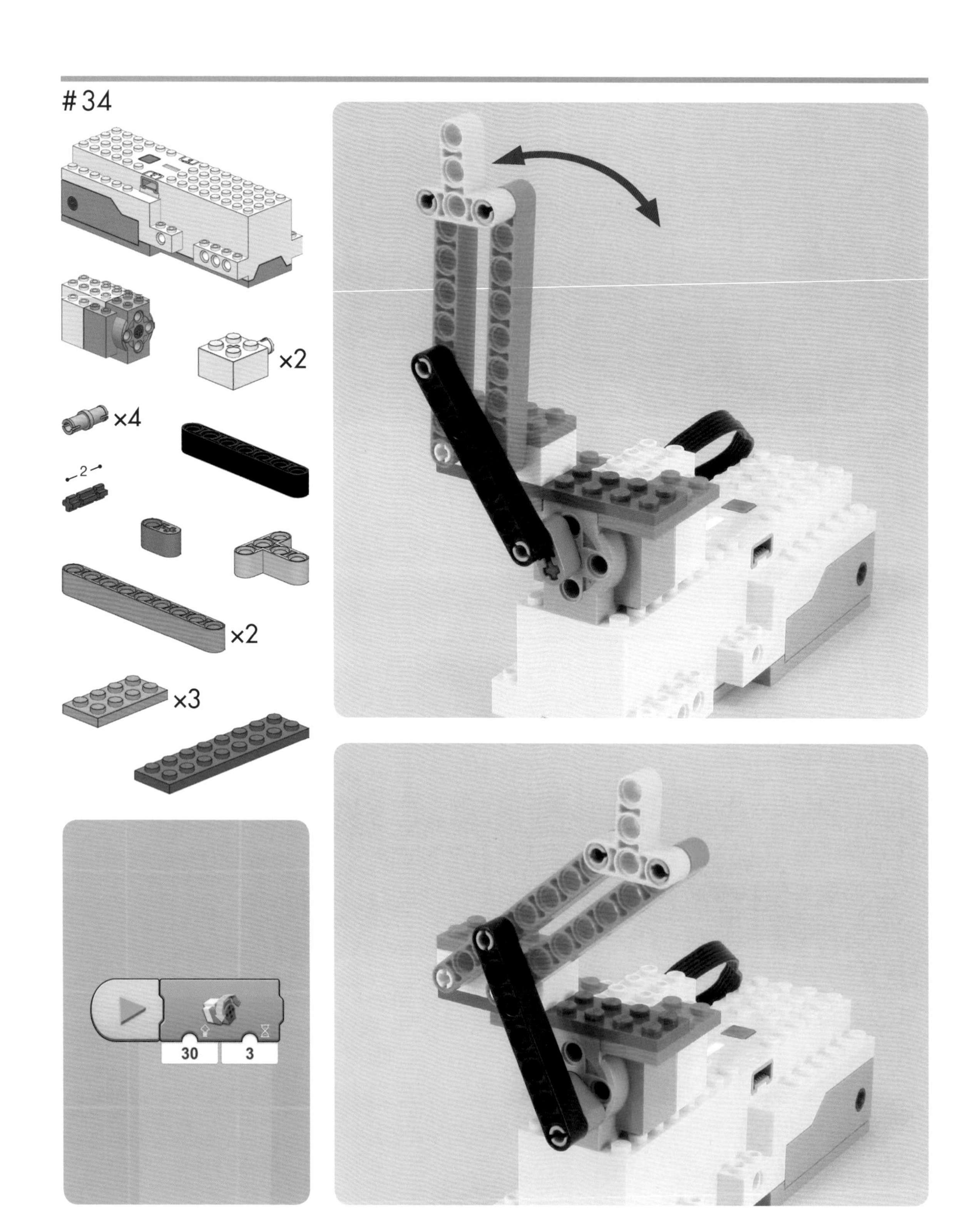

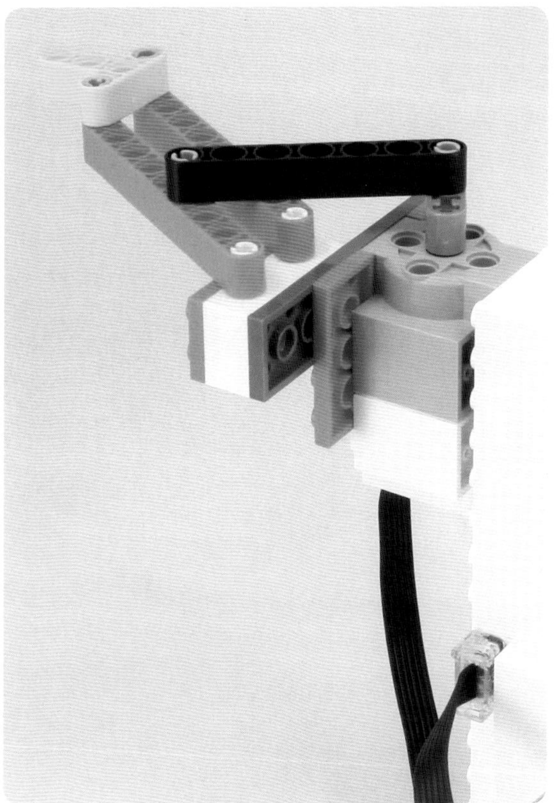

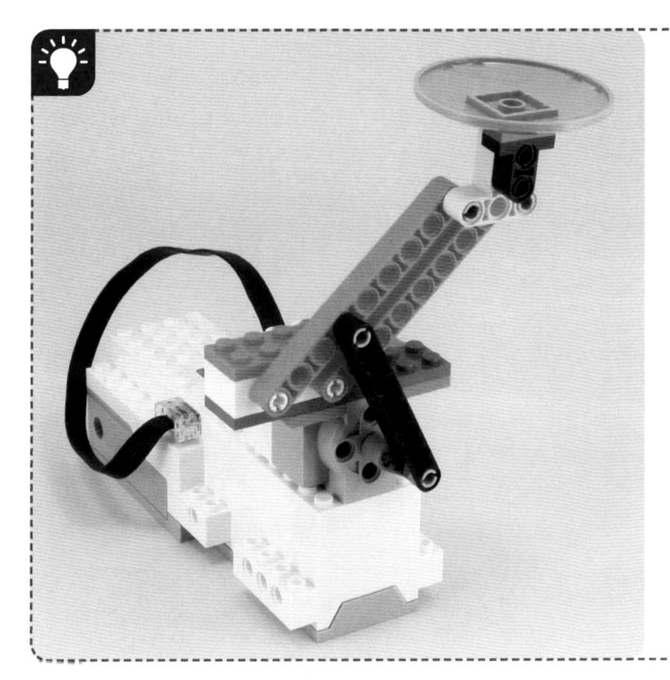

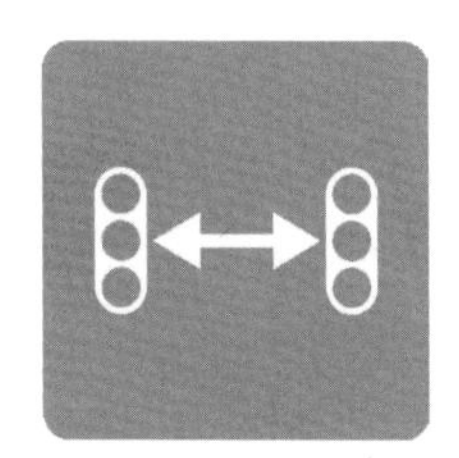

往复机构

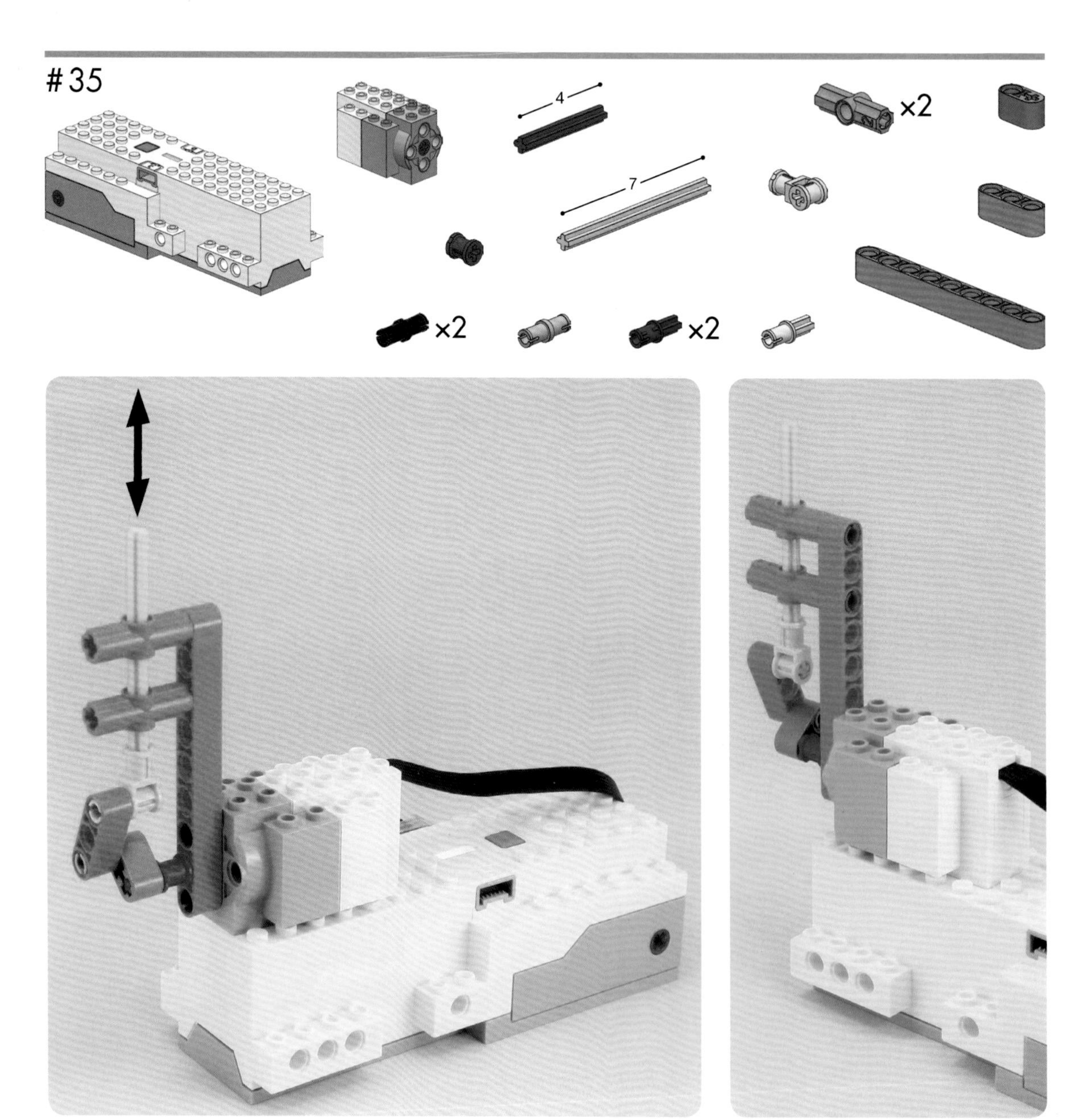

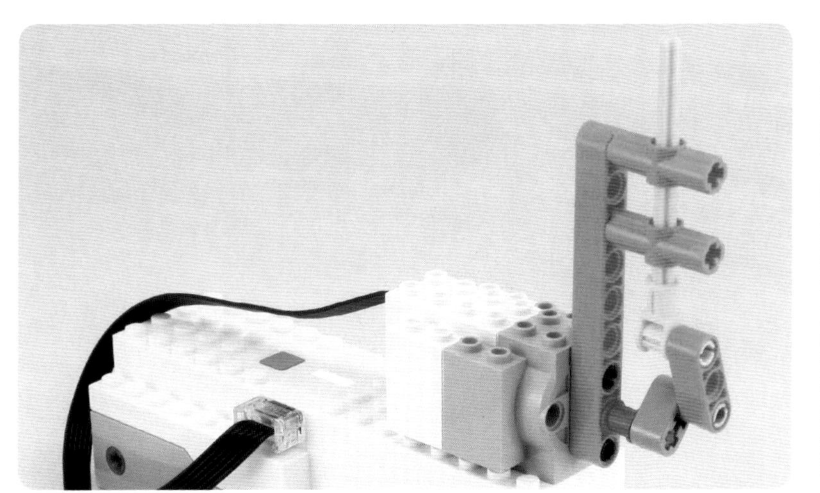

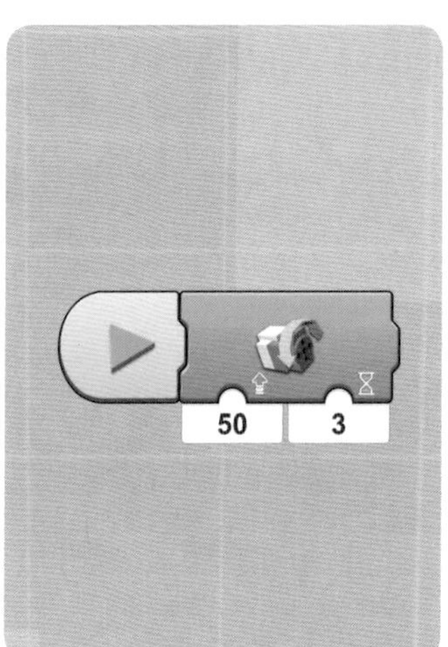

50
3

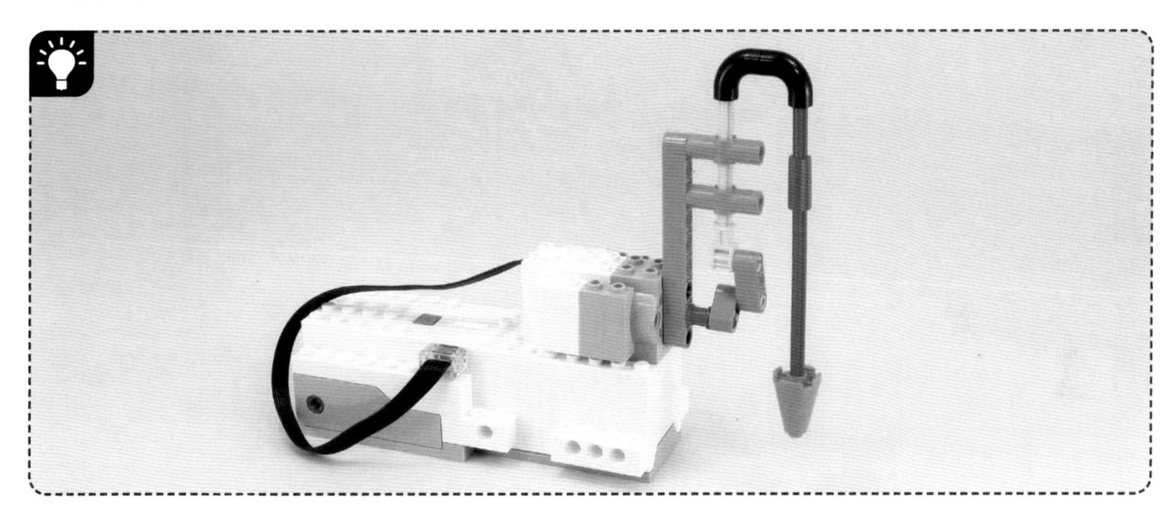

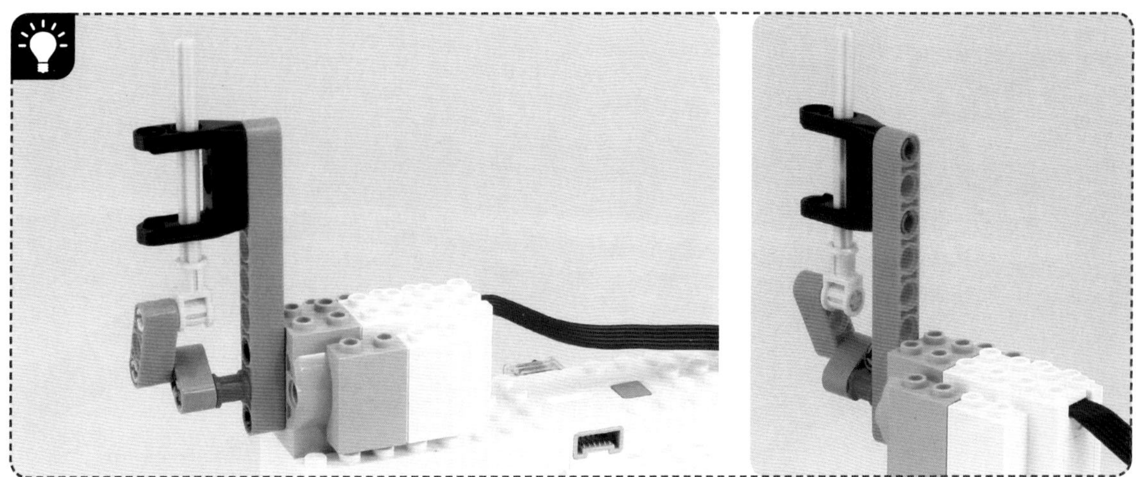

#36

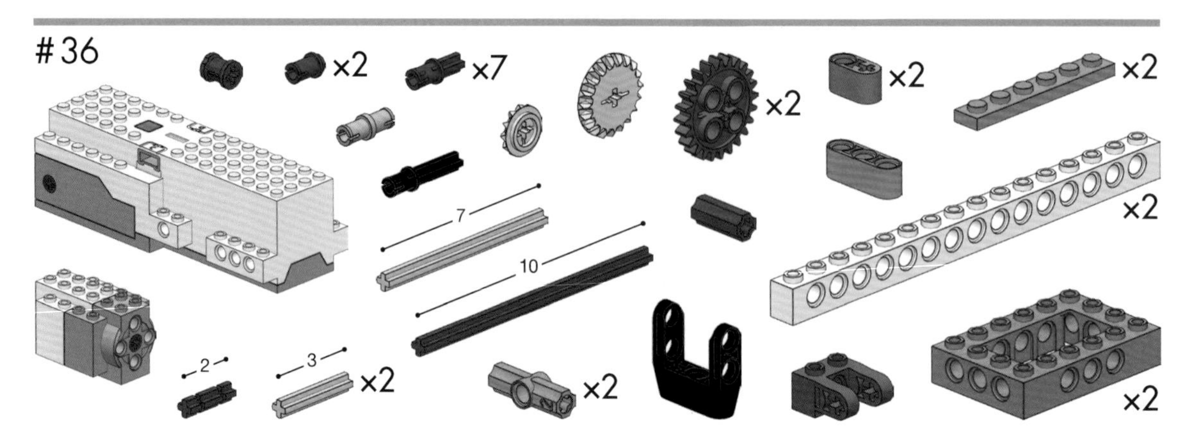

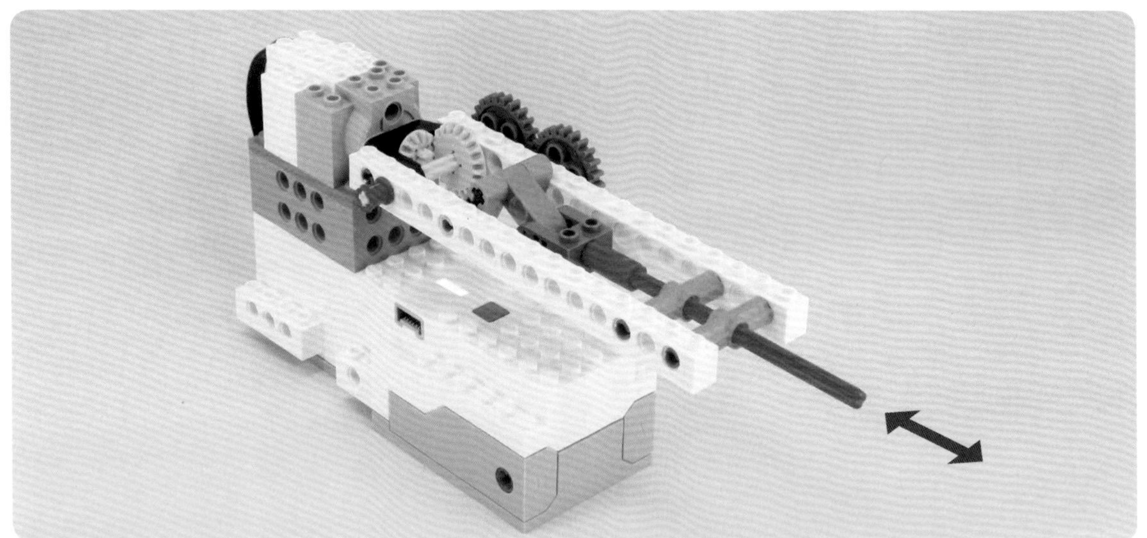

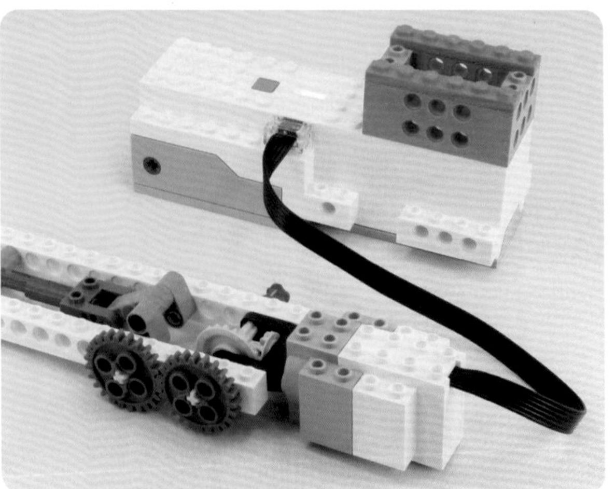

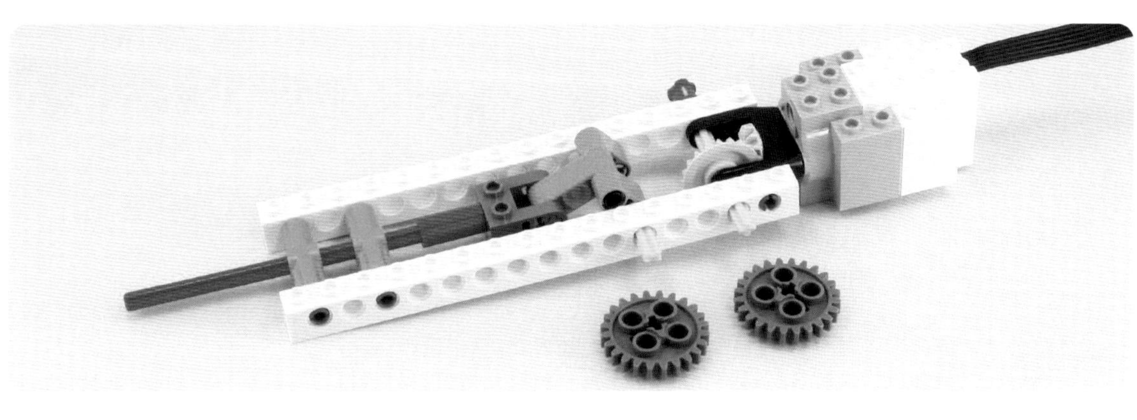

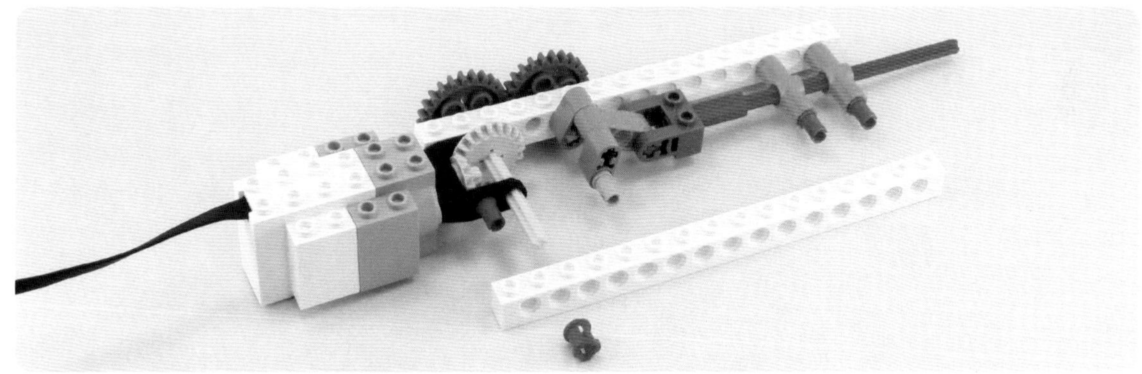

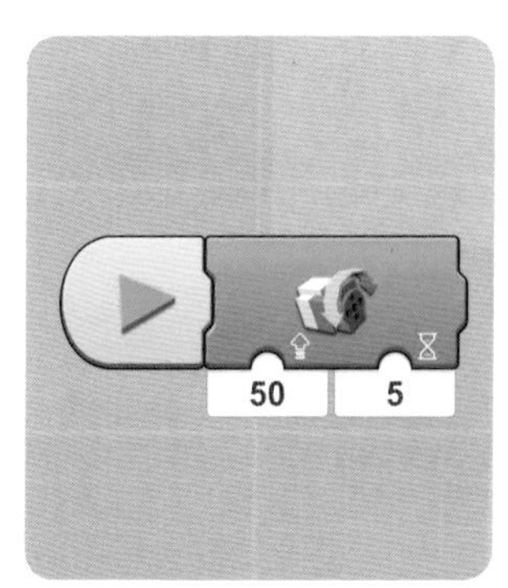
50
5

#37

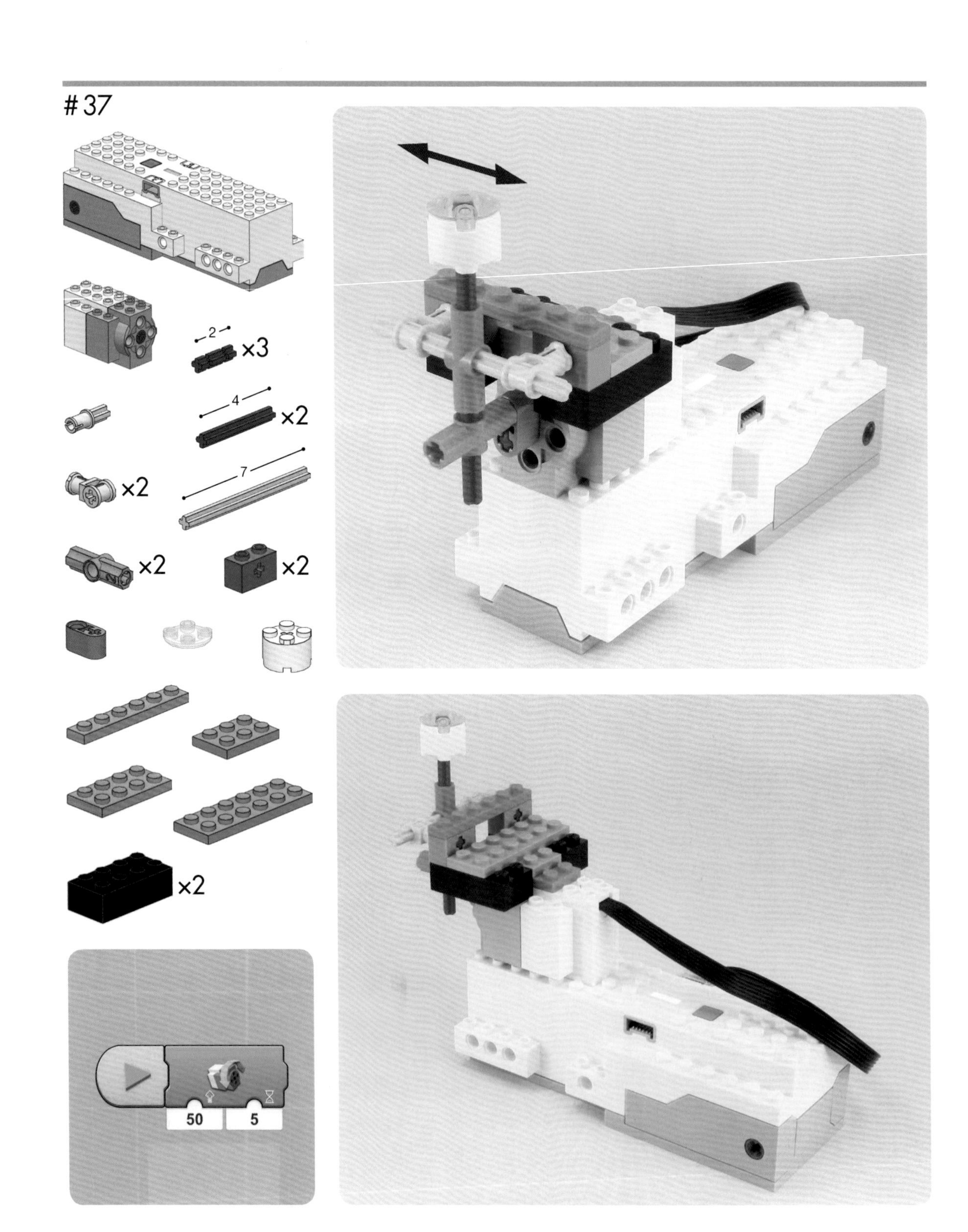

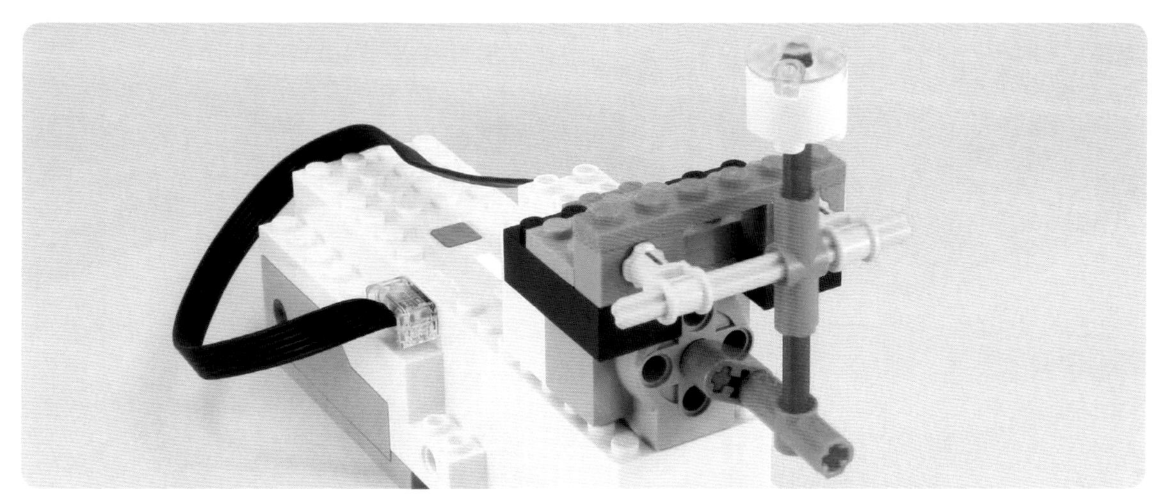

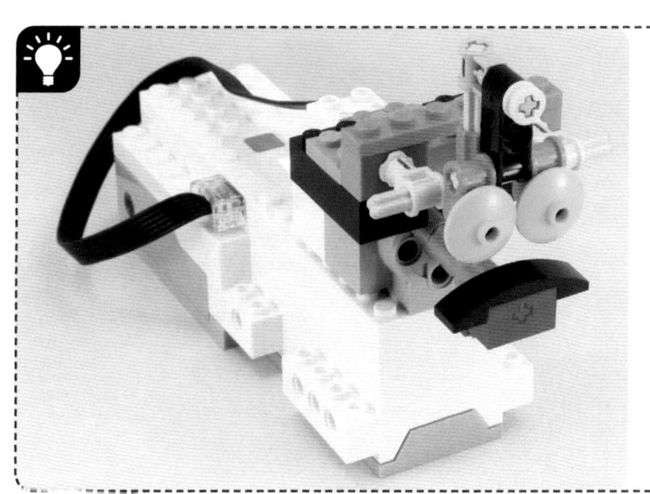

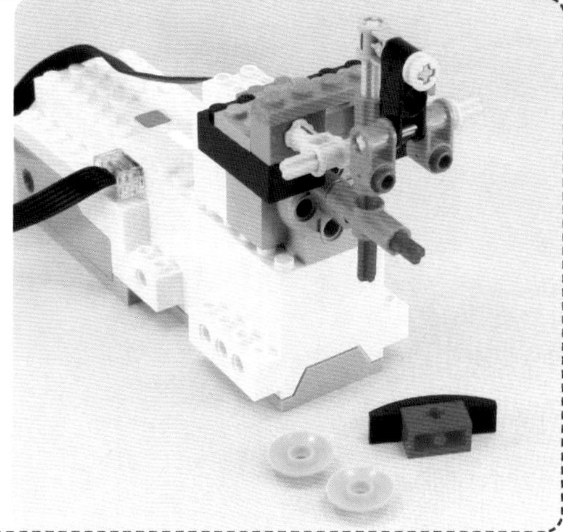

#38

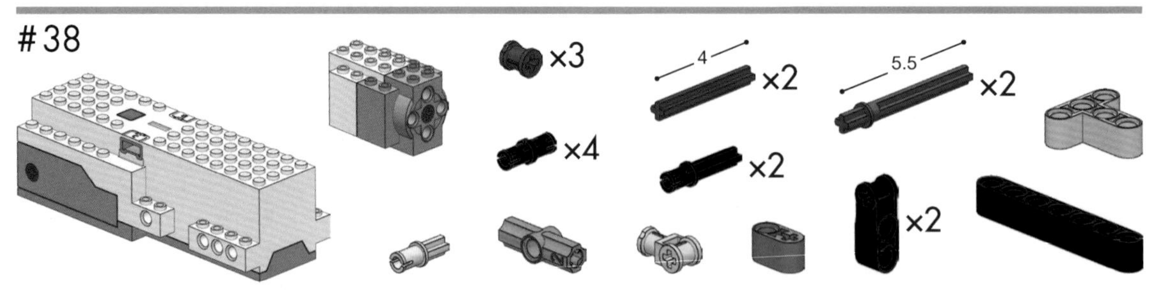

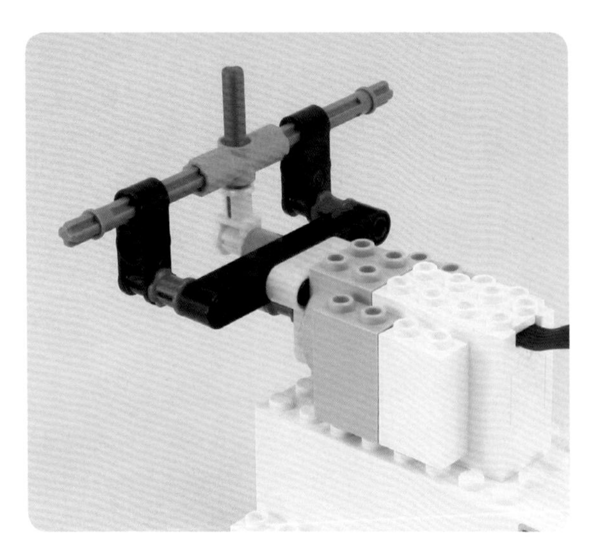

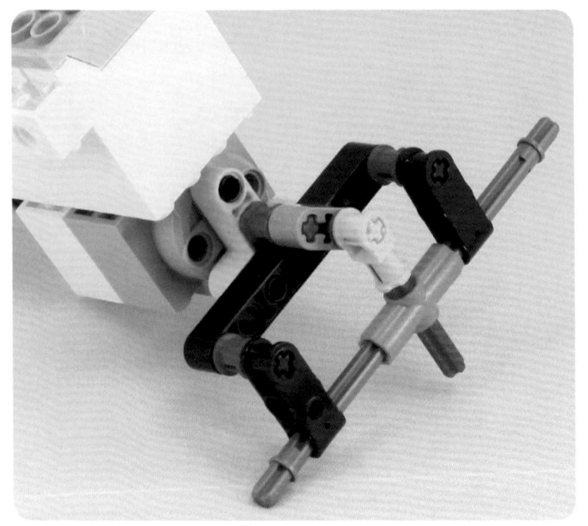

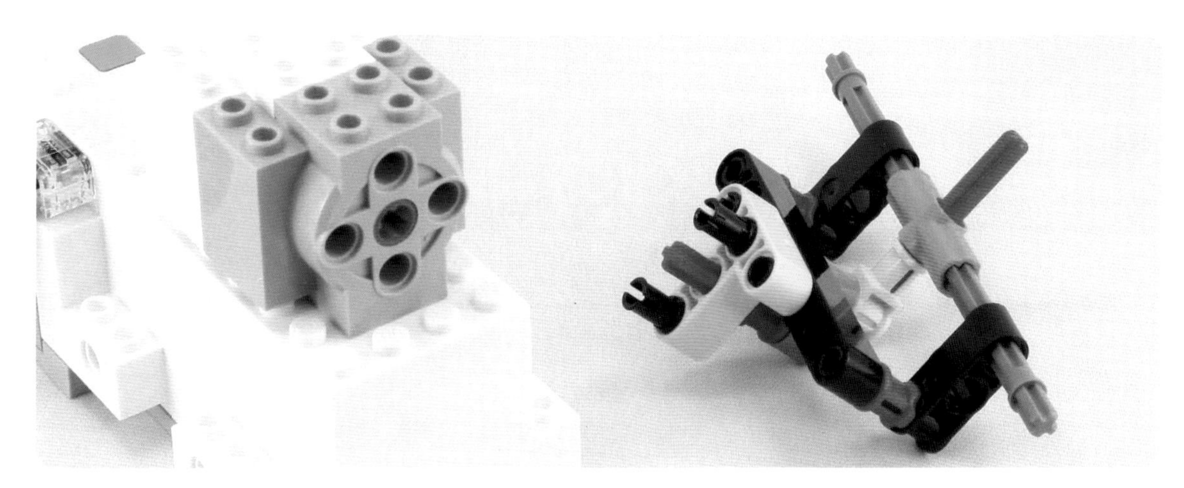

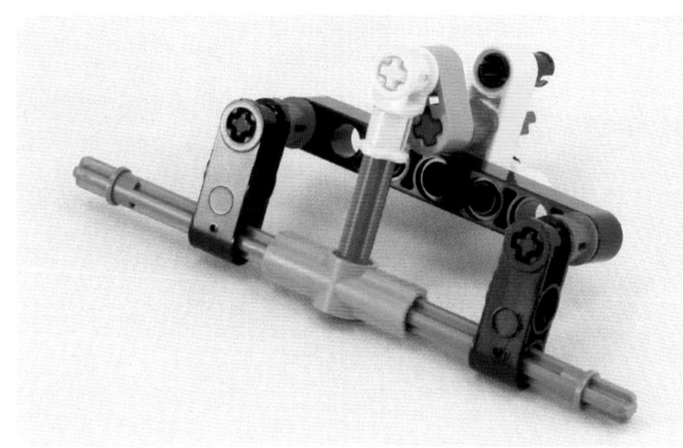

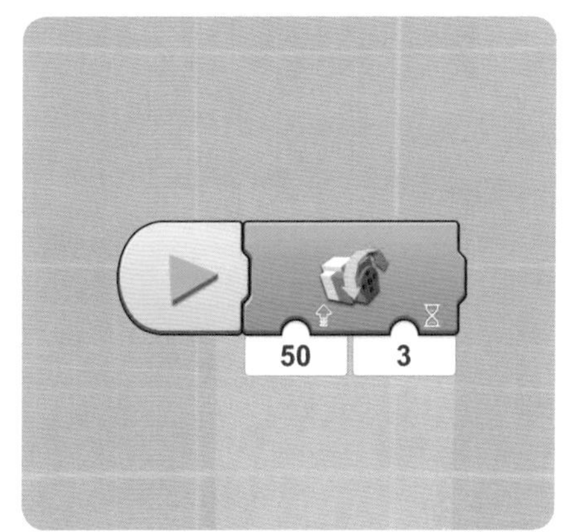
50
3

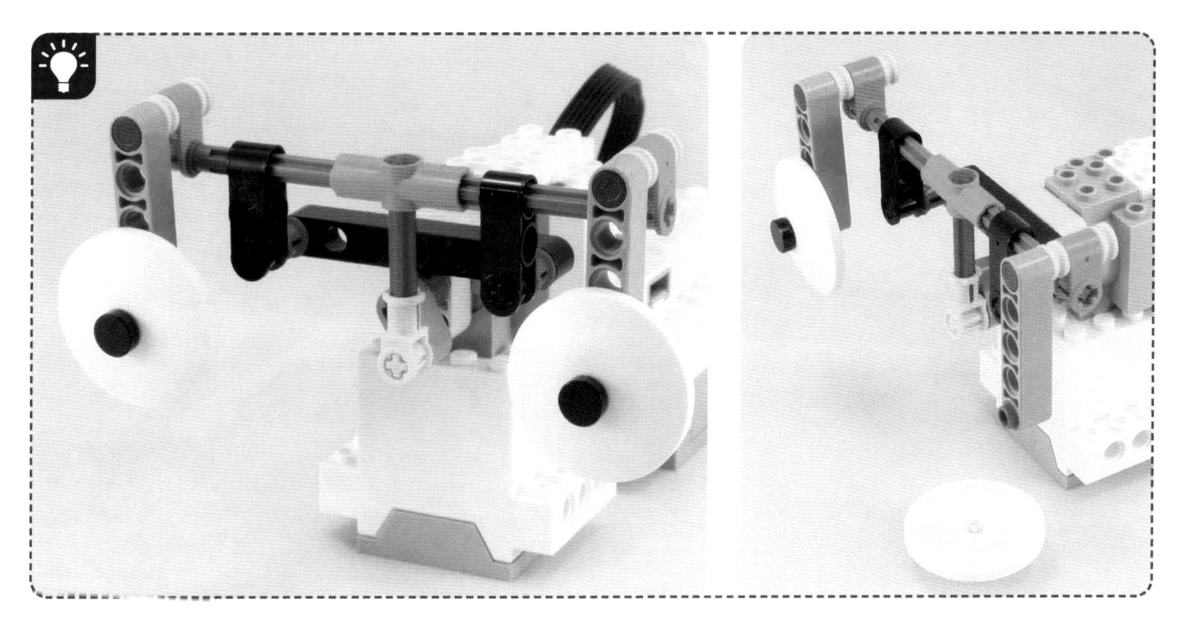

齿轮齿条机构

#39

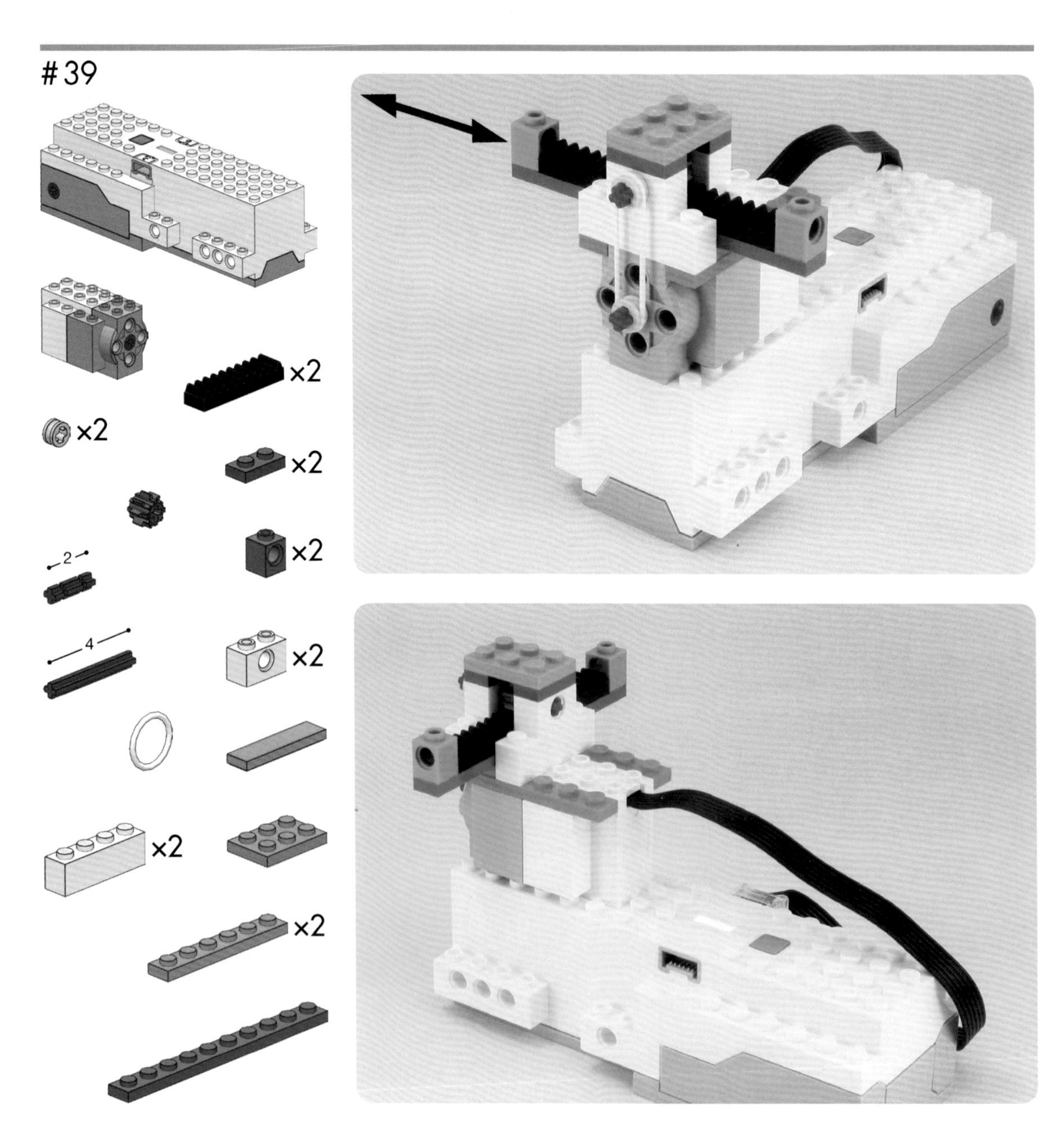

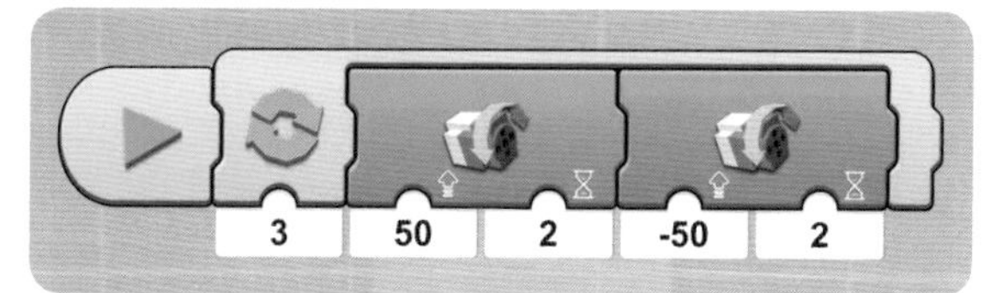
3
50
2
-50
2

#40

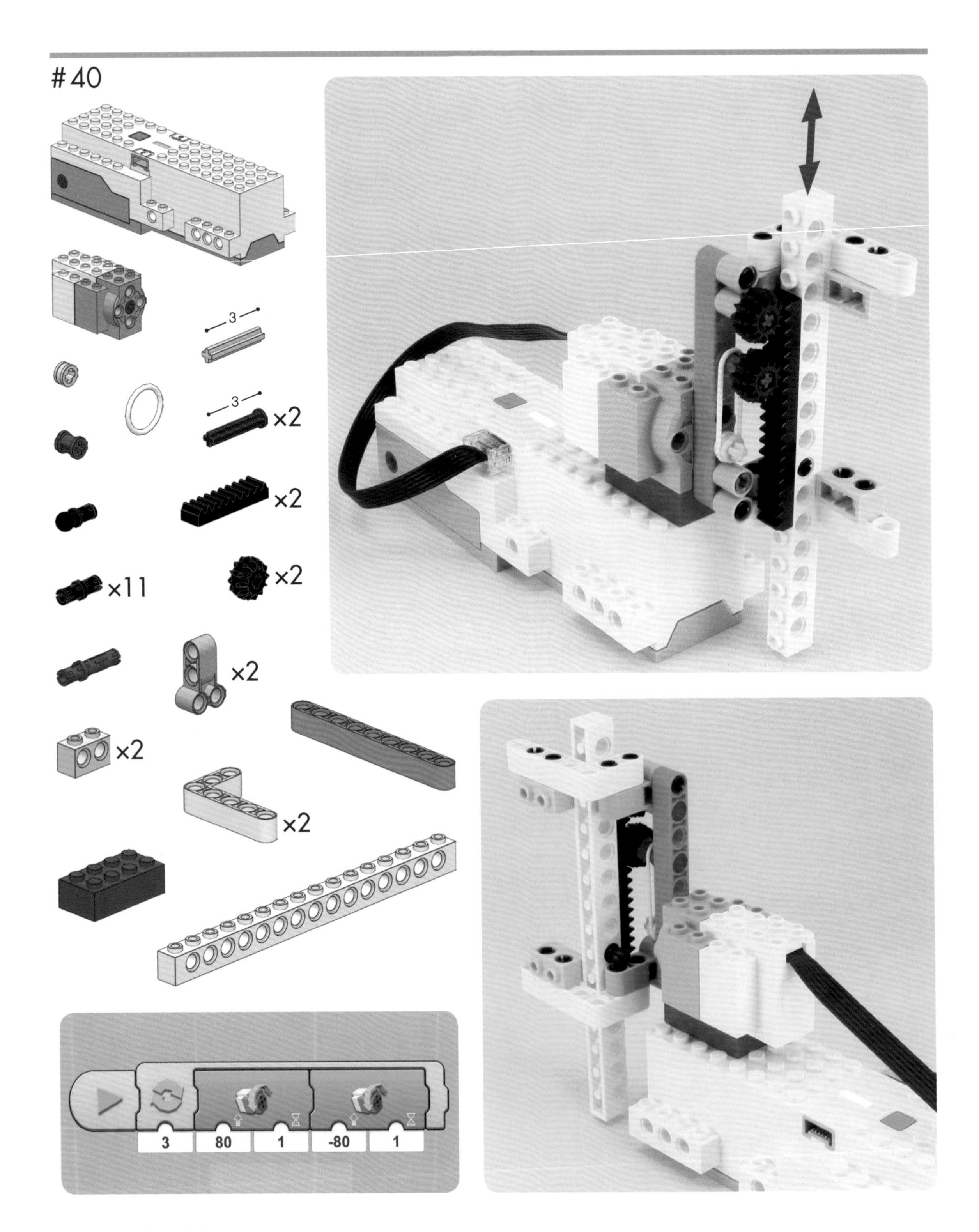

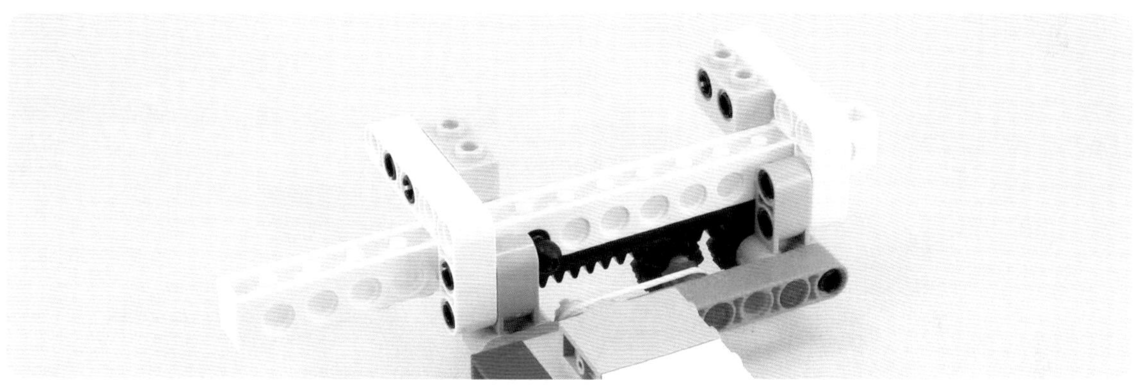

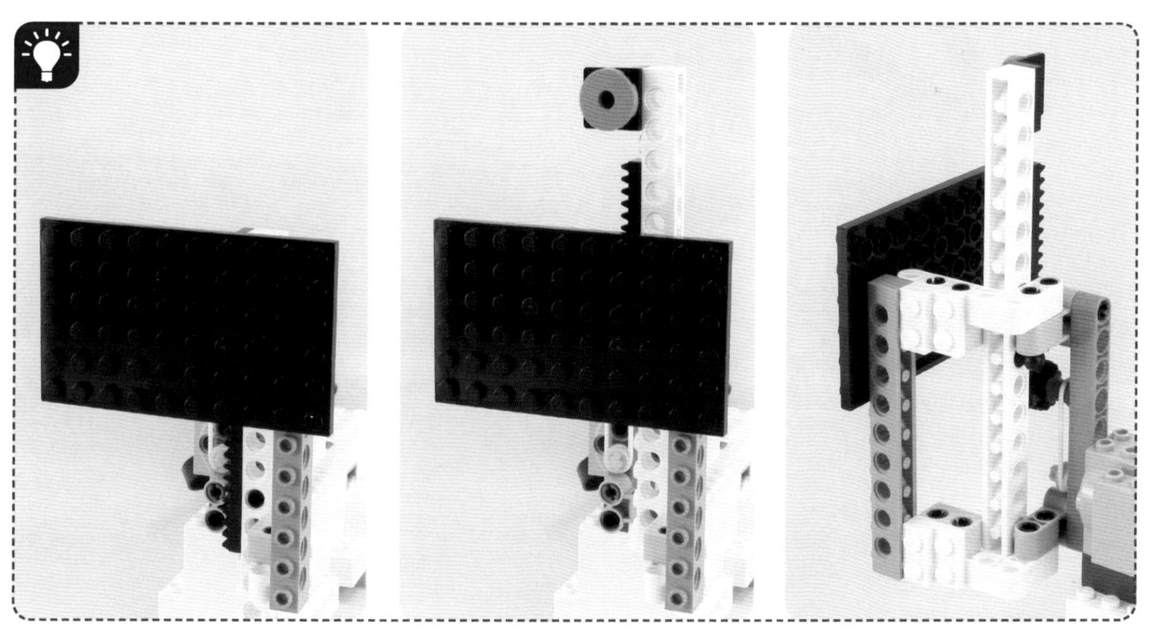

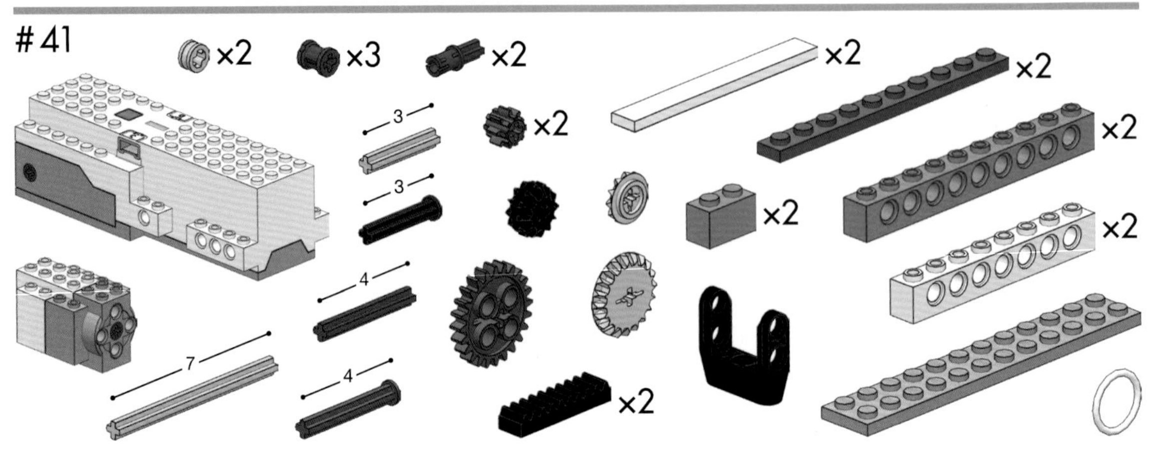

41
×2
×3
×2
×2
×2
3
×2
3
×2
×2
×2
4
7
4
×2

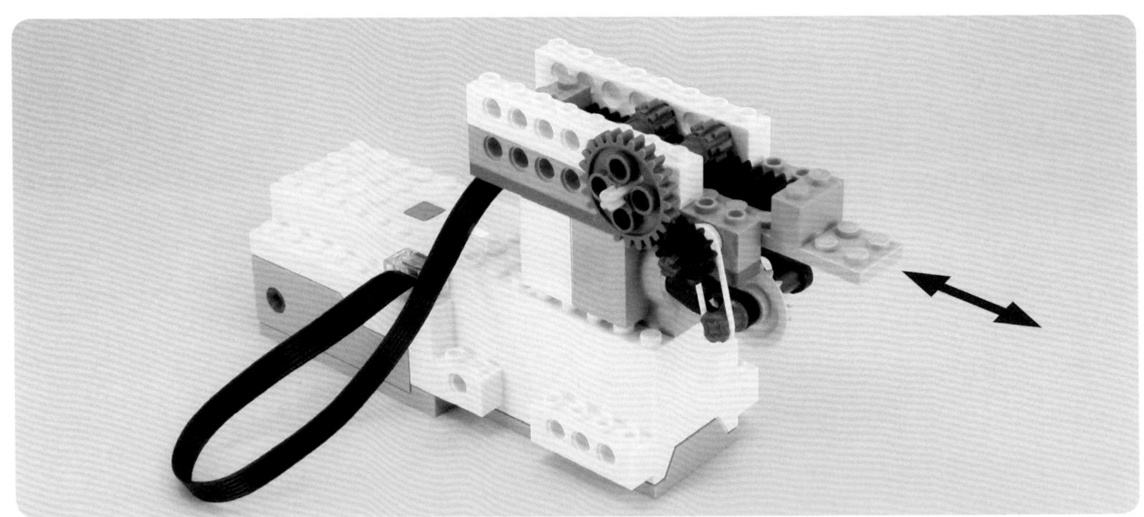

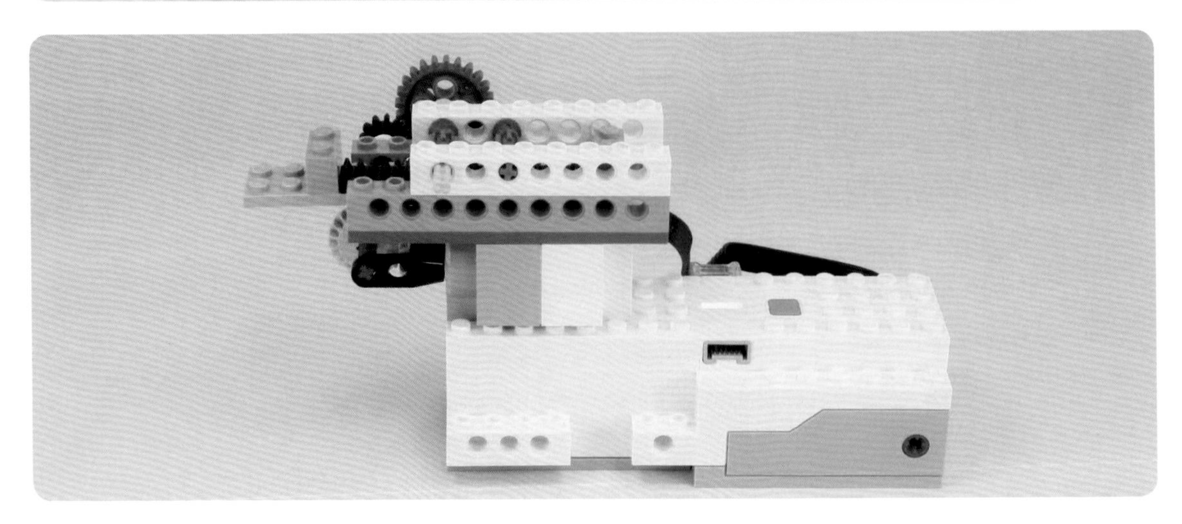

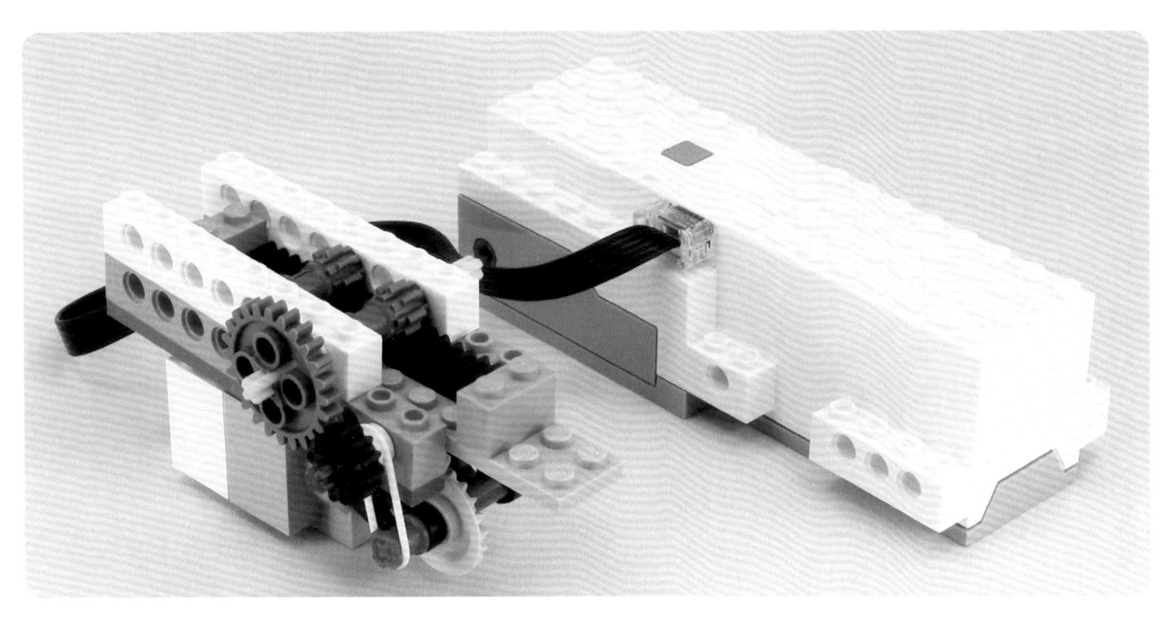

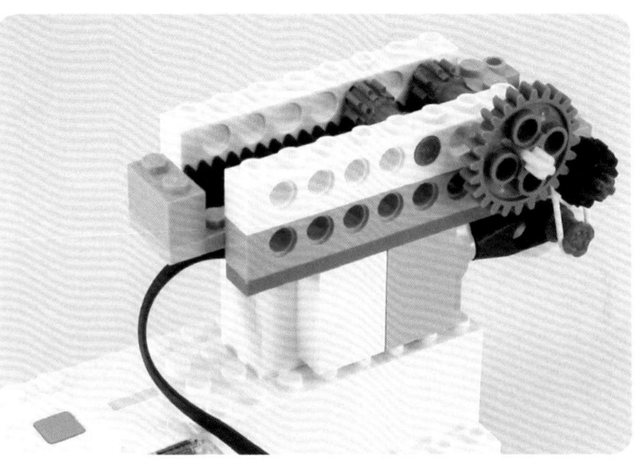

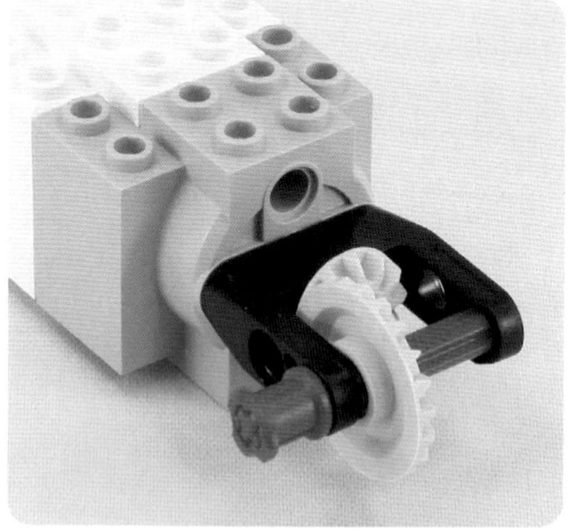

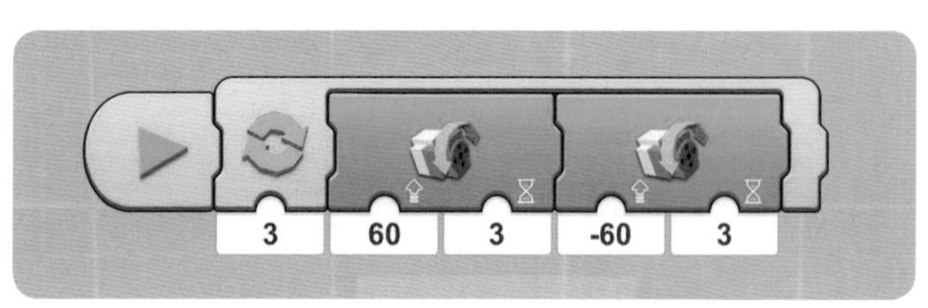
3
60
3
-60
3

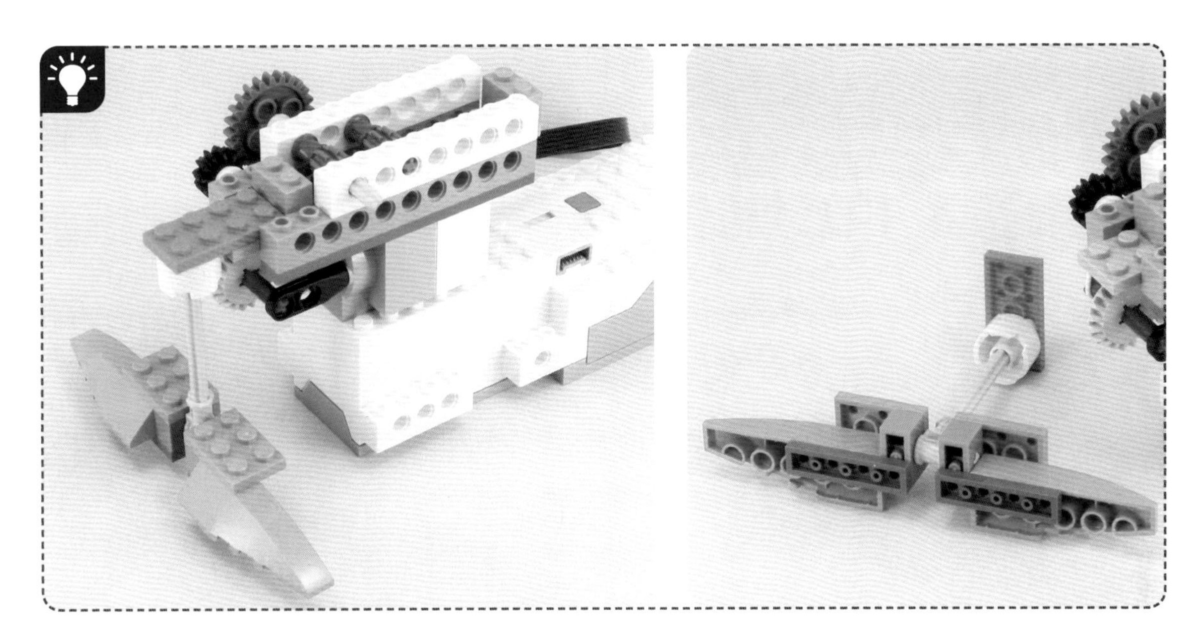

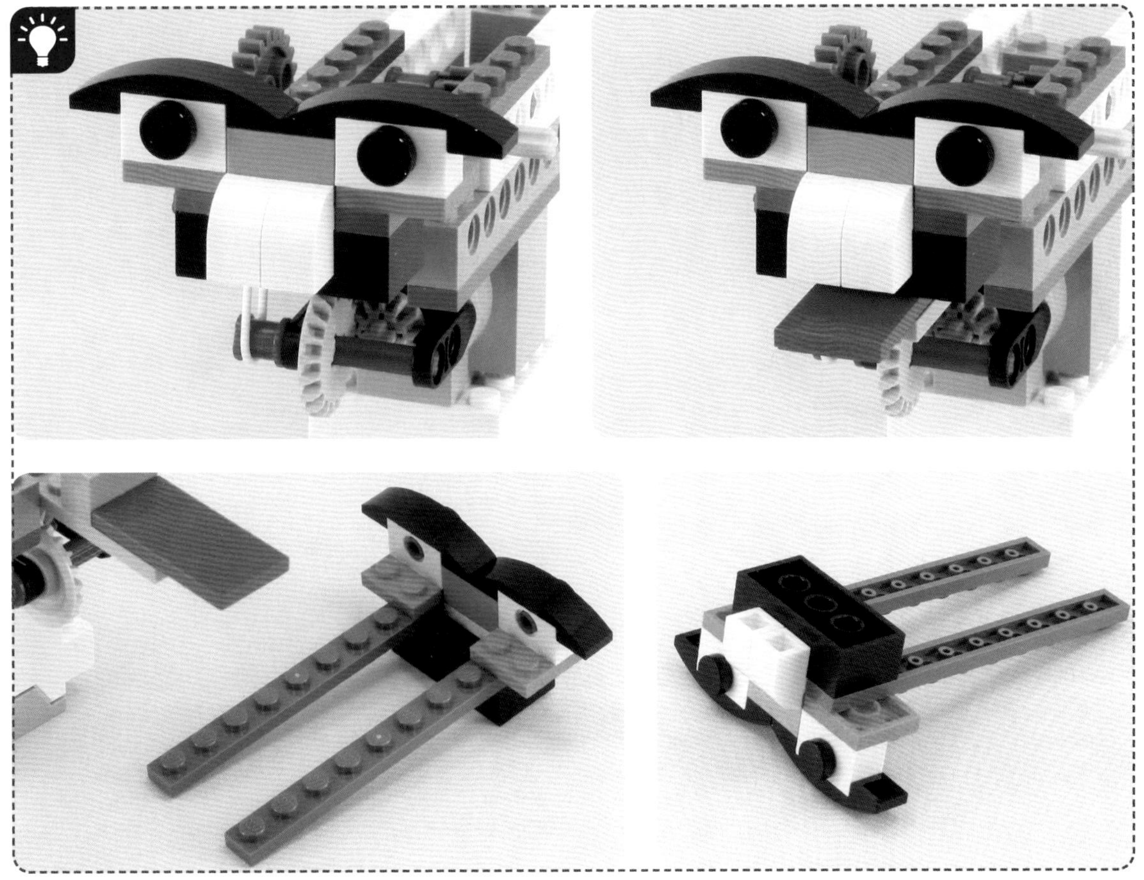

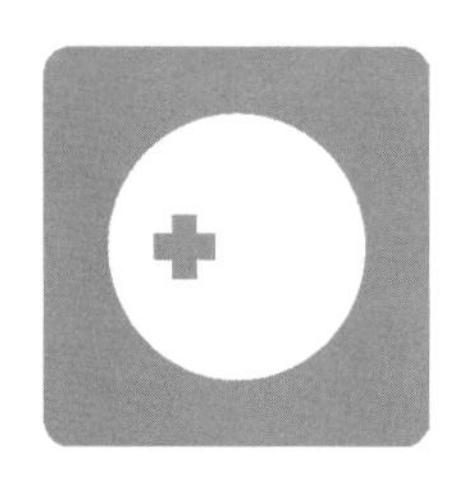

凸轮机构

#42

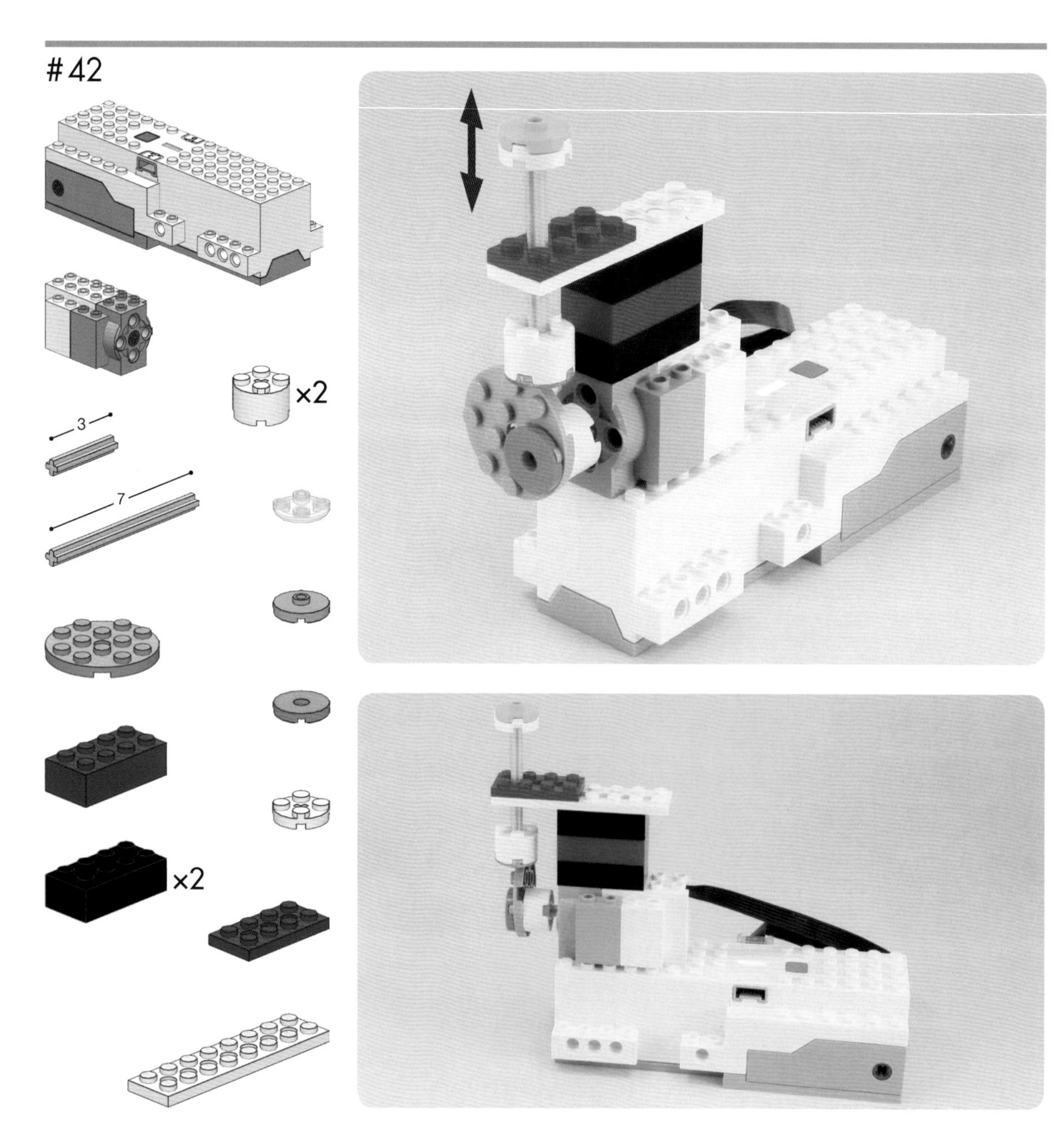

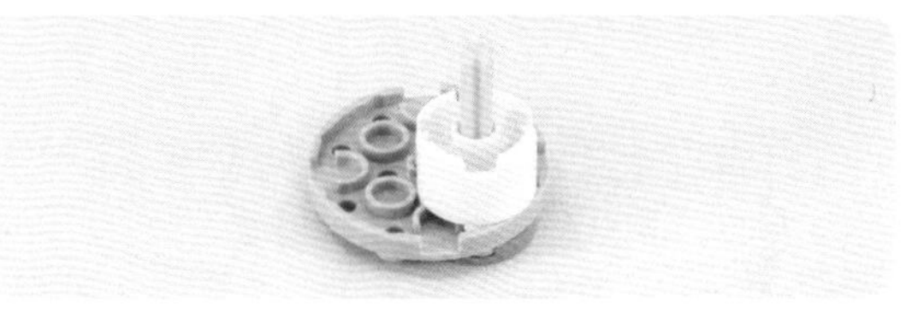

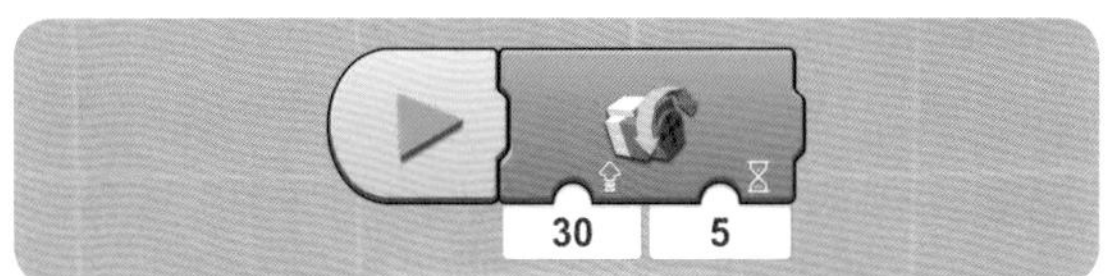
30
5

偏心轴

#43

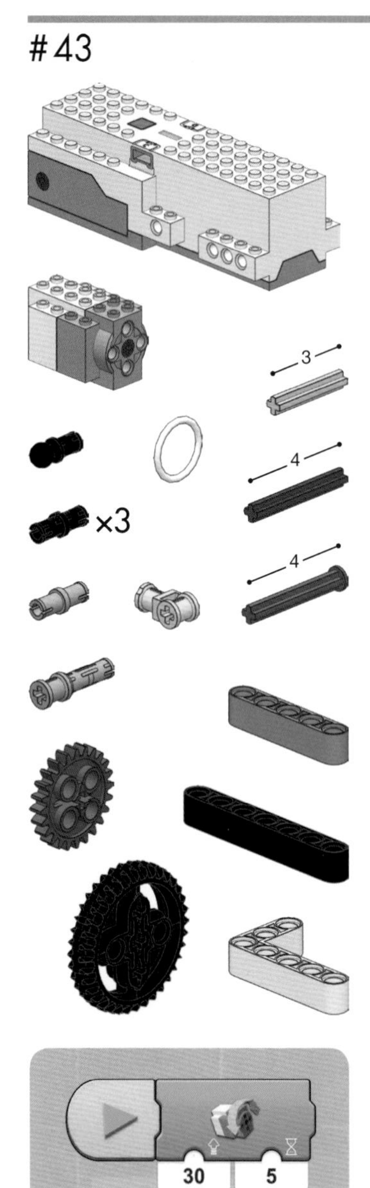

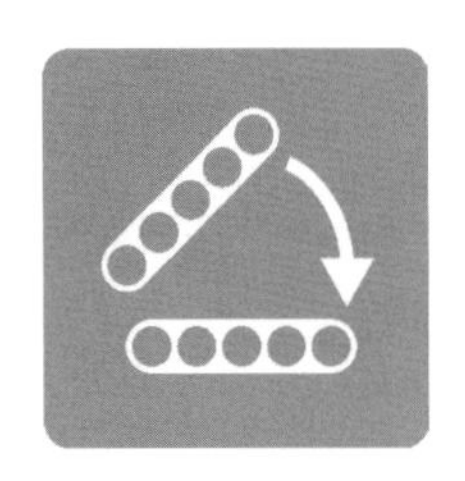

张合机构

#44

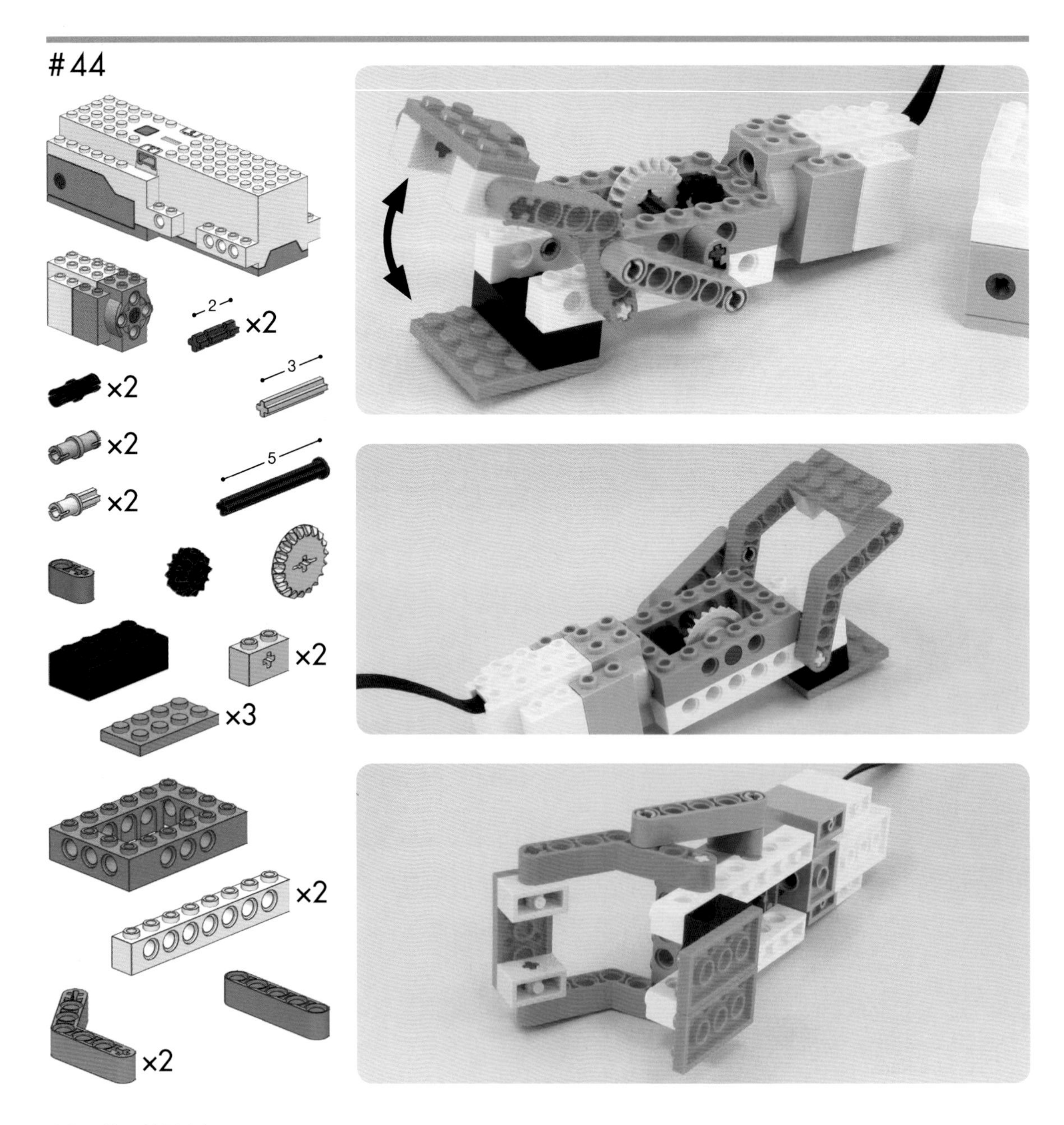

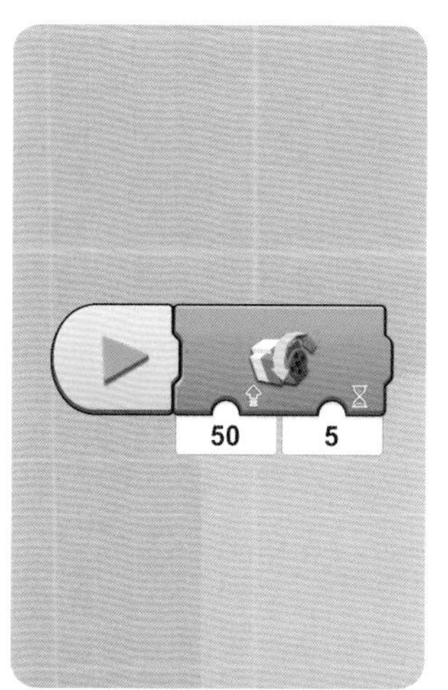

50
5

#45

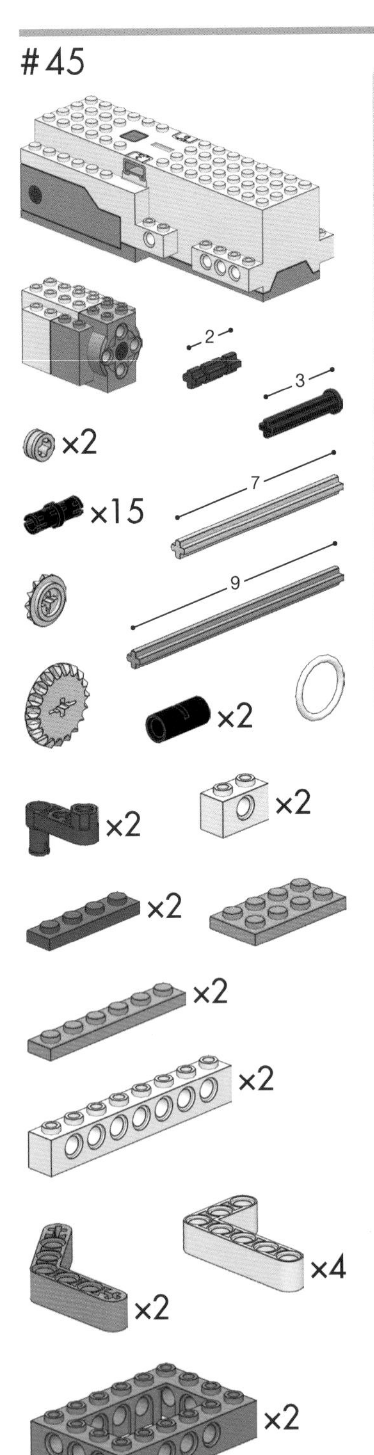

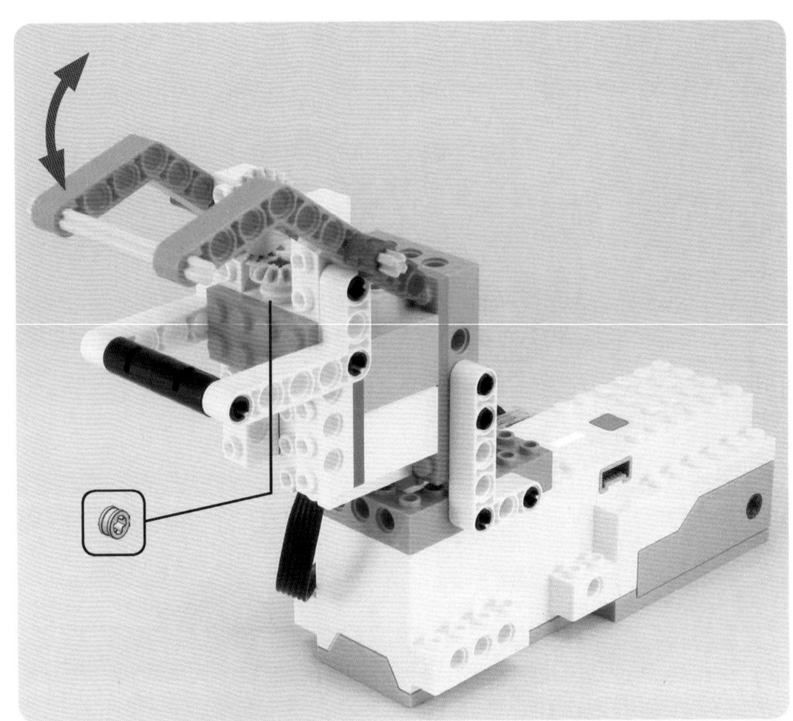

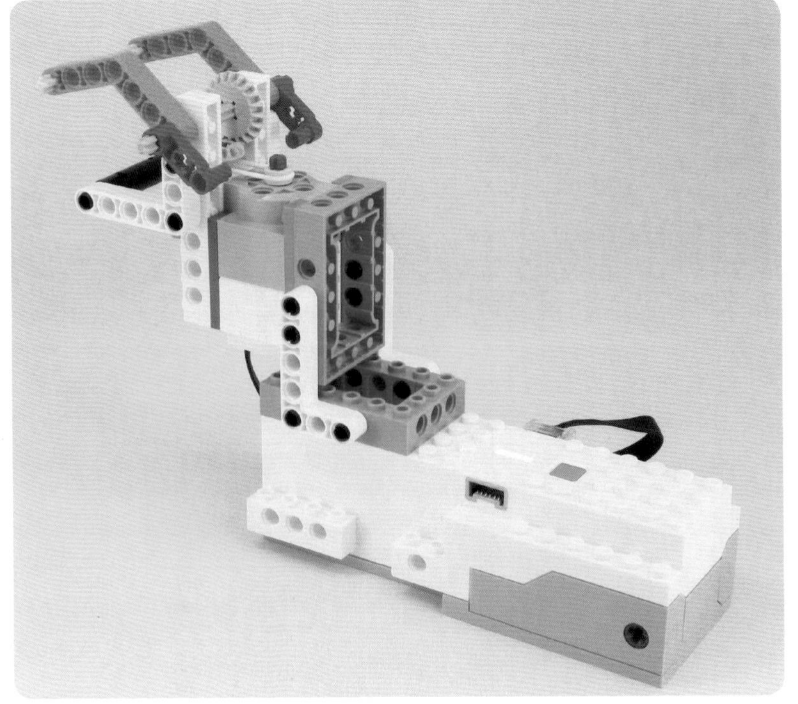

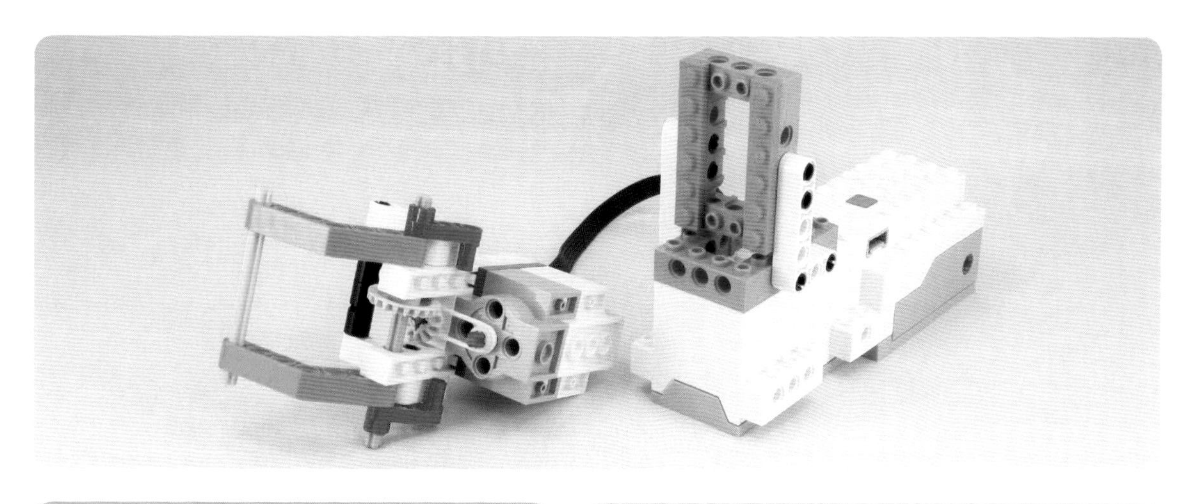

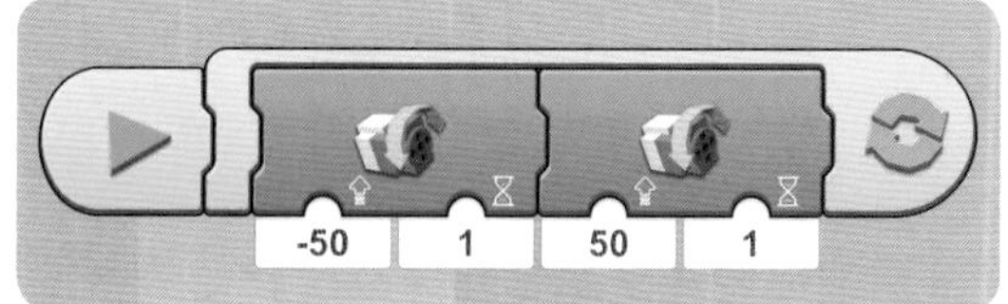
-50
1
50
1

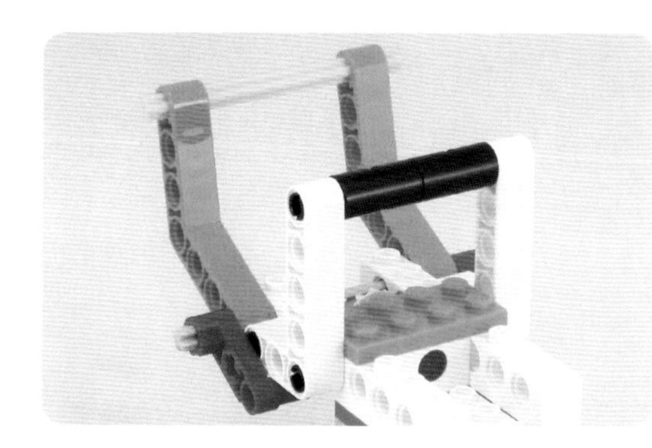

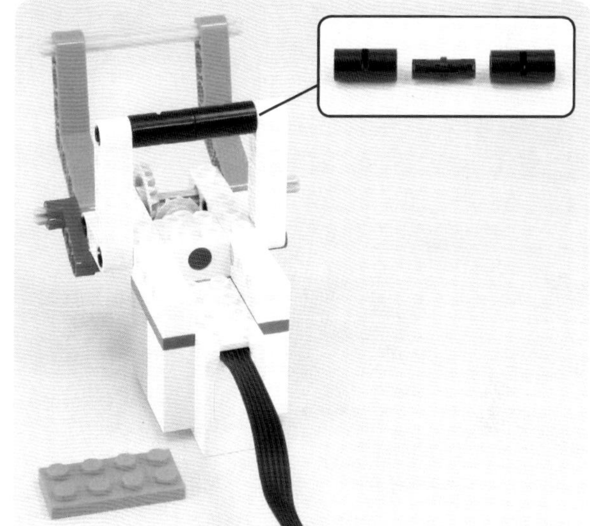

抓握机构

#46

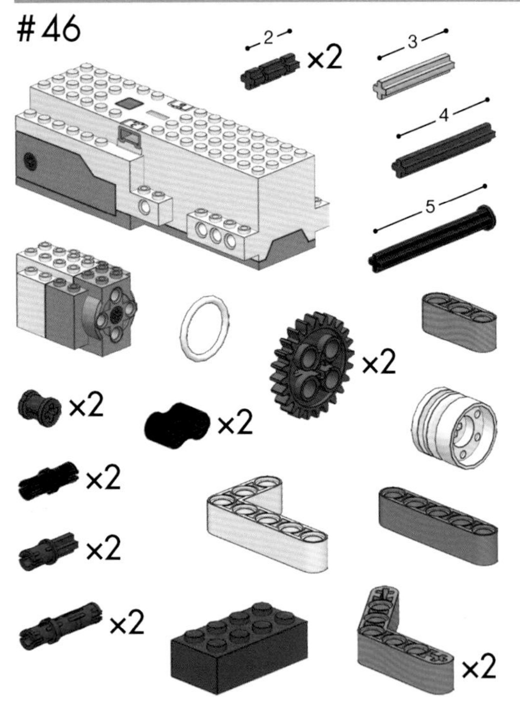

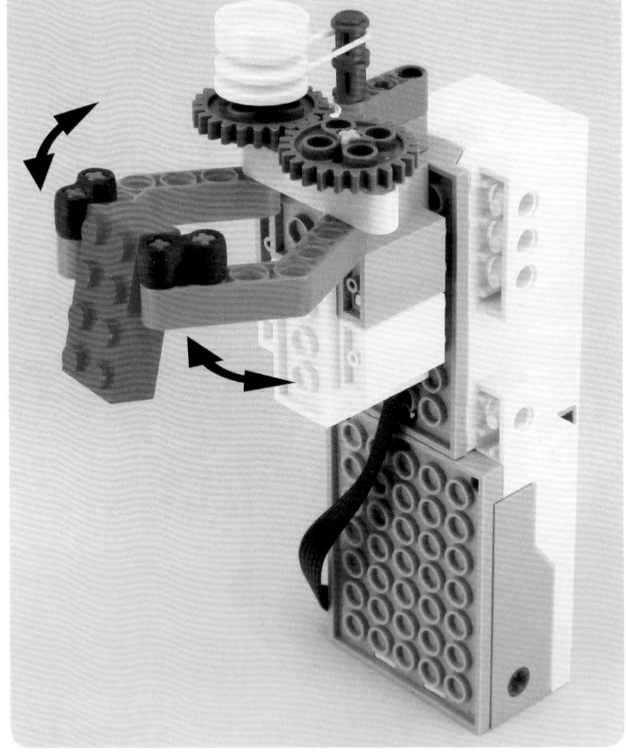

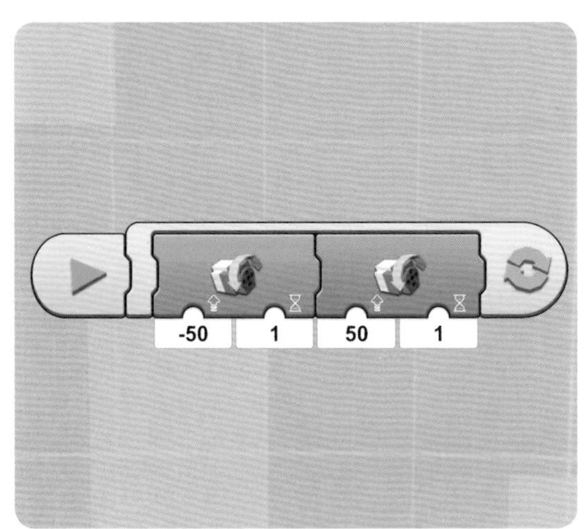

-50
1
50
1

47

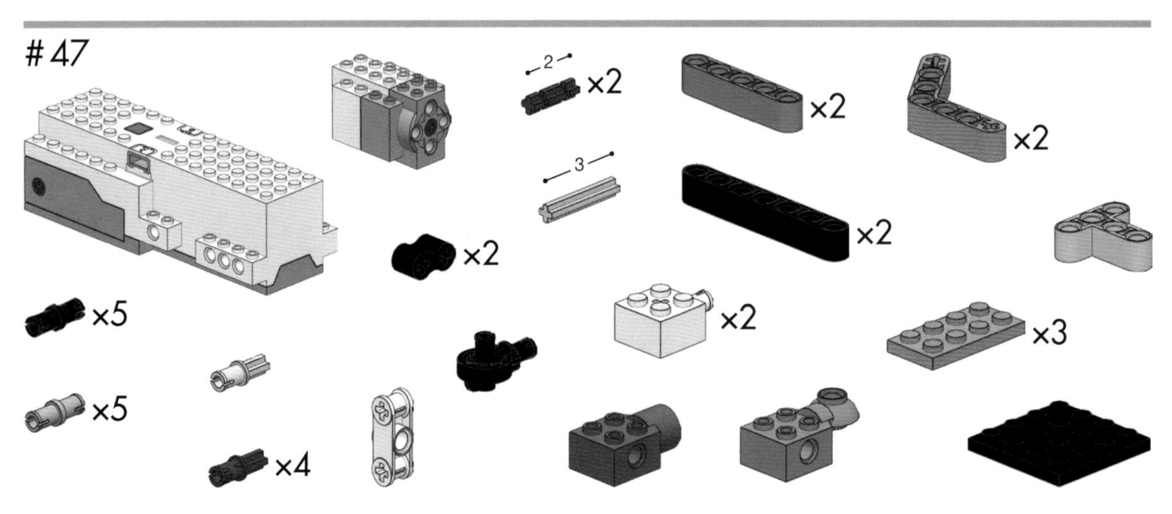

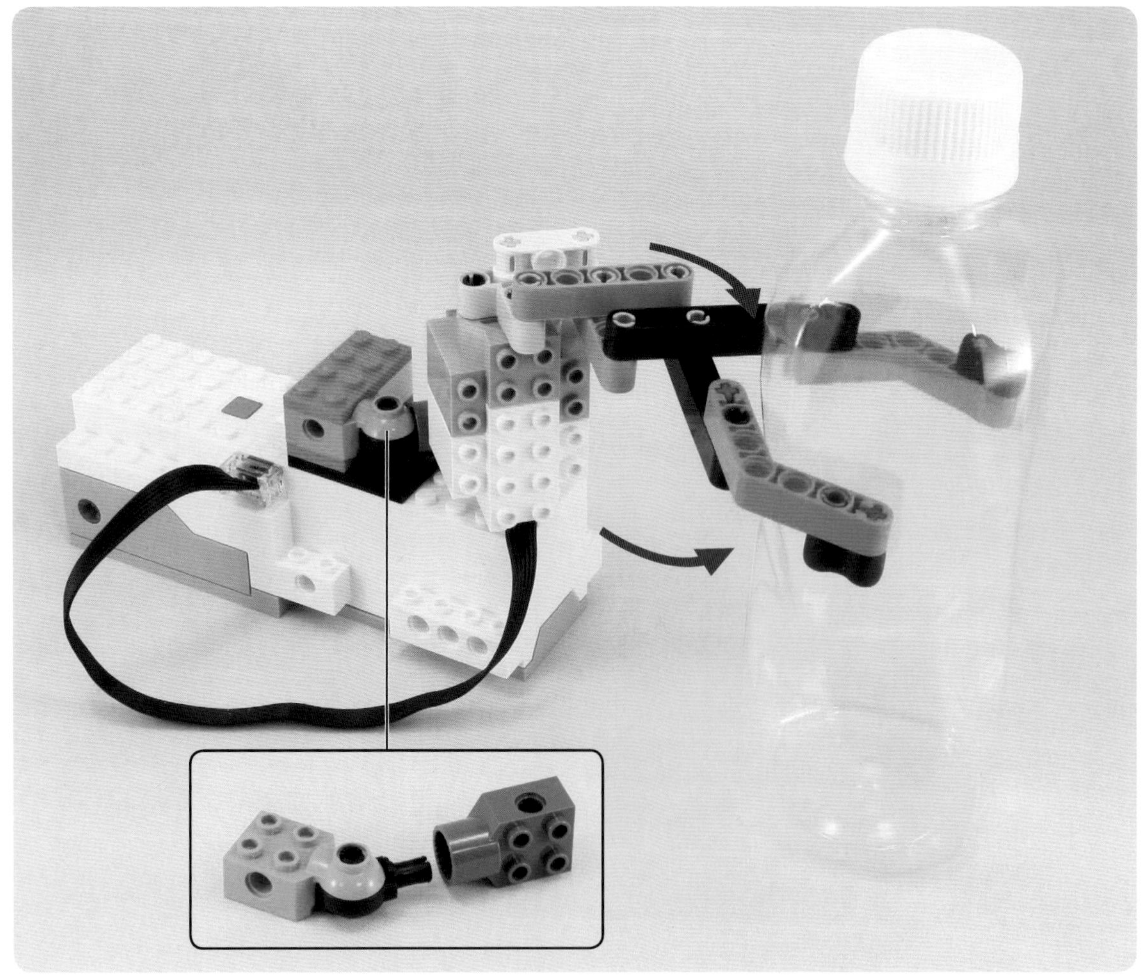

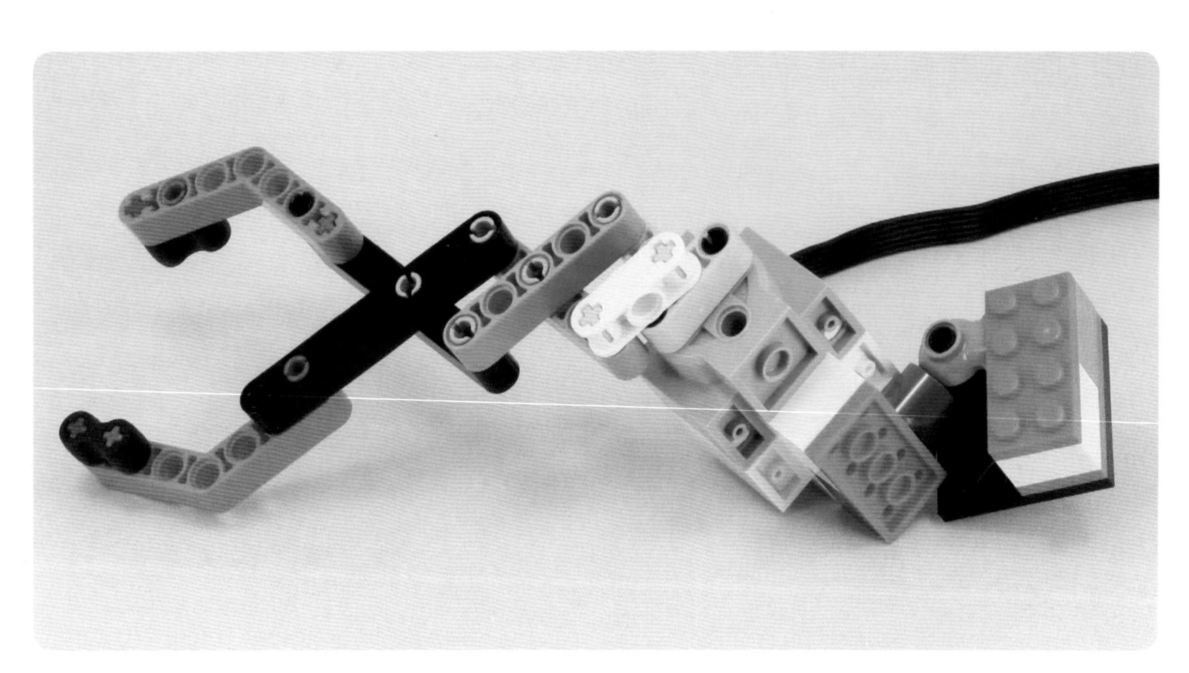

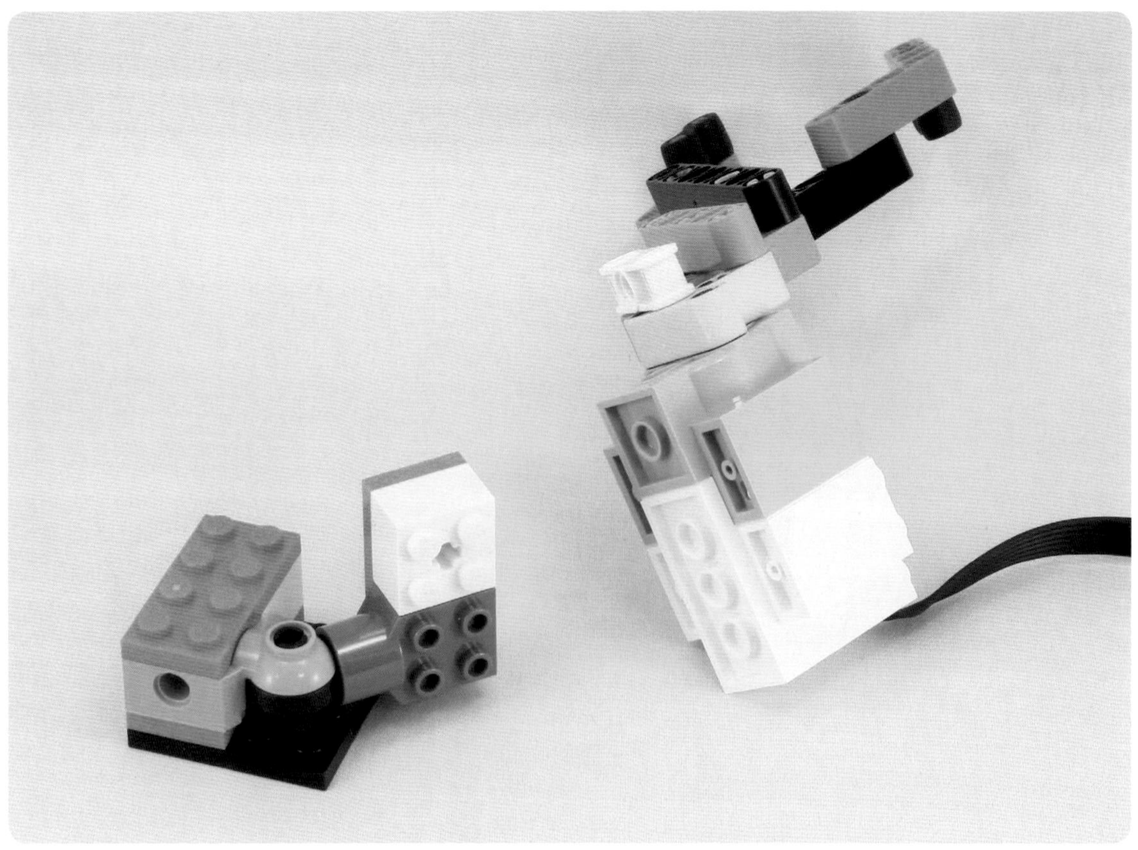

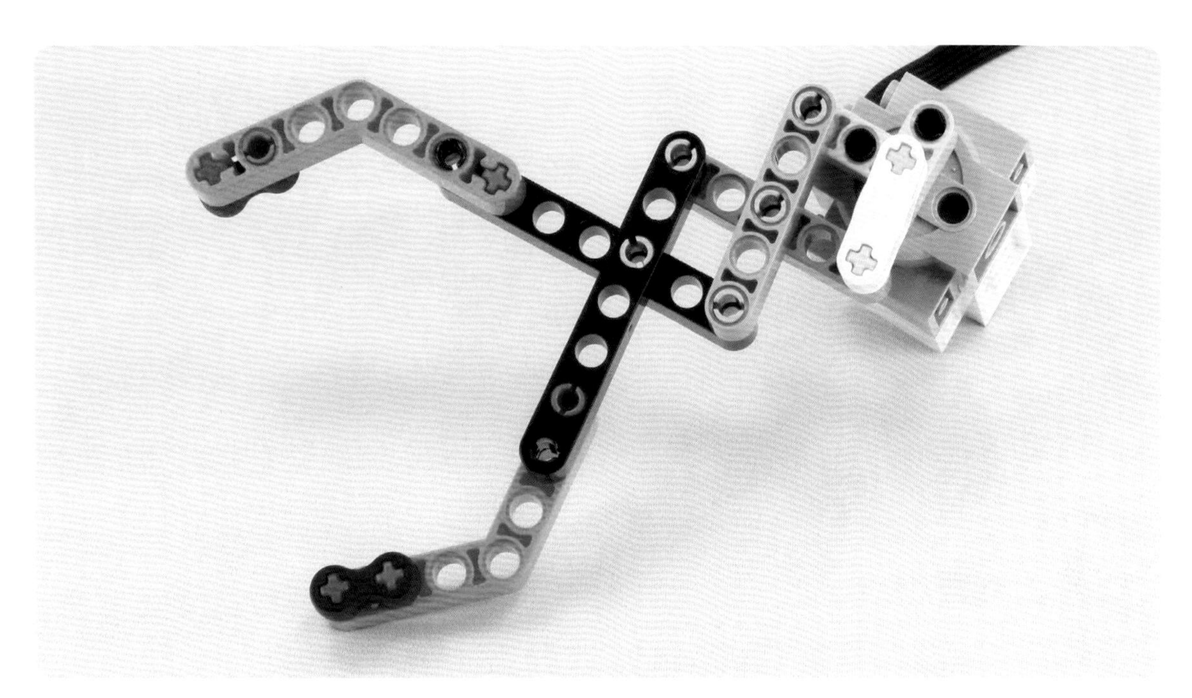

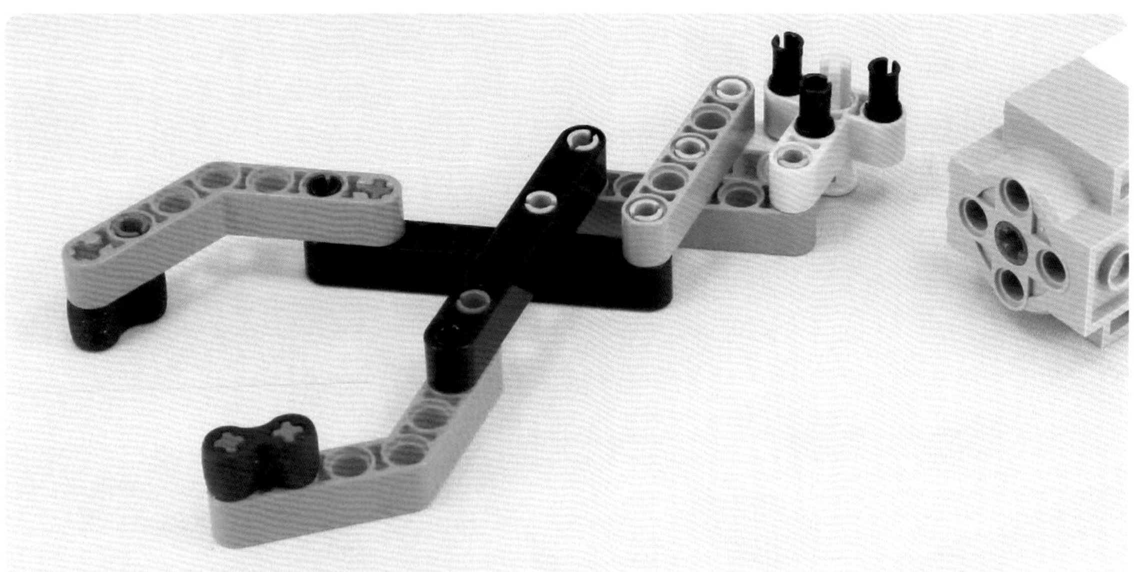

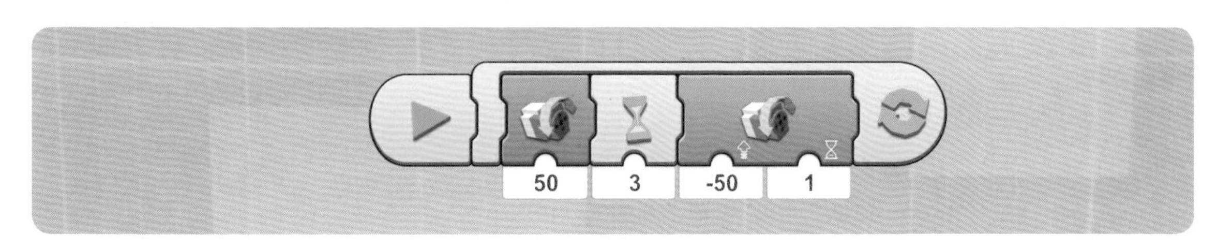
50
3
-50
1

#48

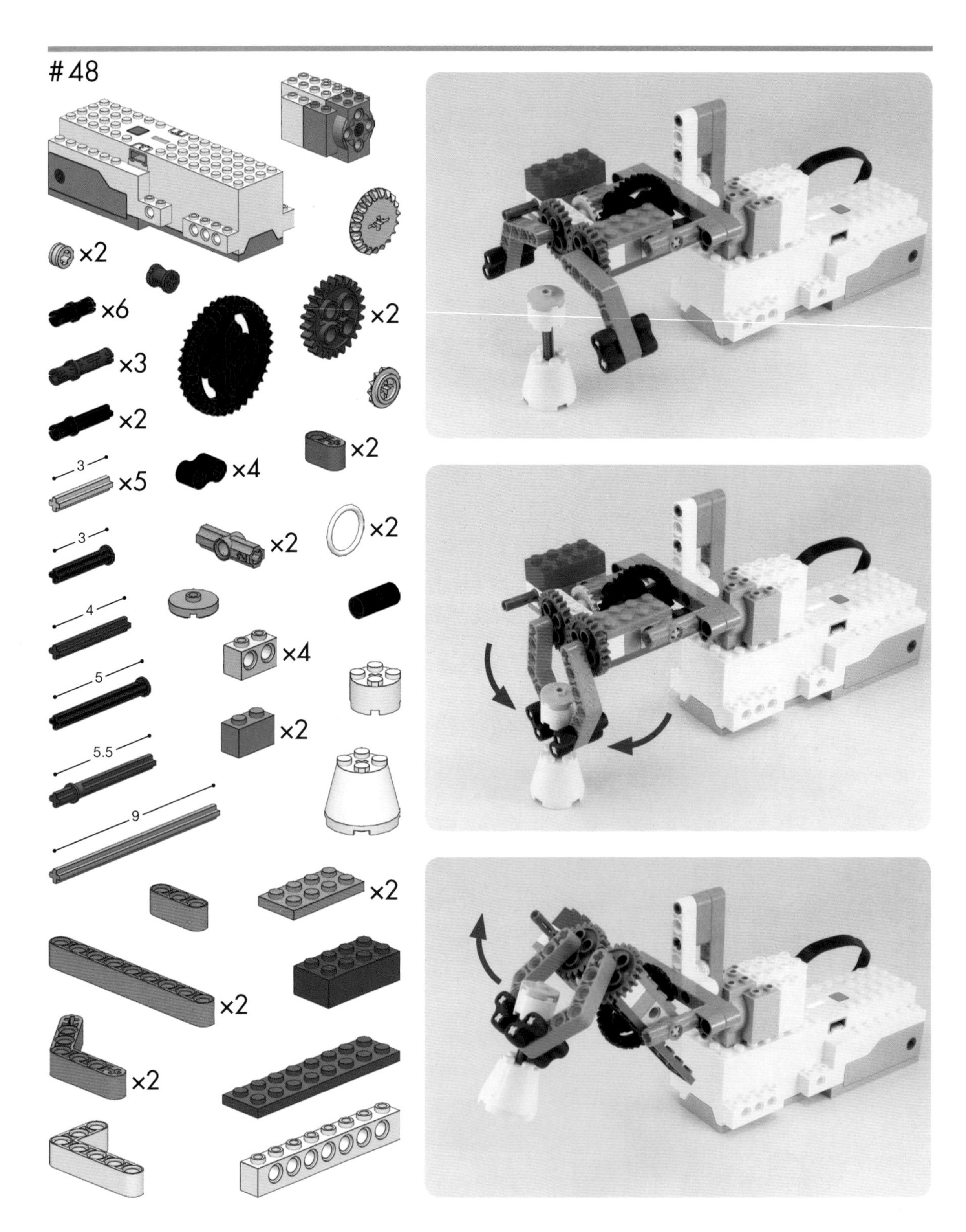

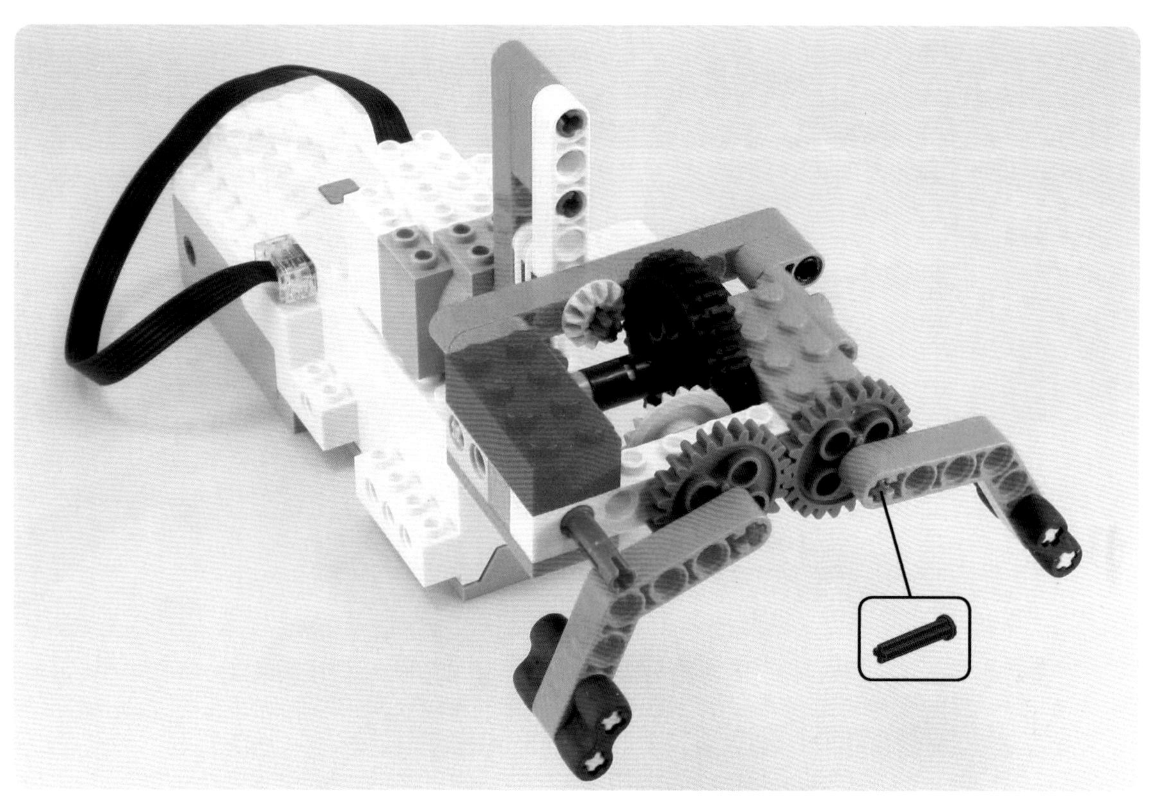

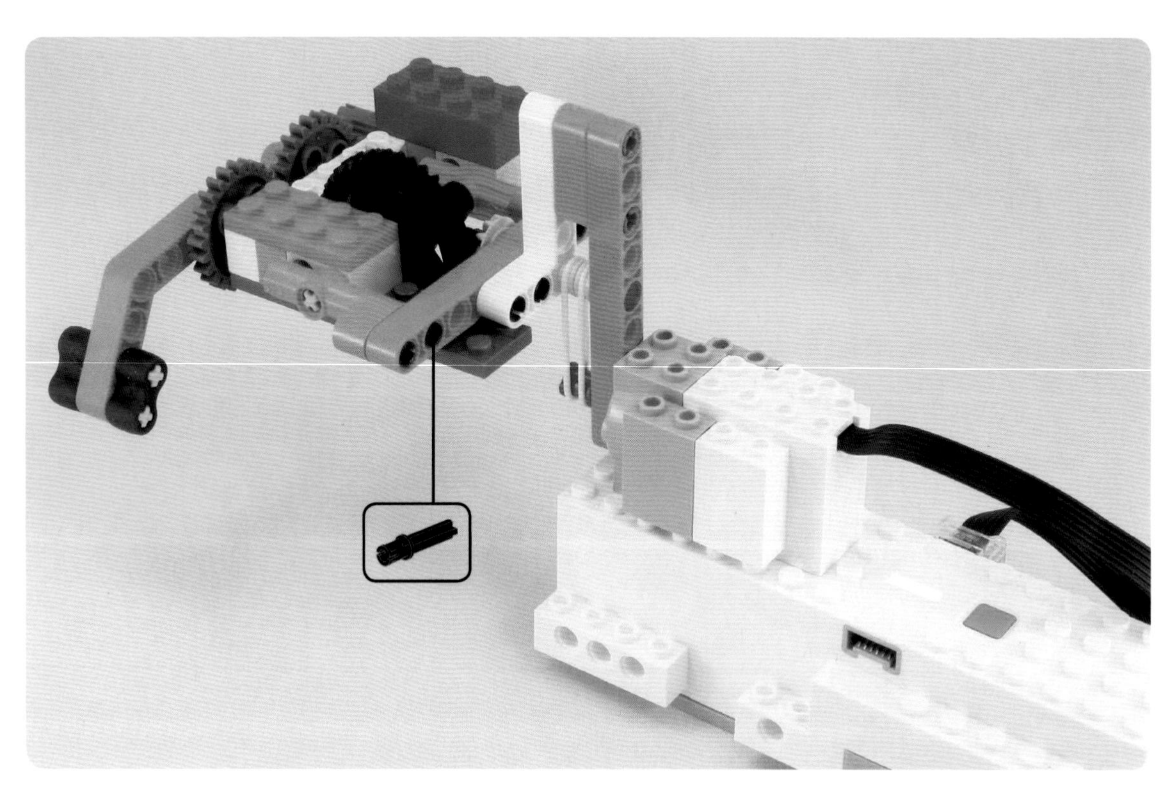

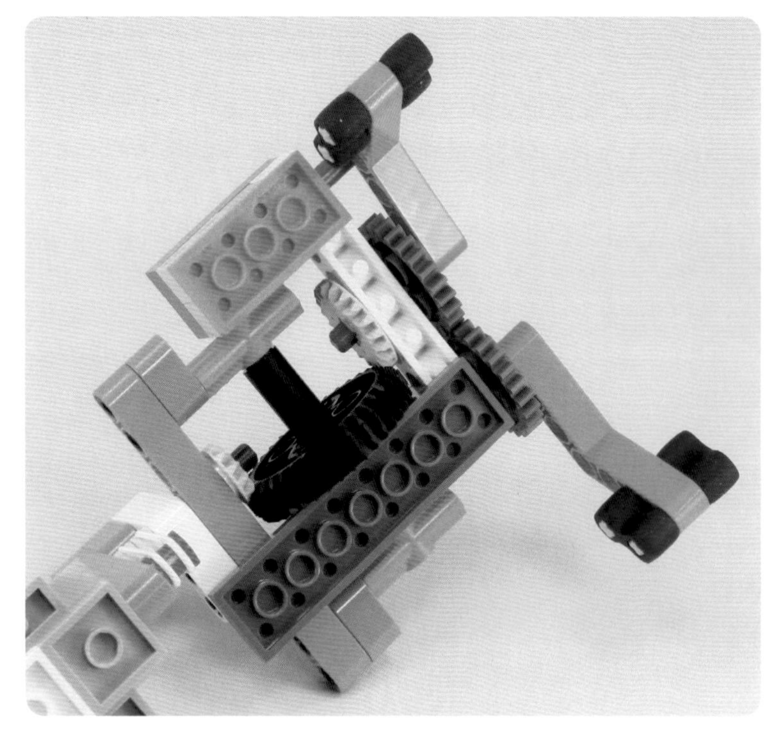

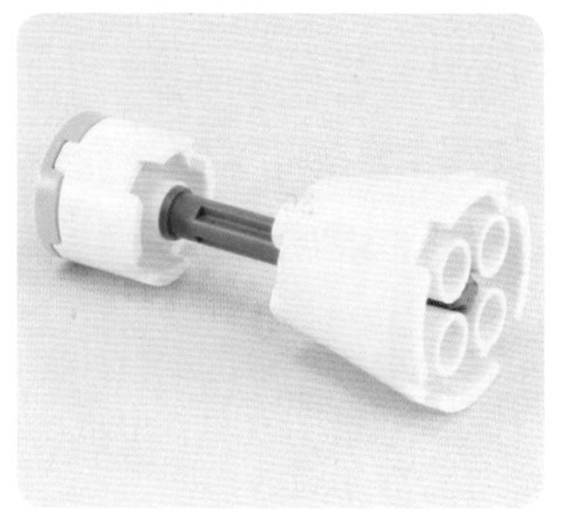

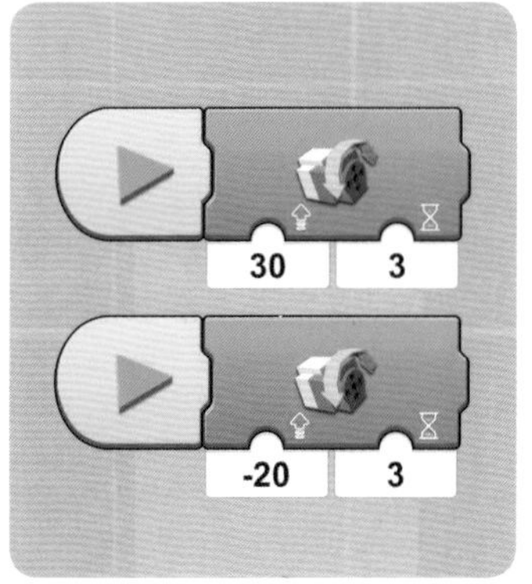
30
3
-20
3

抬升机构

#49

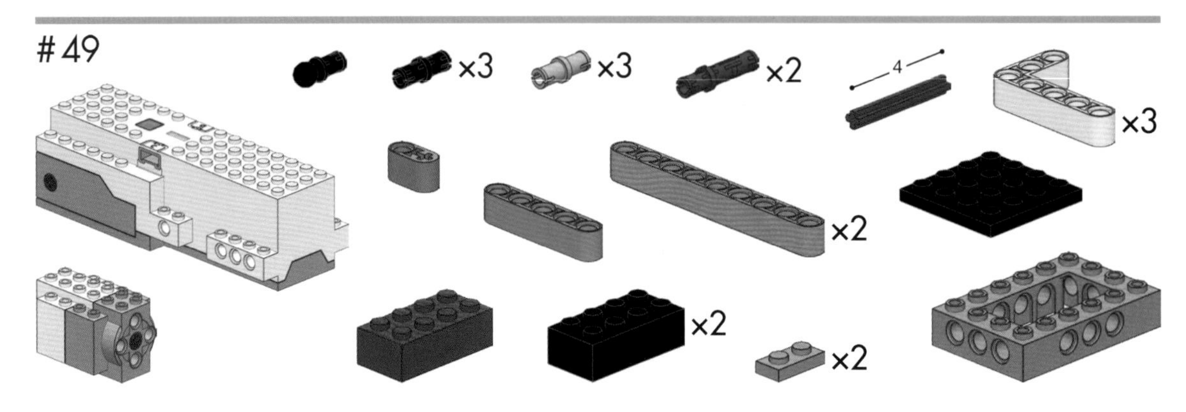

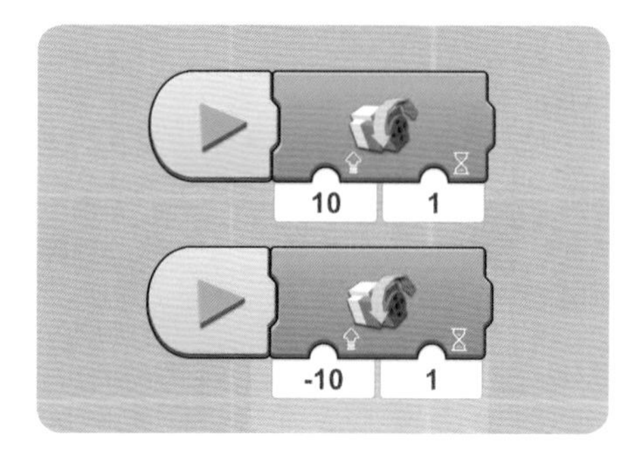
10
1
-10
1

50

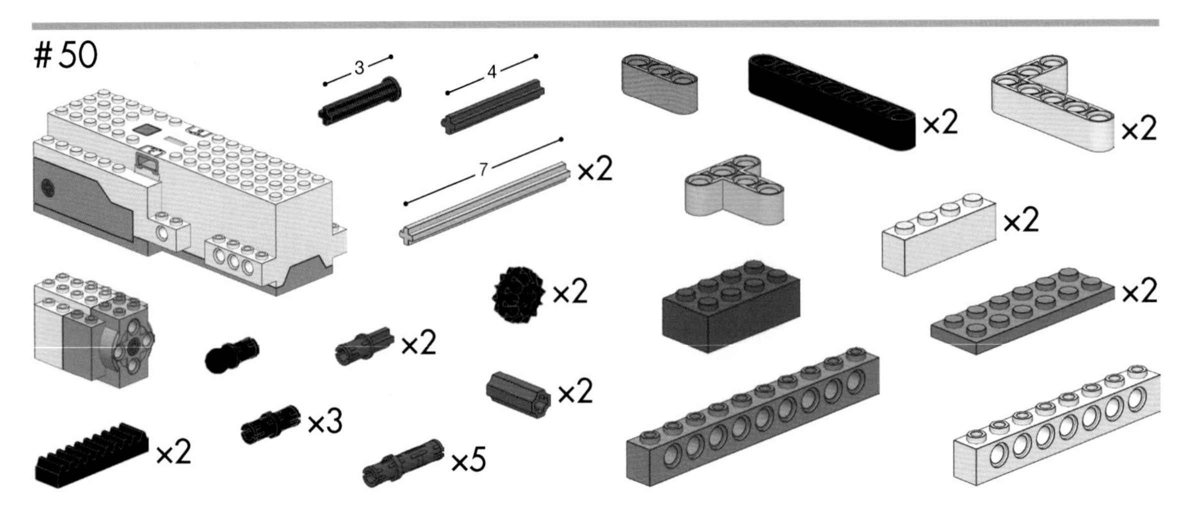

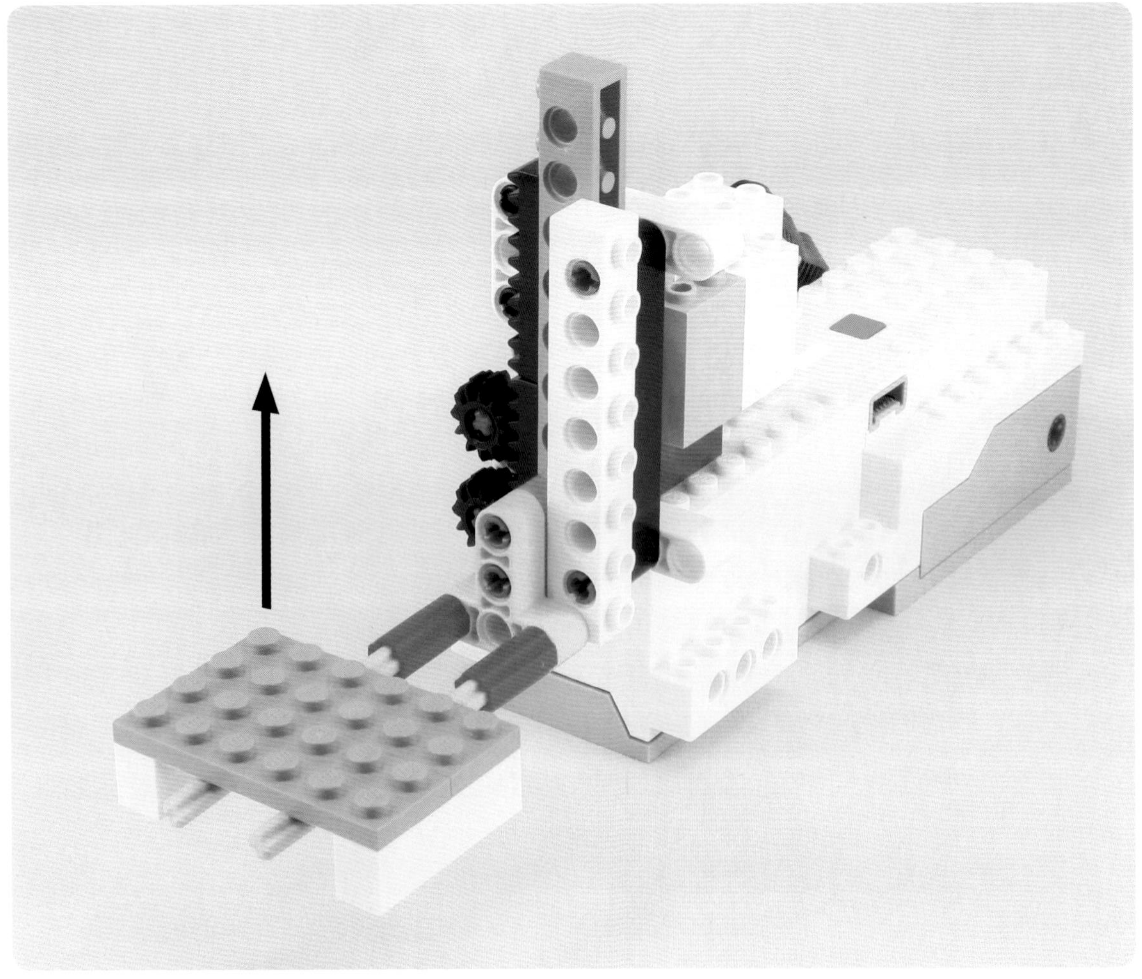

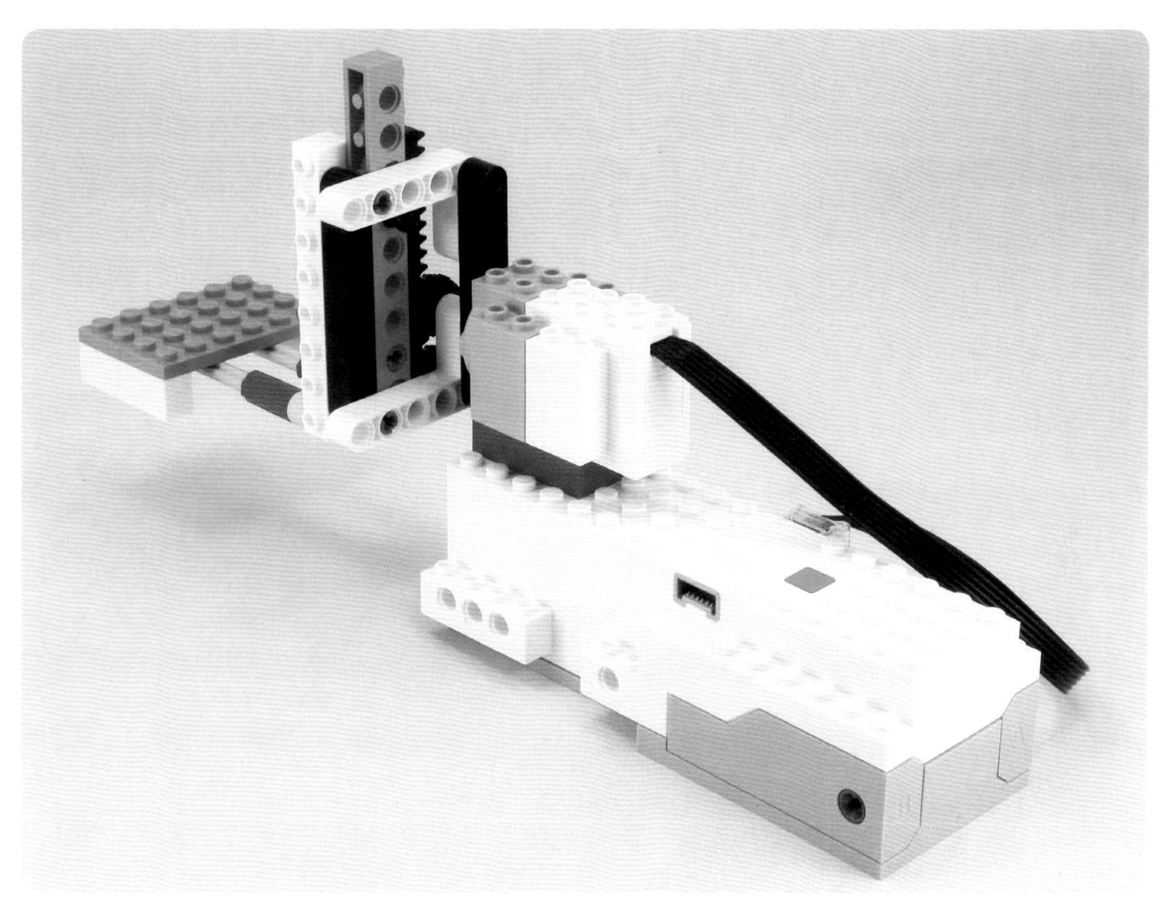

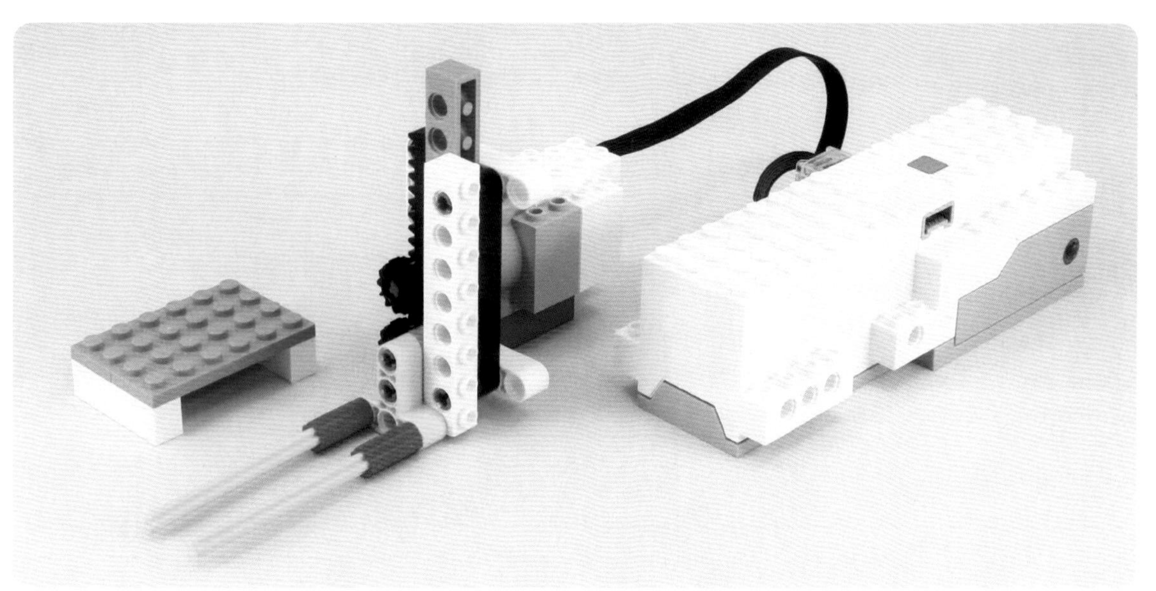

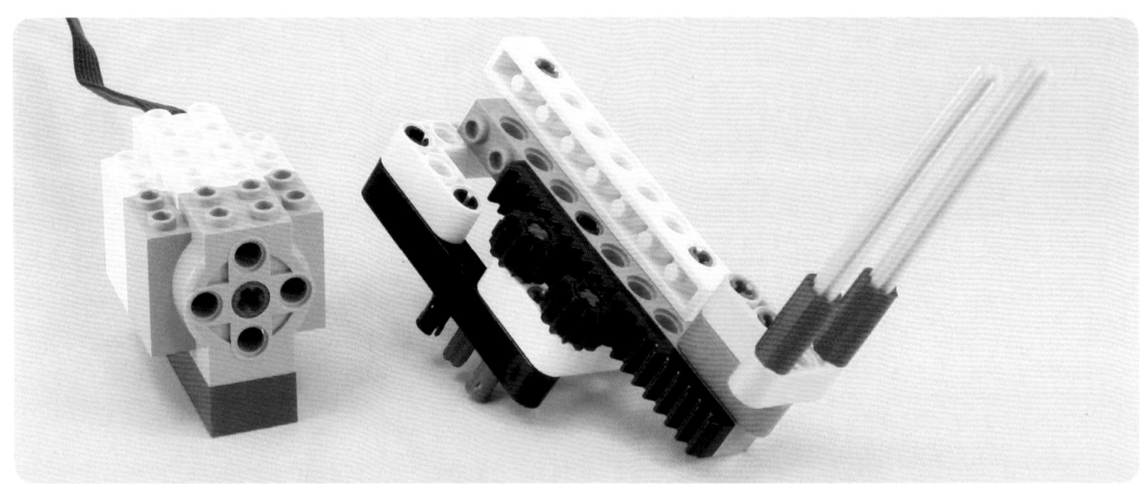

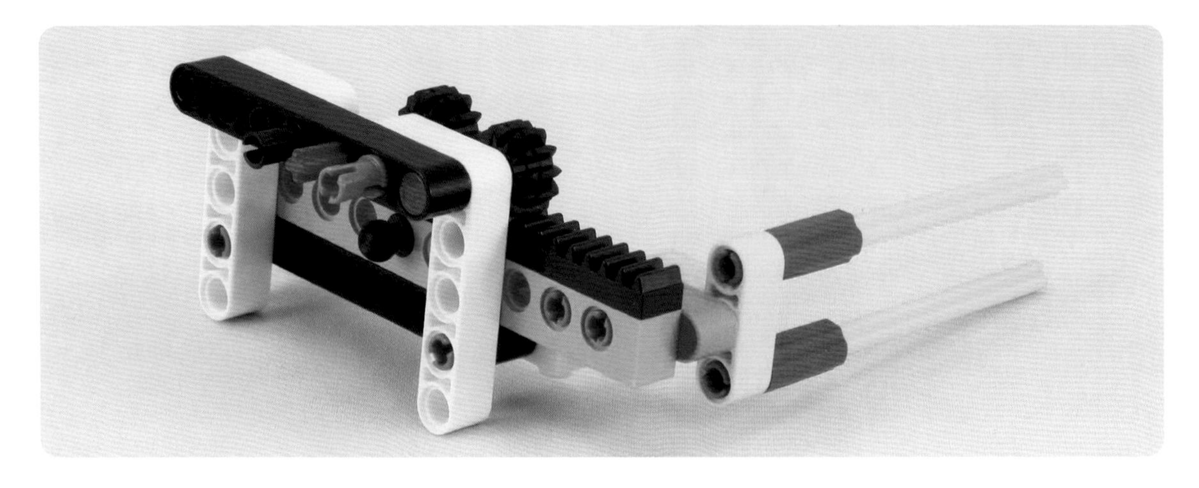

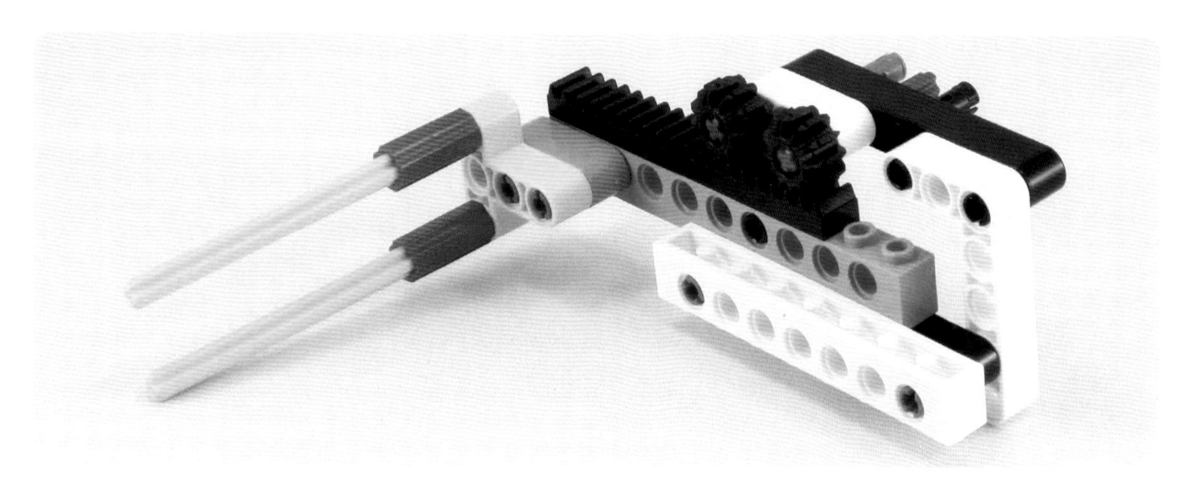

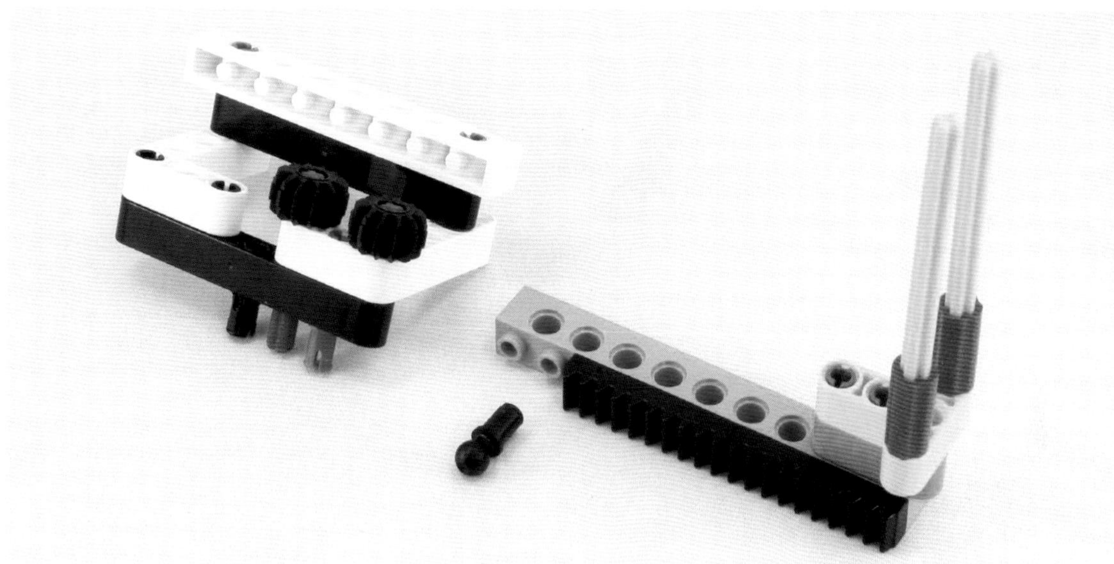

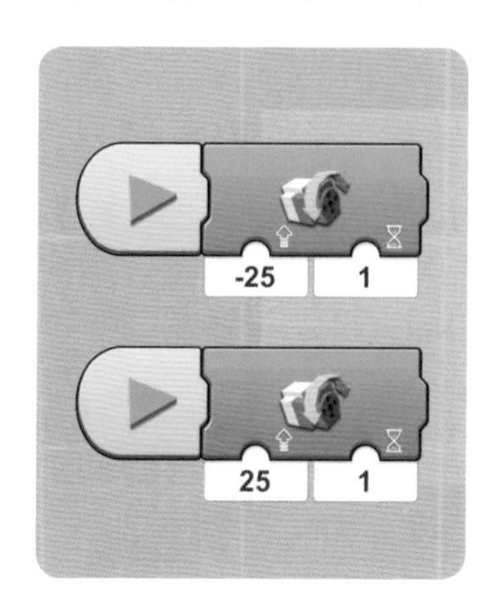
-25
1
25
1

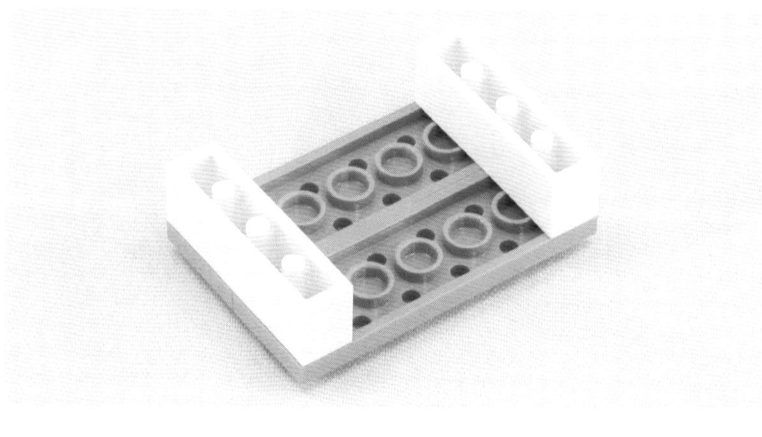

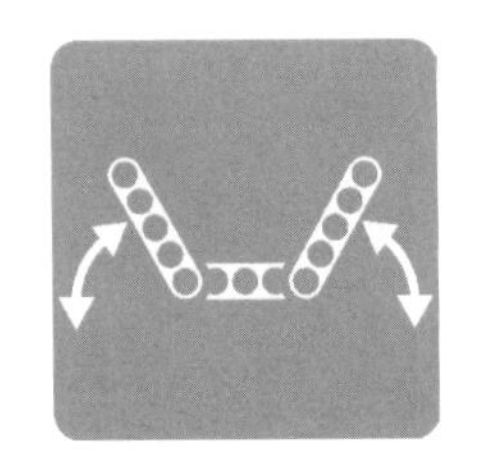

扑翼机构

#51

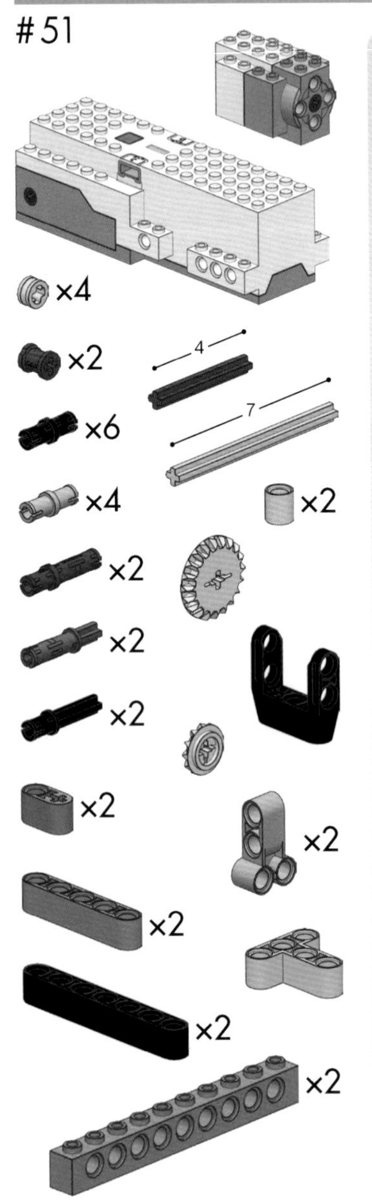

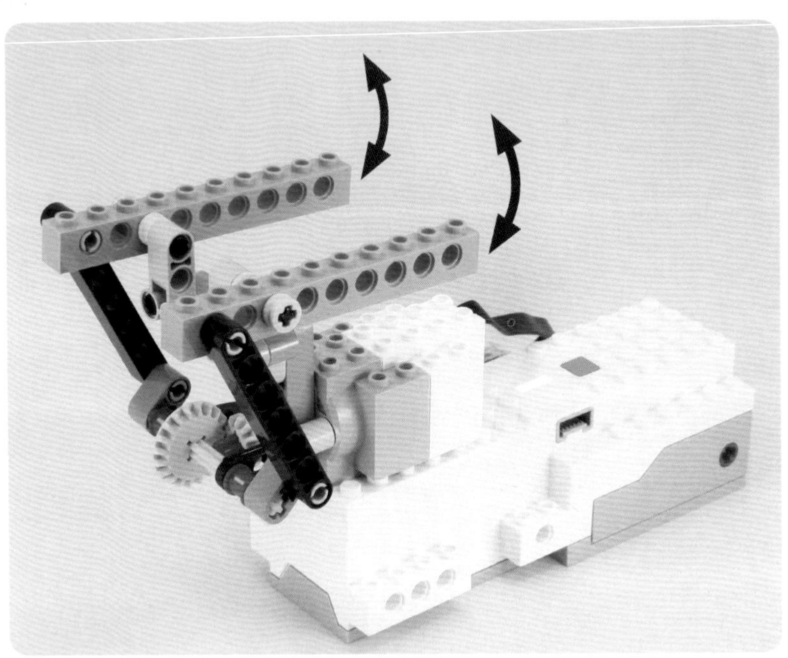

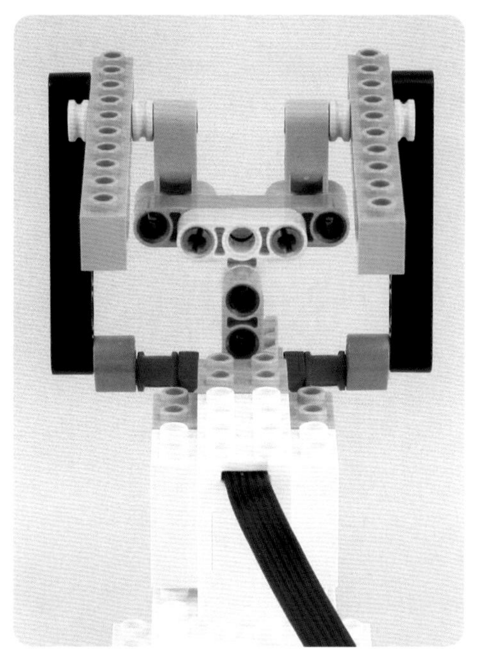

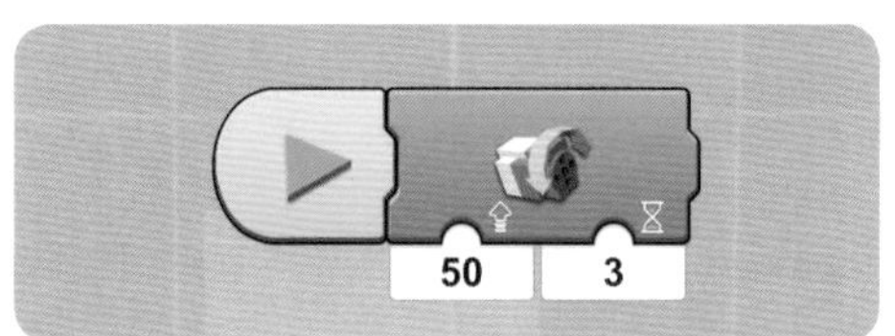
50
3

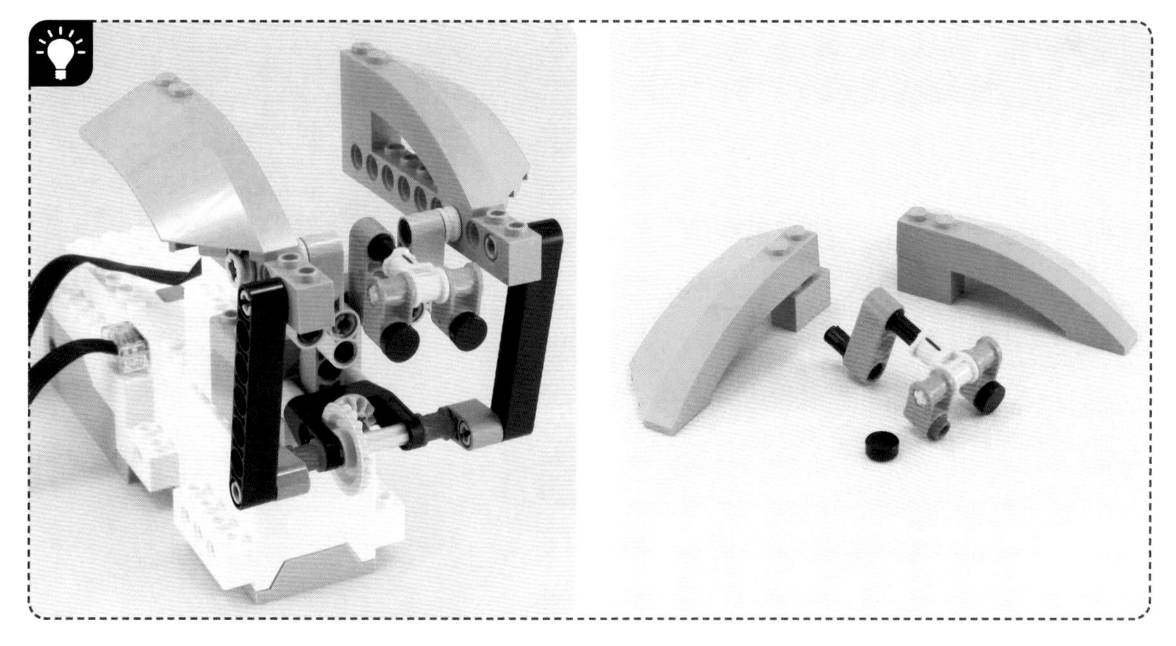

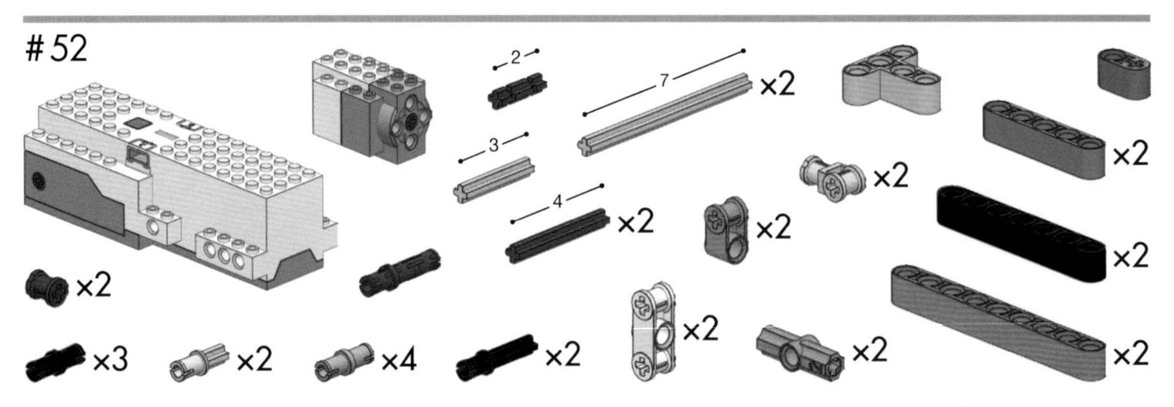

52
2
7
×2
3
×2
×2
4
×2
×2
×2
×2
×2
×3
×2
×4
×2
×2
×2
×2

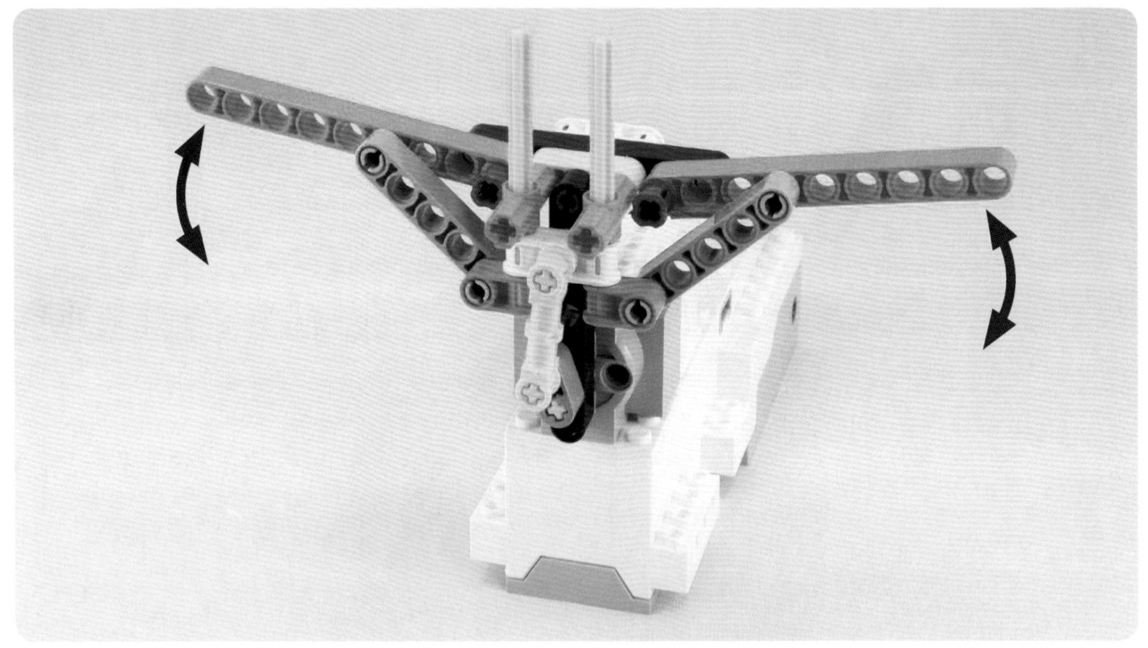

50
5

使用外置电机来转动车轮

#53

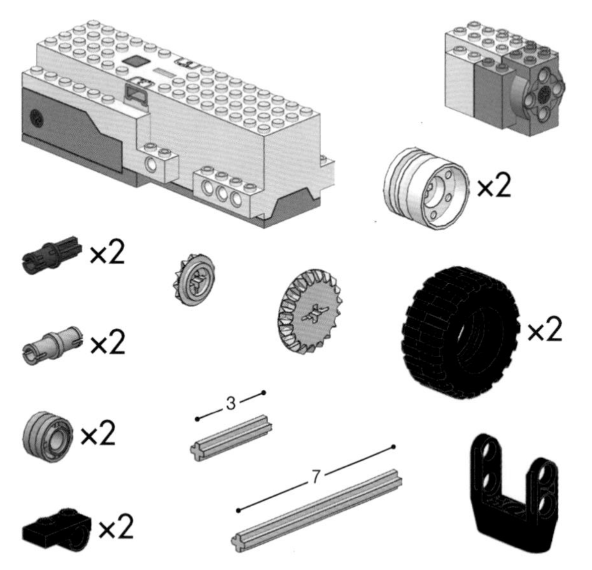

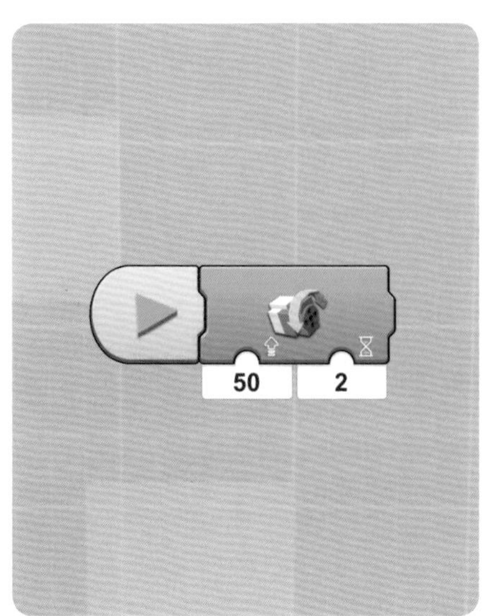
50
2

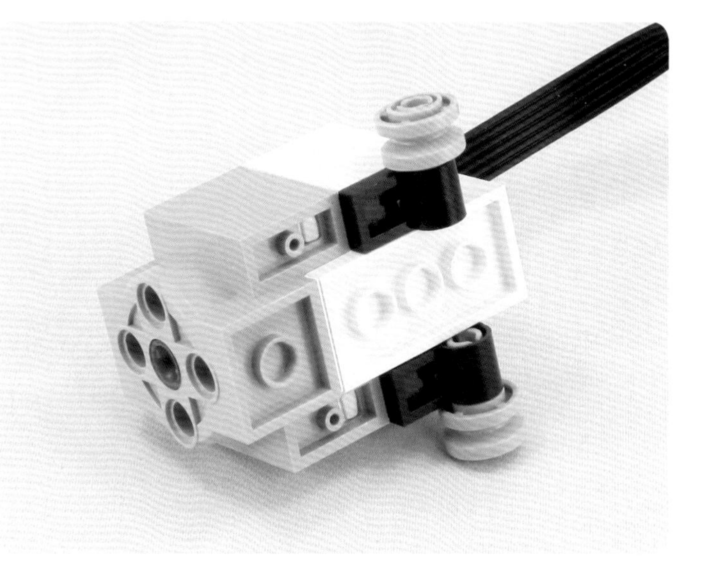

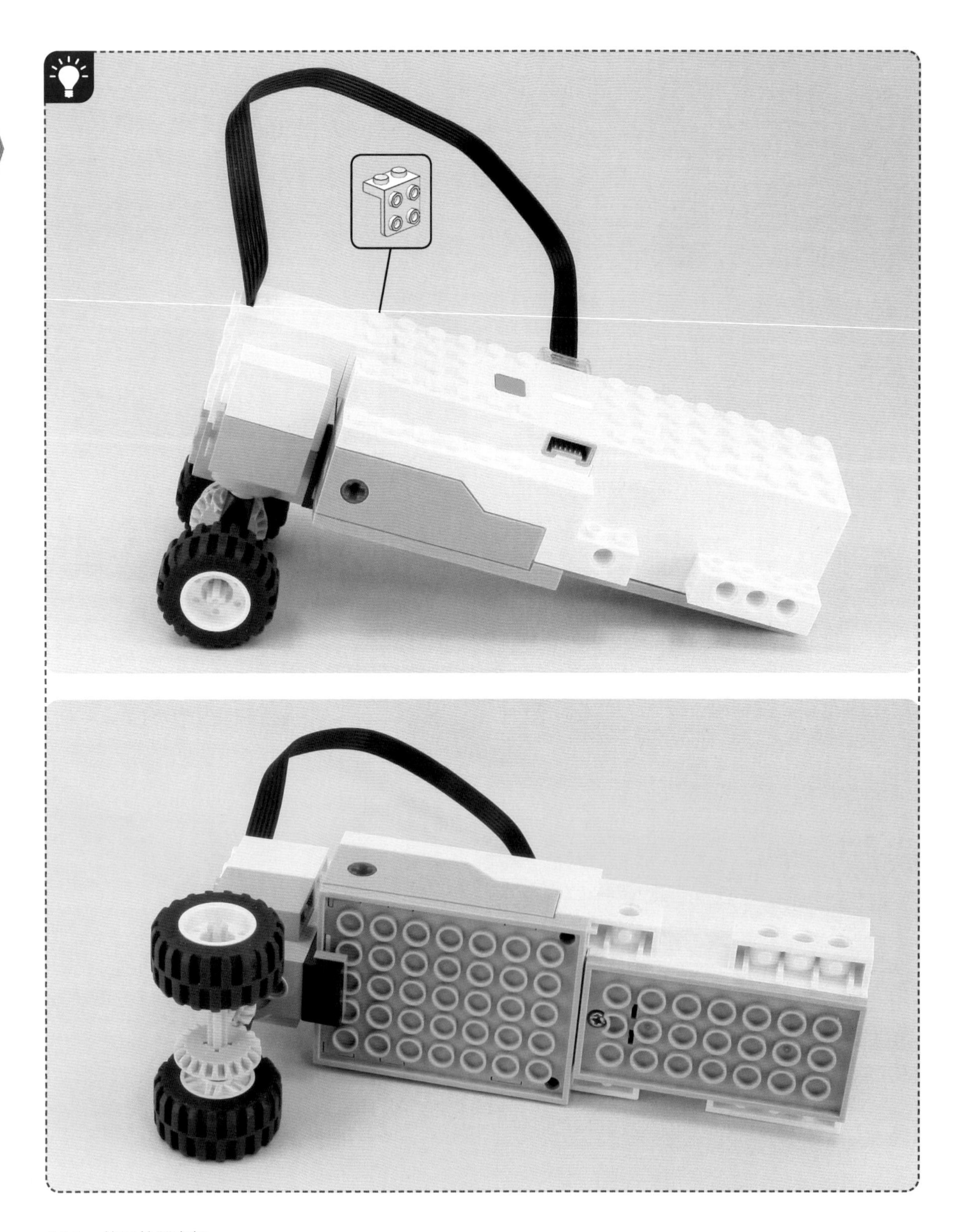

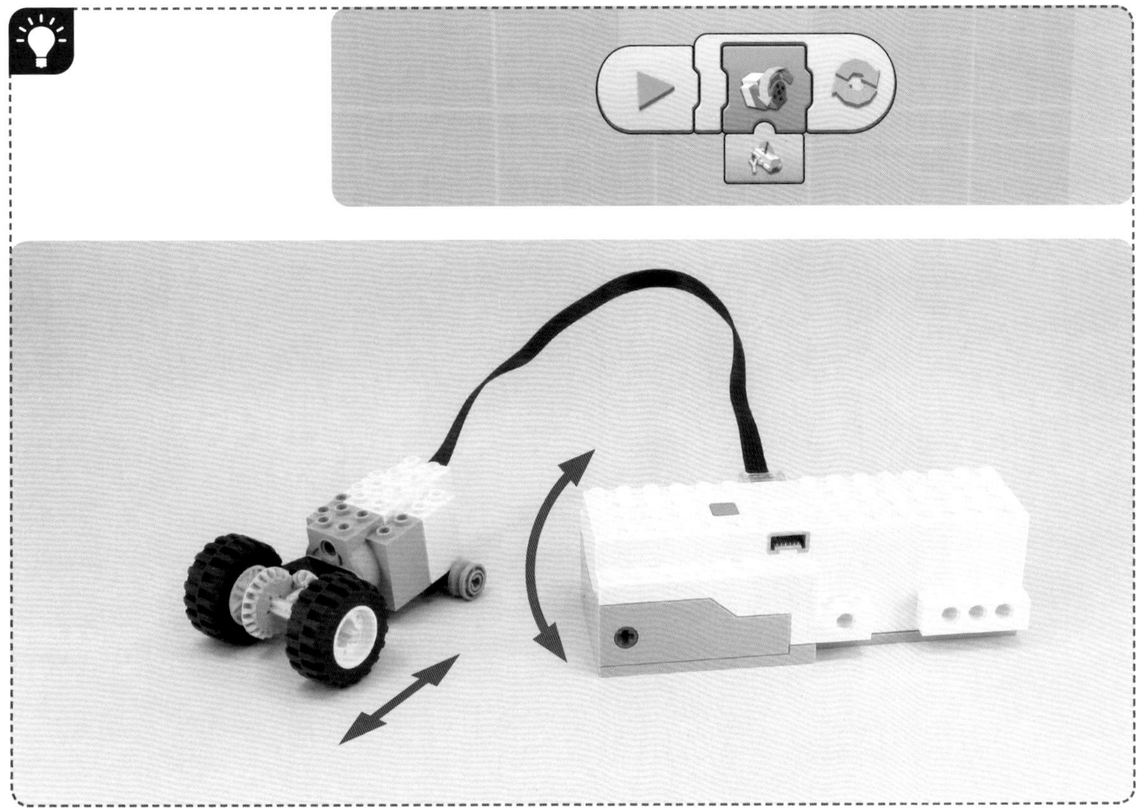

#54

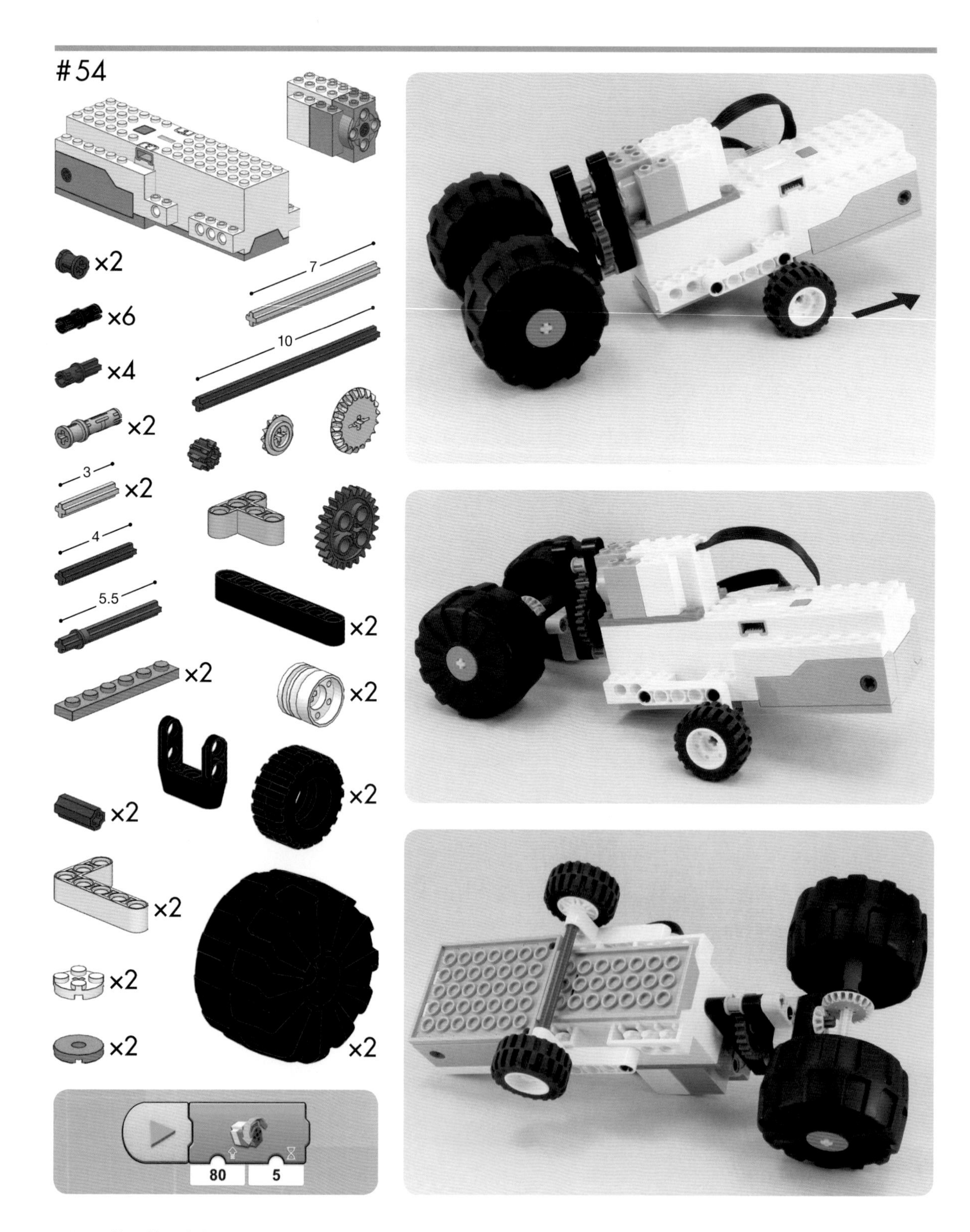

80
3
50
360
50
360

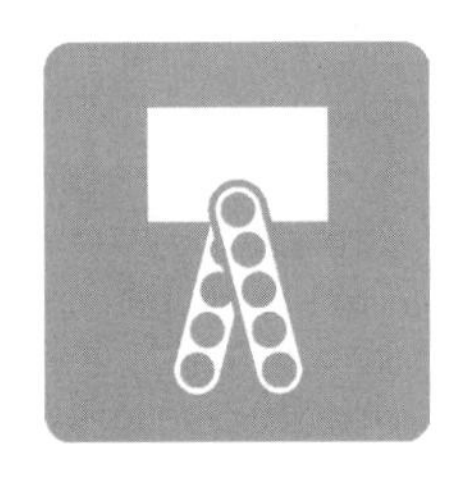

使用外置电机的行走机构

\# 55

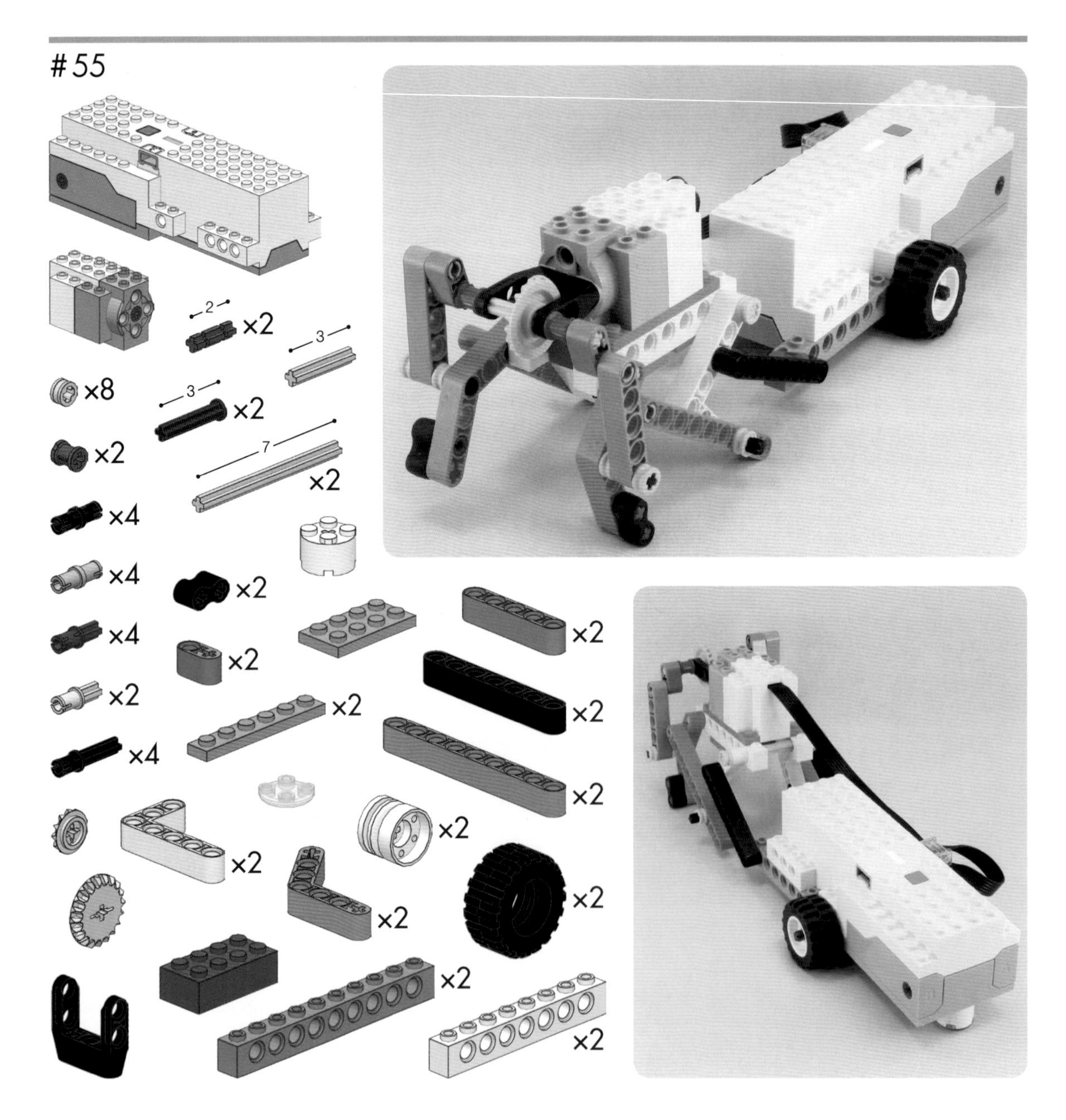

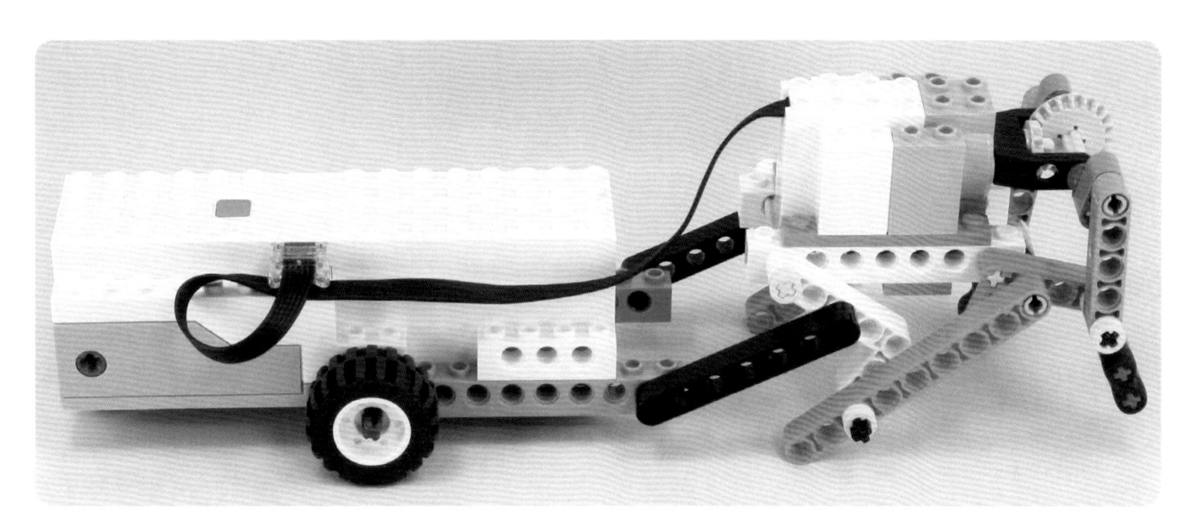

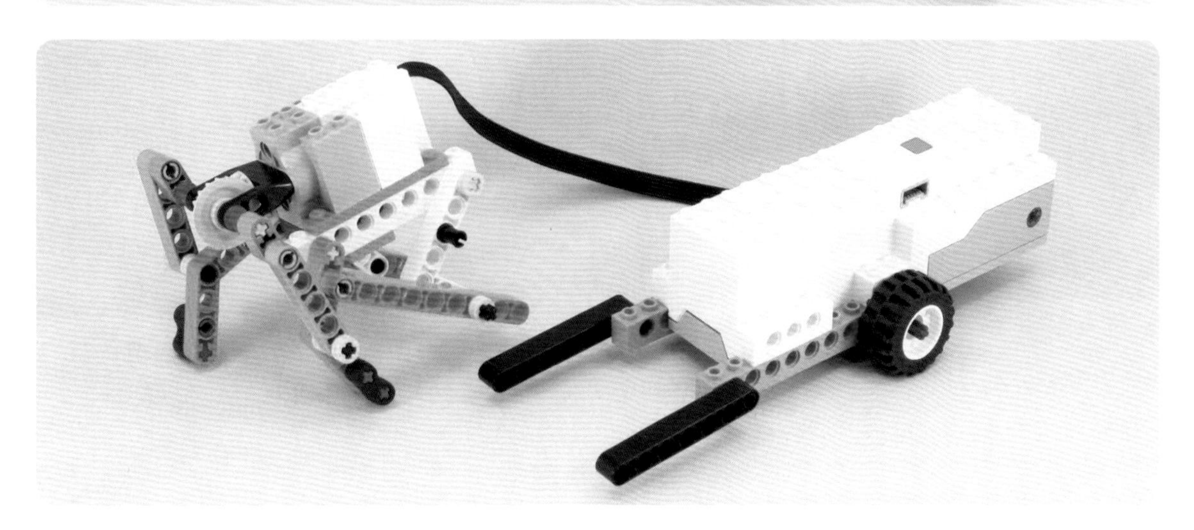

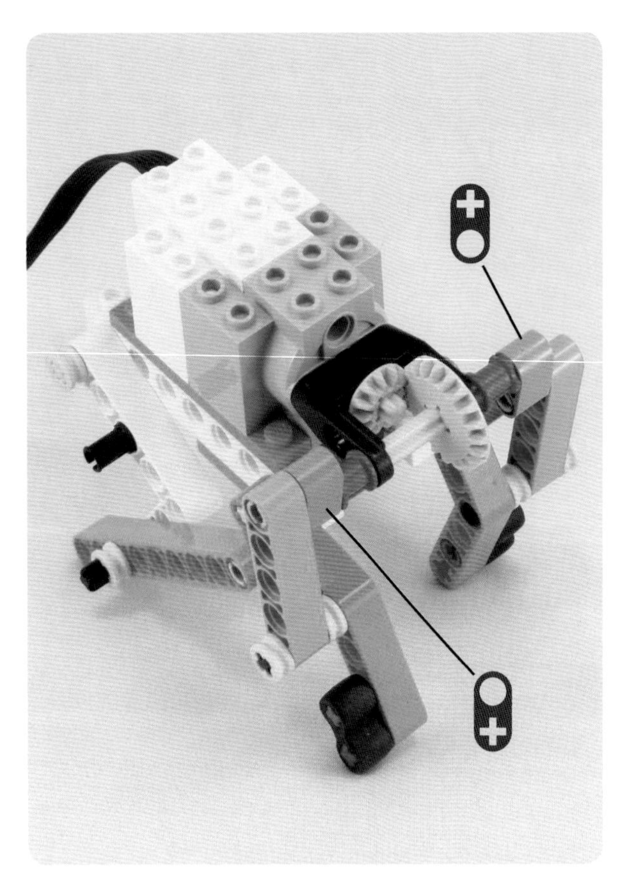

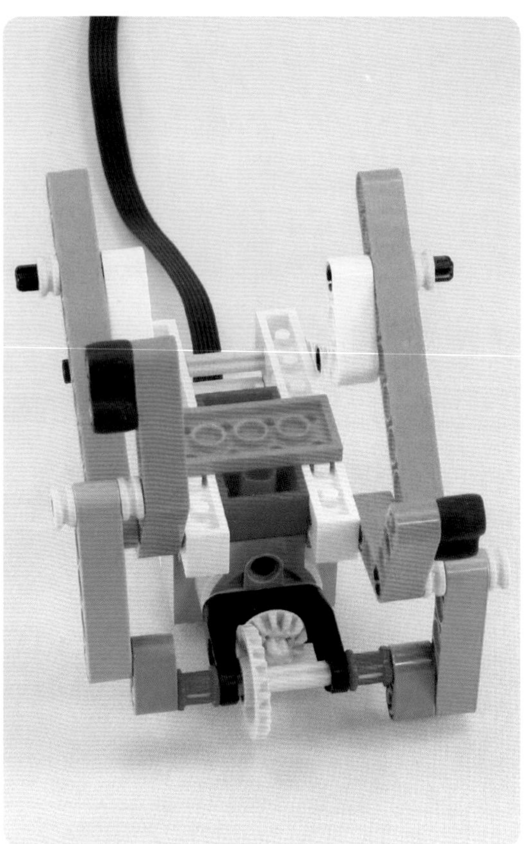

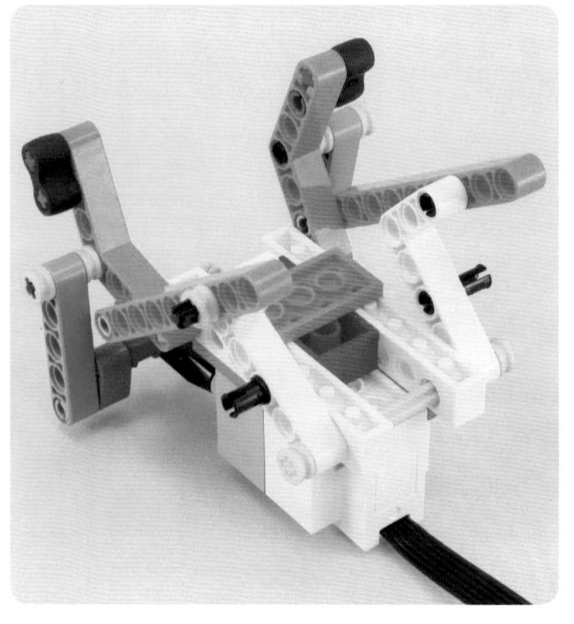

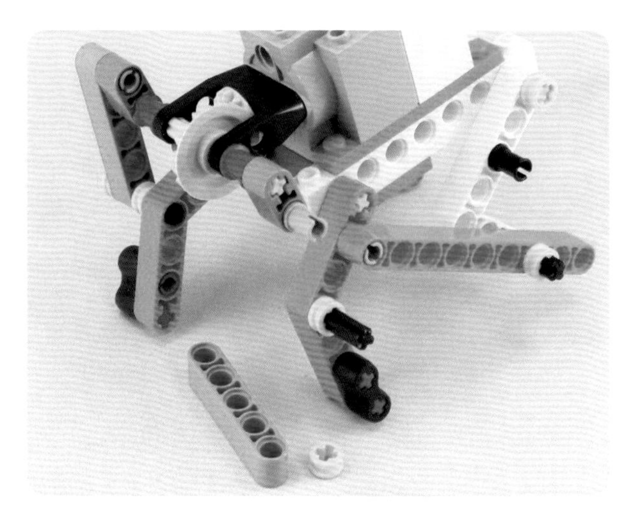

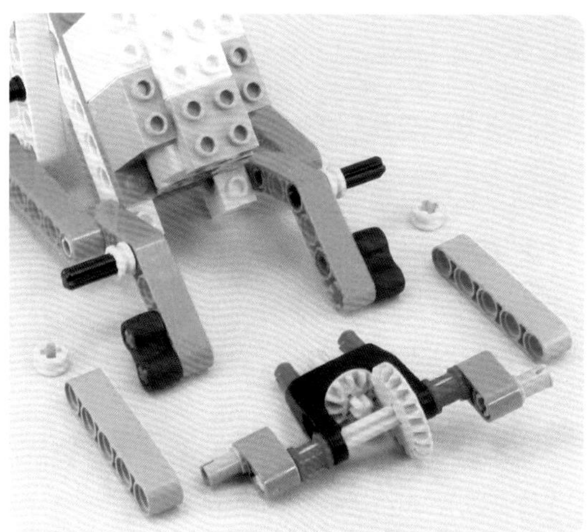

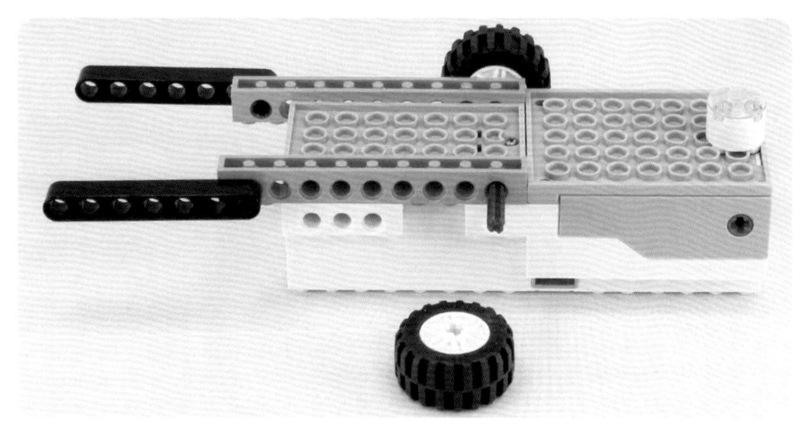

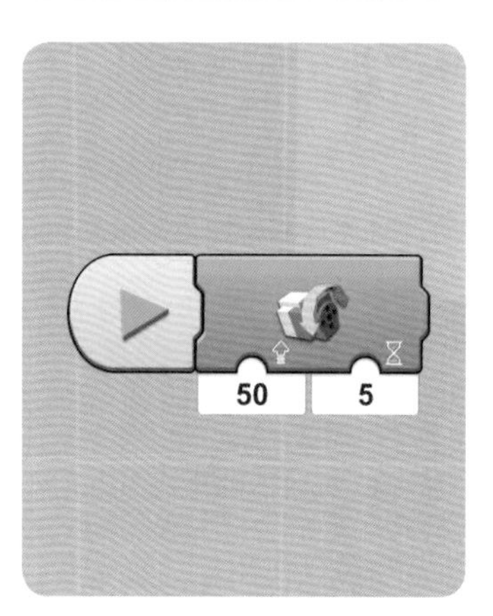
50
5

#56

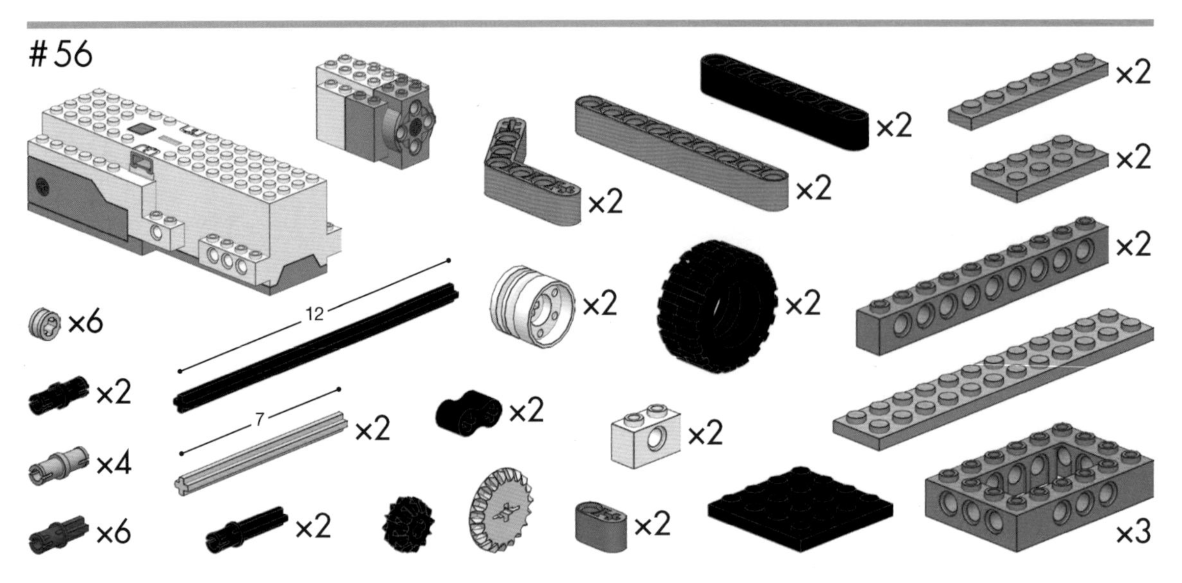

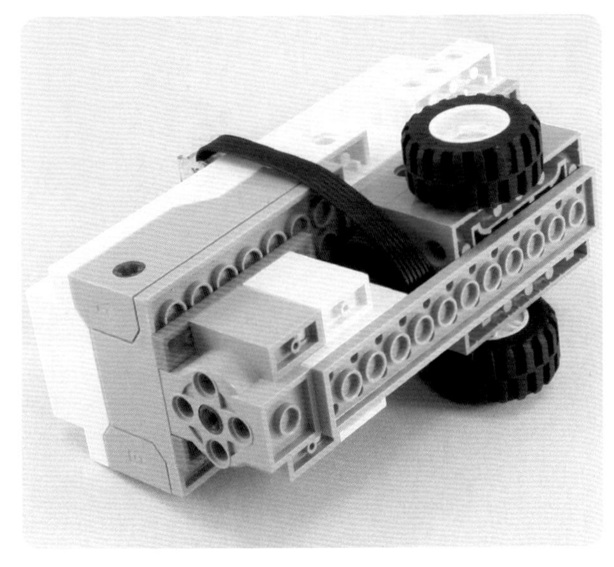

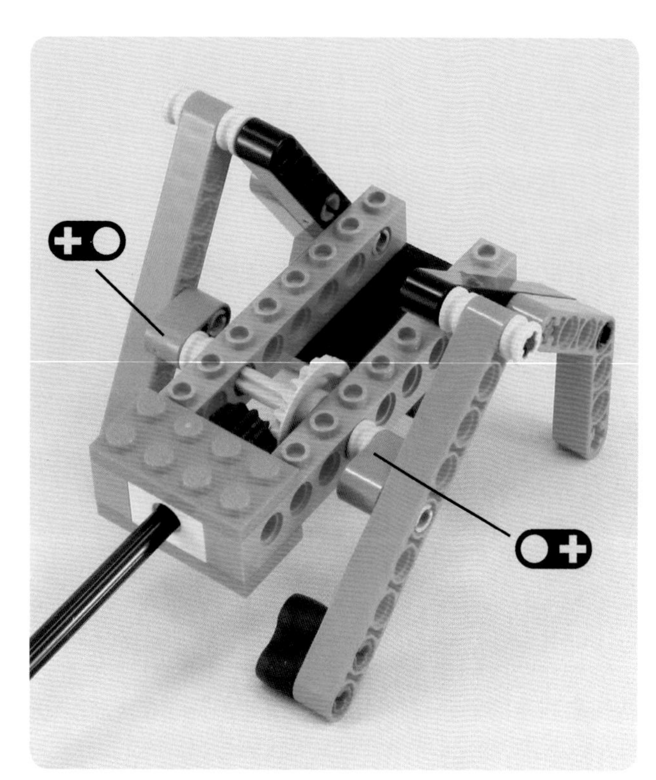

40
5

发射机构

#57

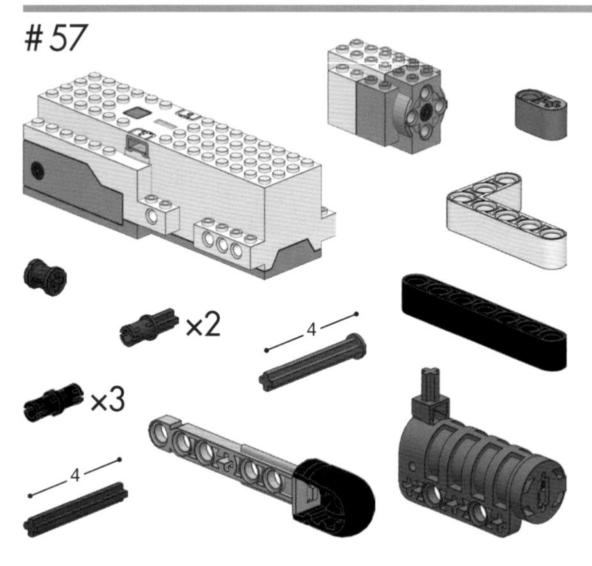

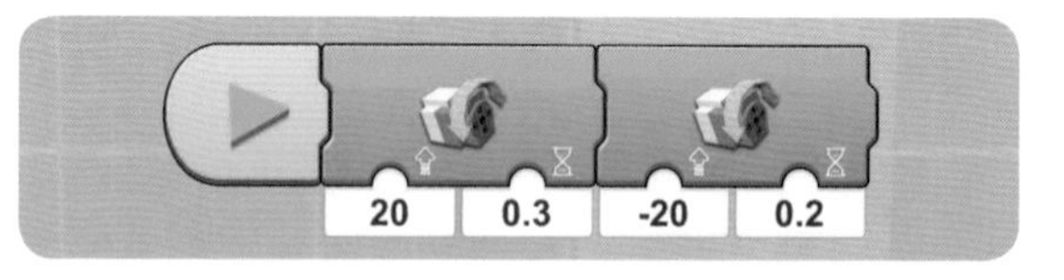

#58

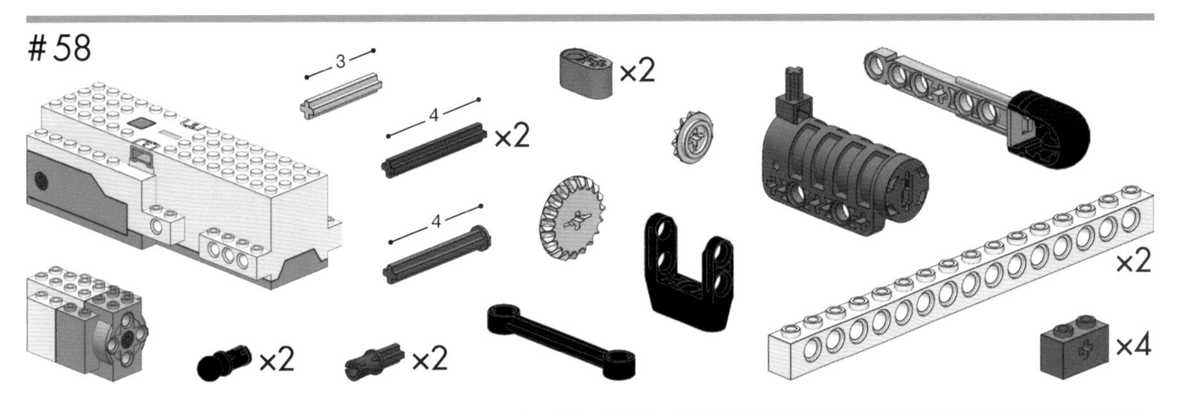

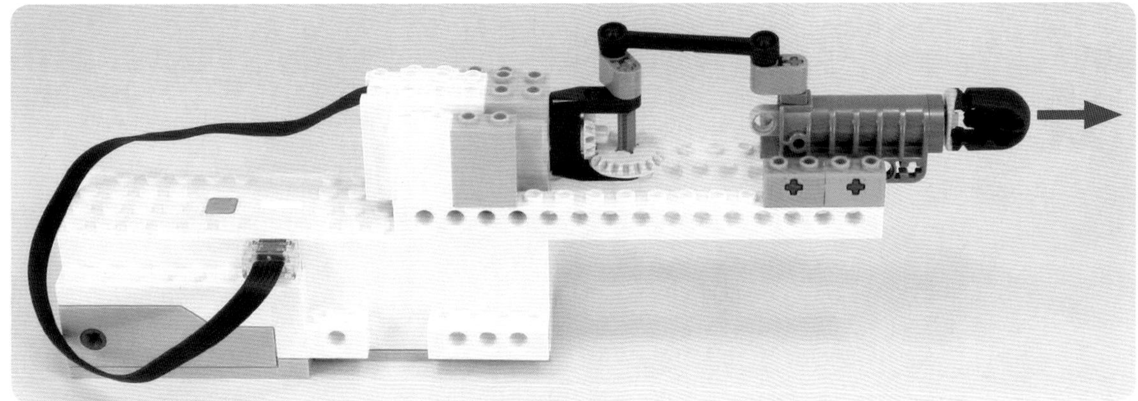

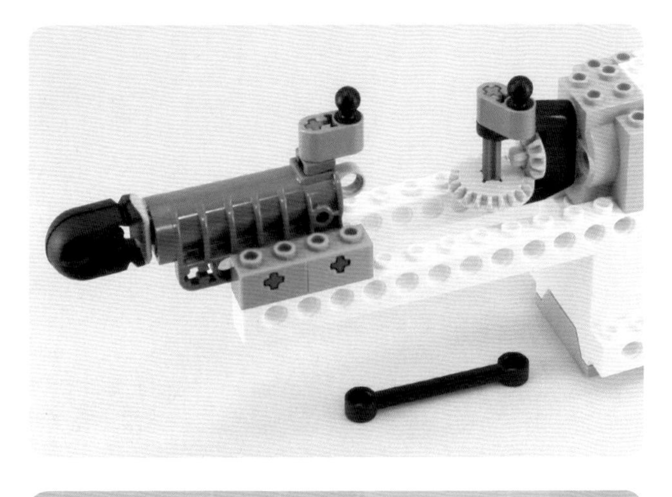

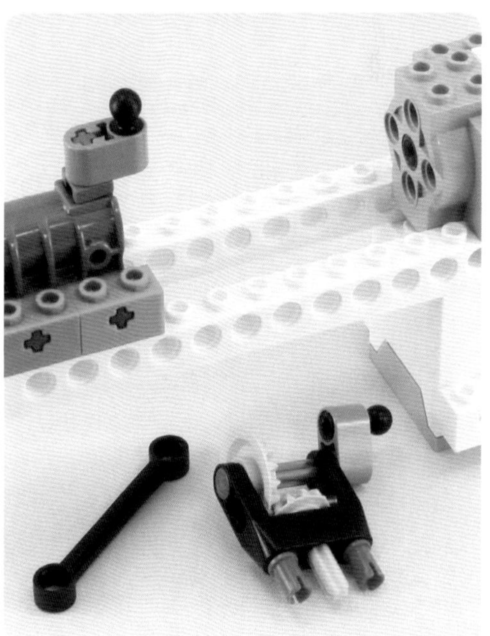

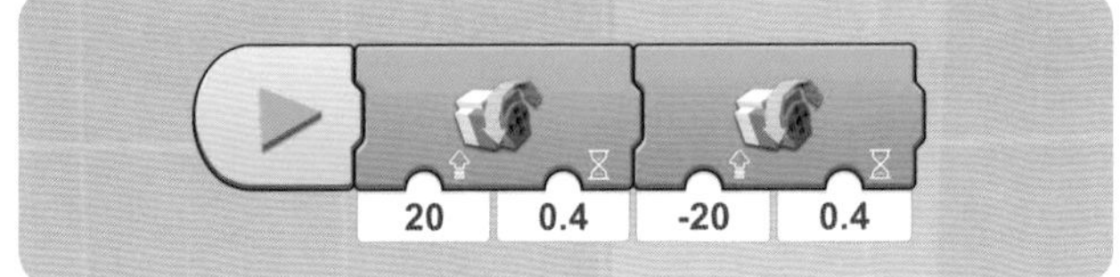

#59

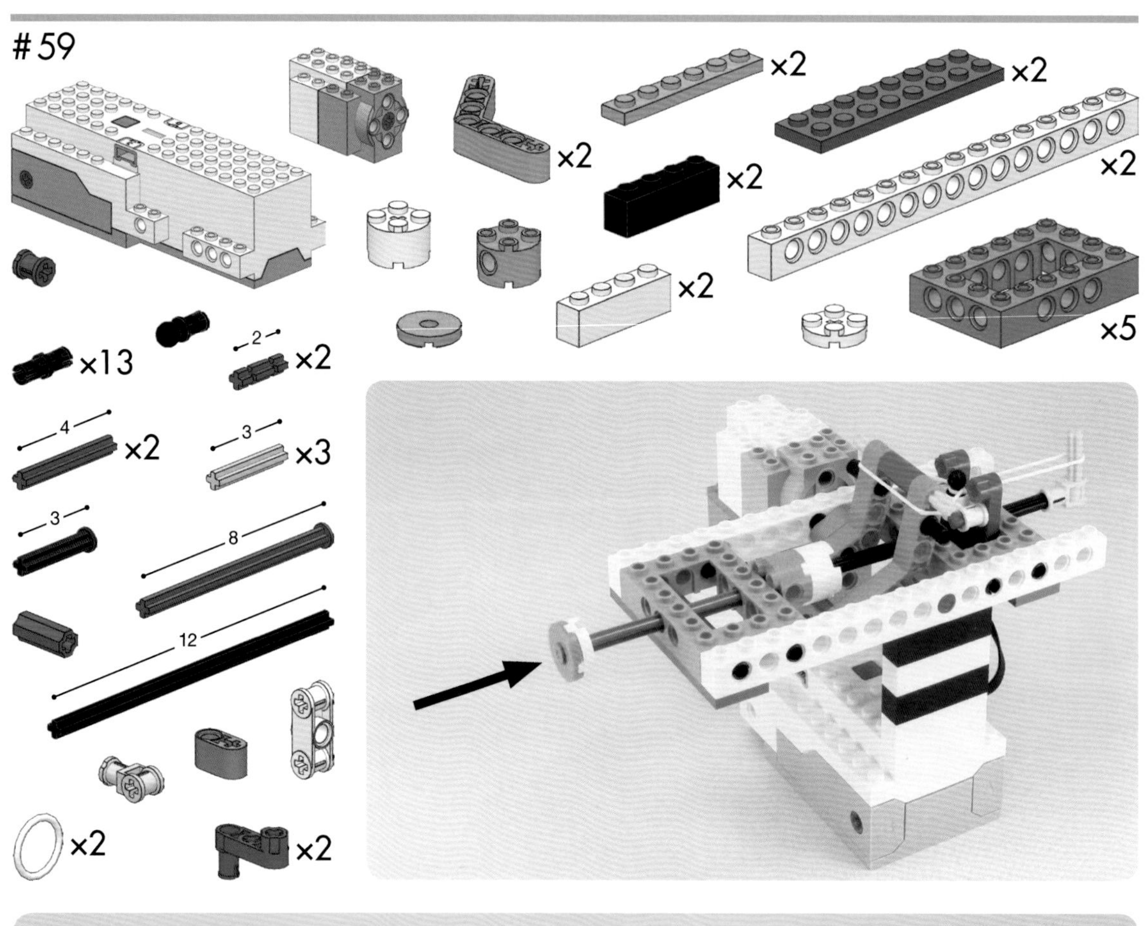

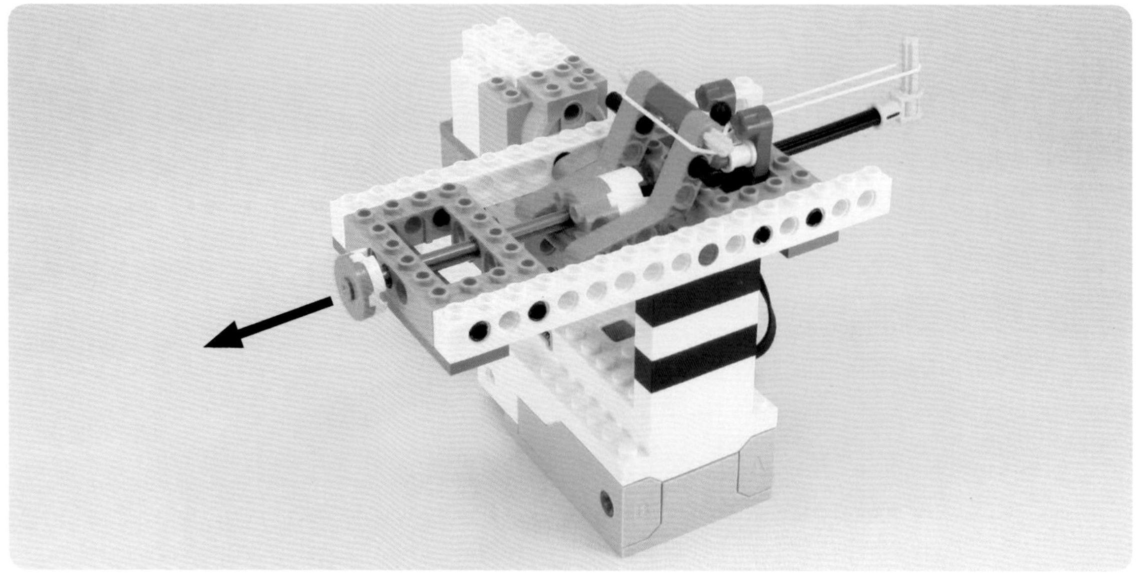

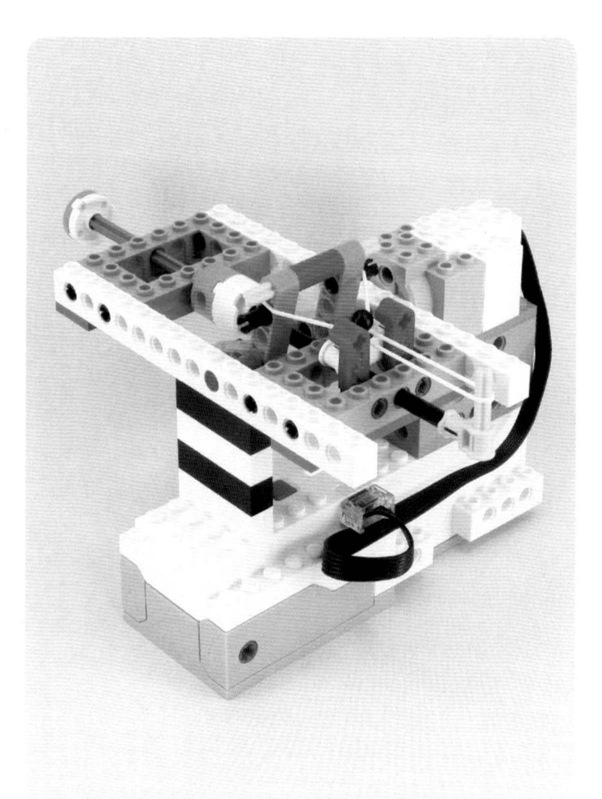

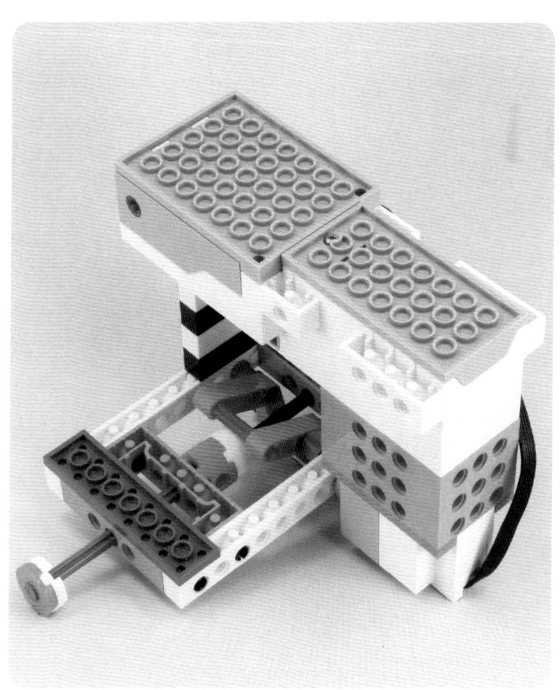

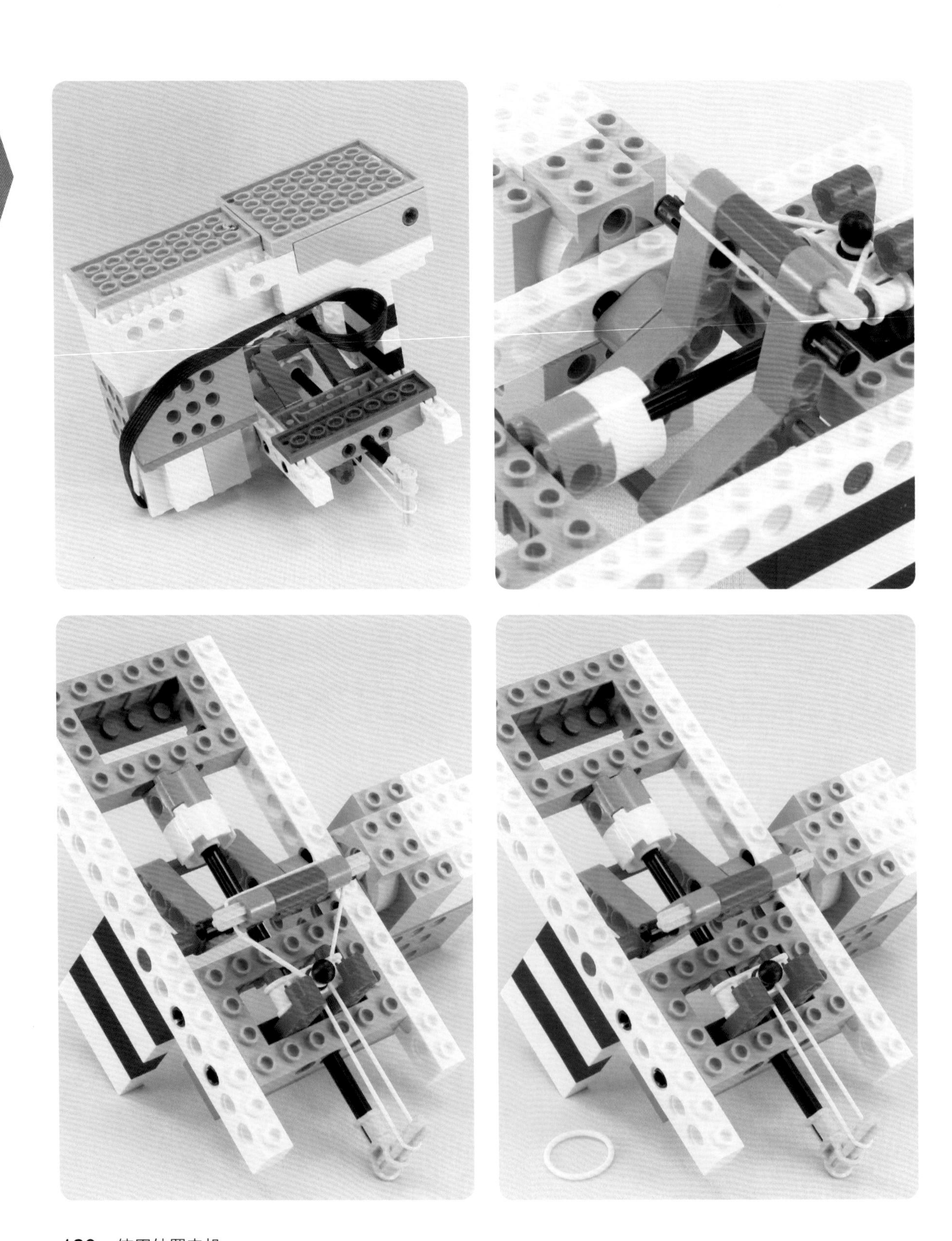

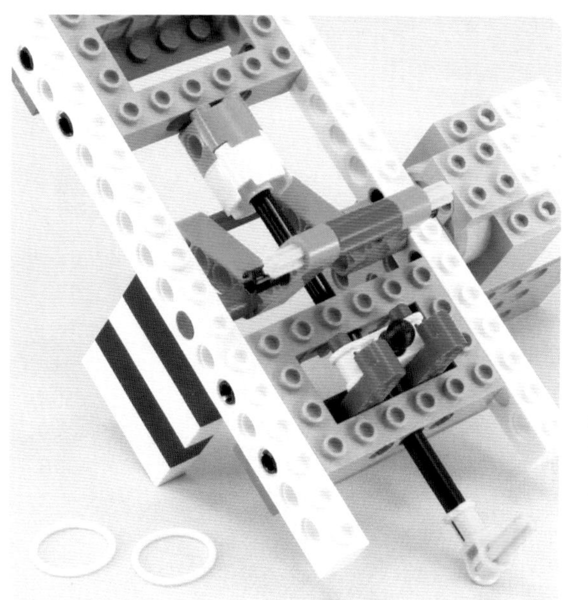

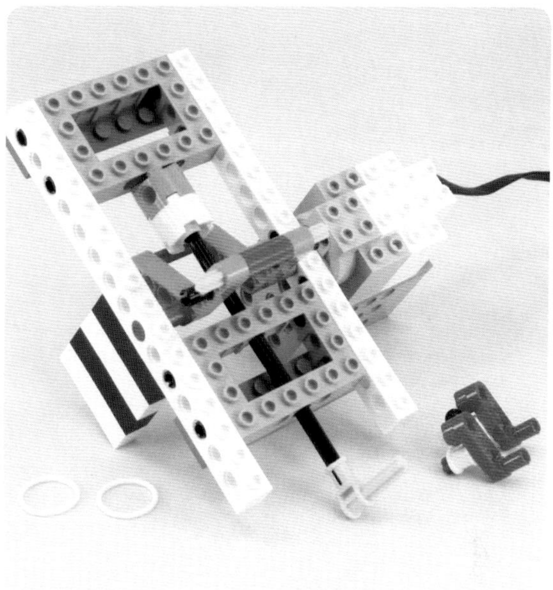

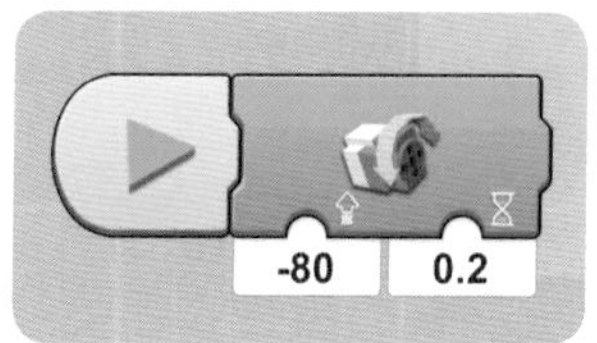
-80
0.2

#60

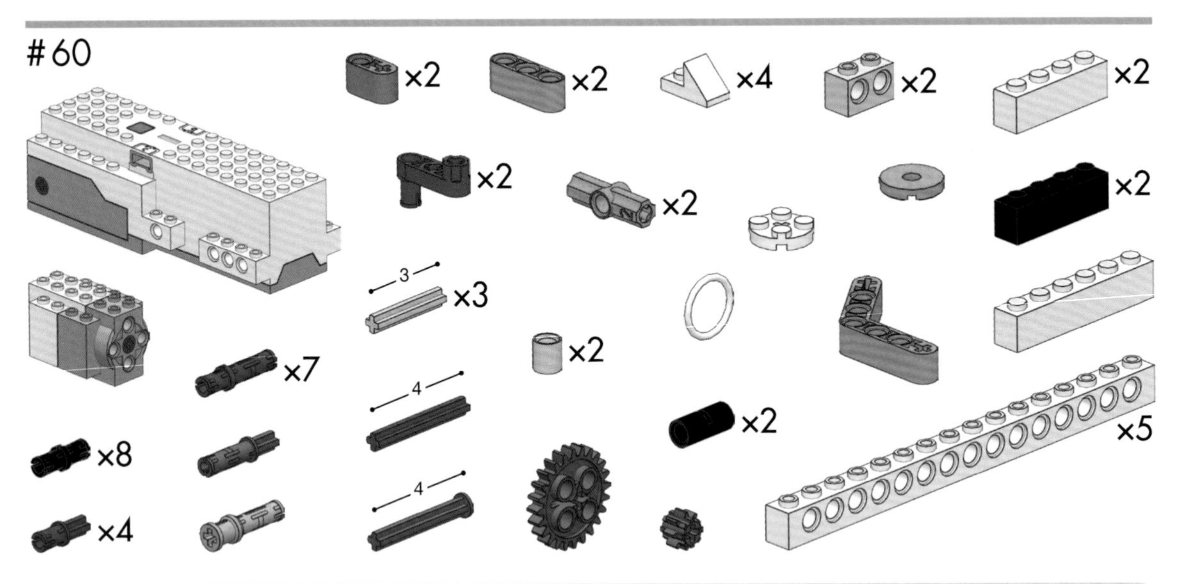

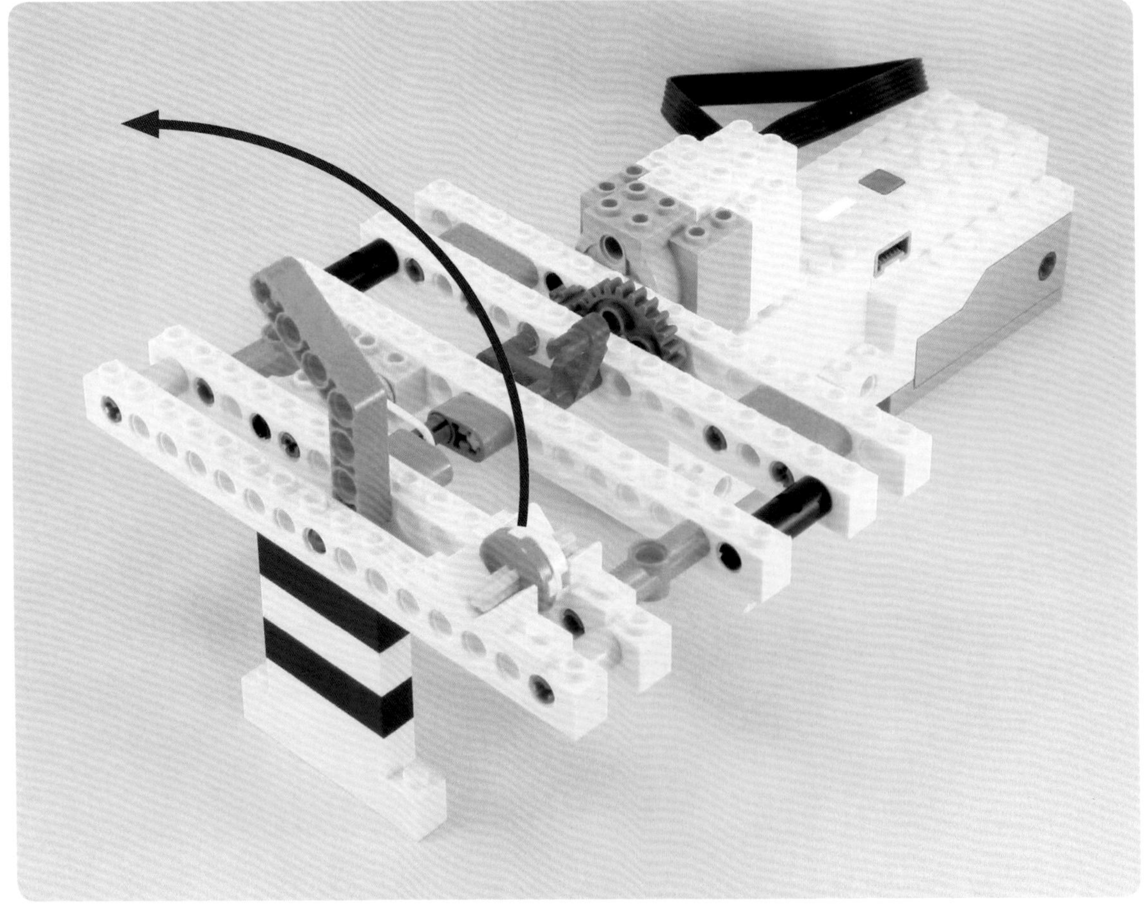

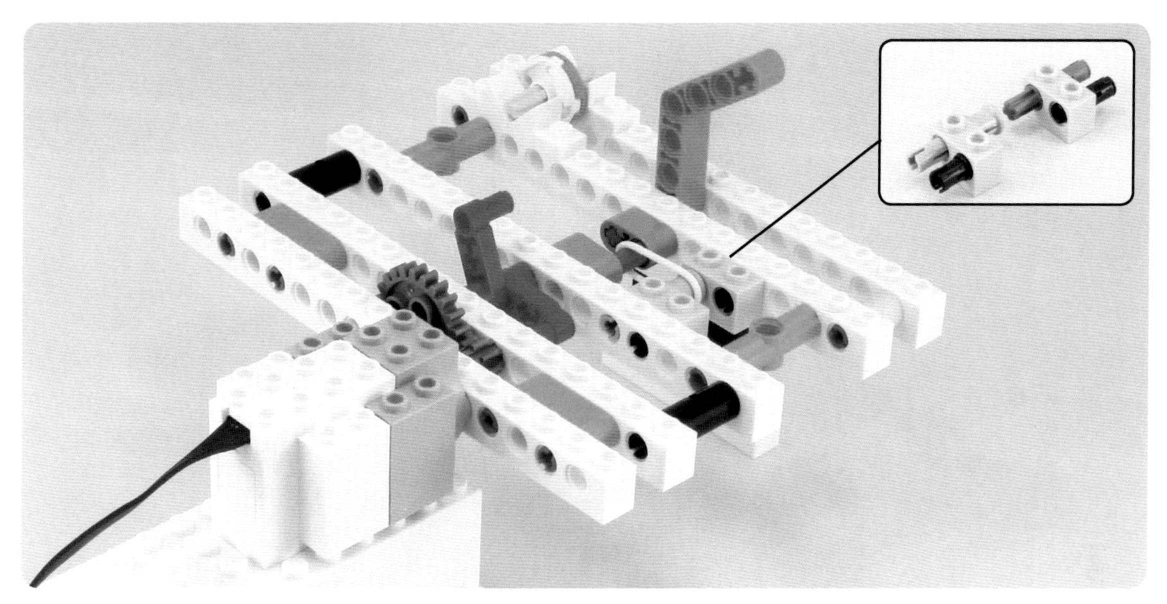

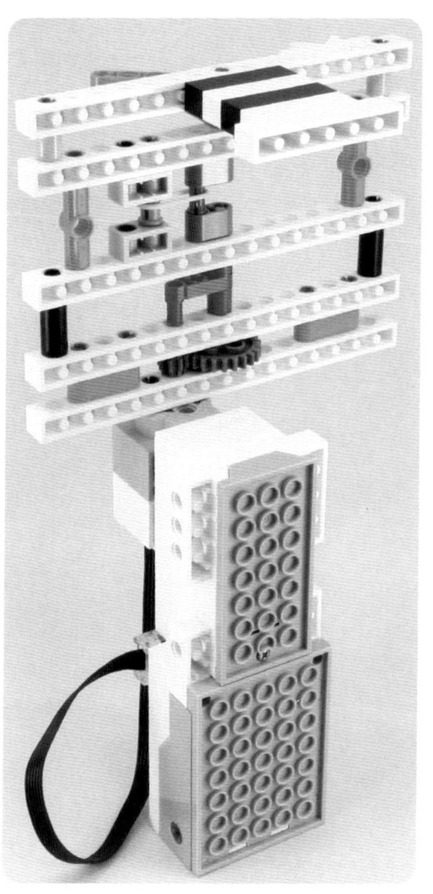

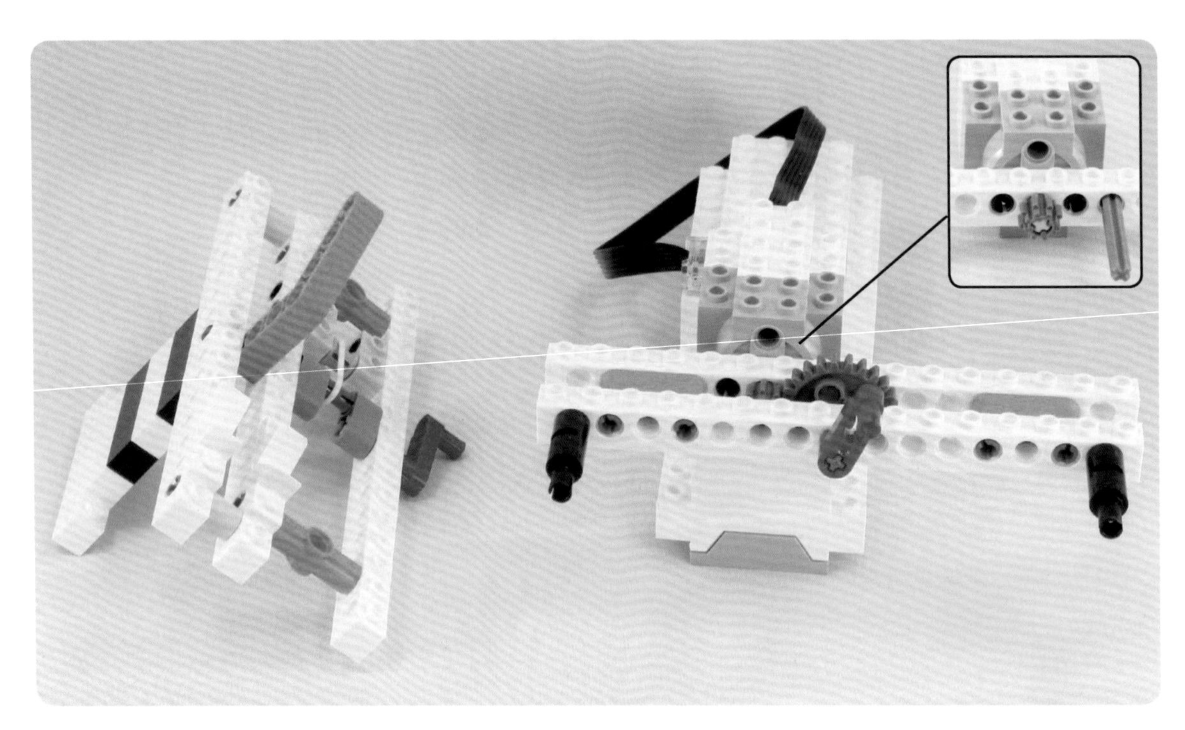

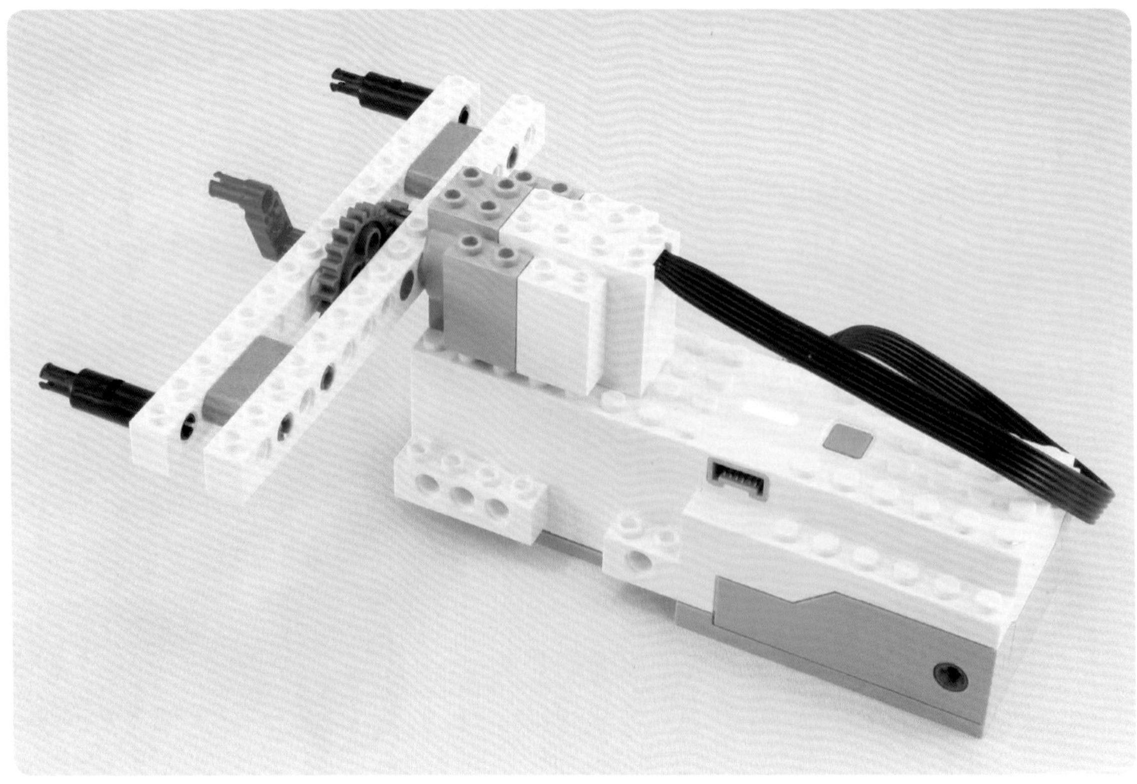

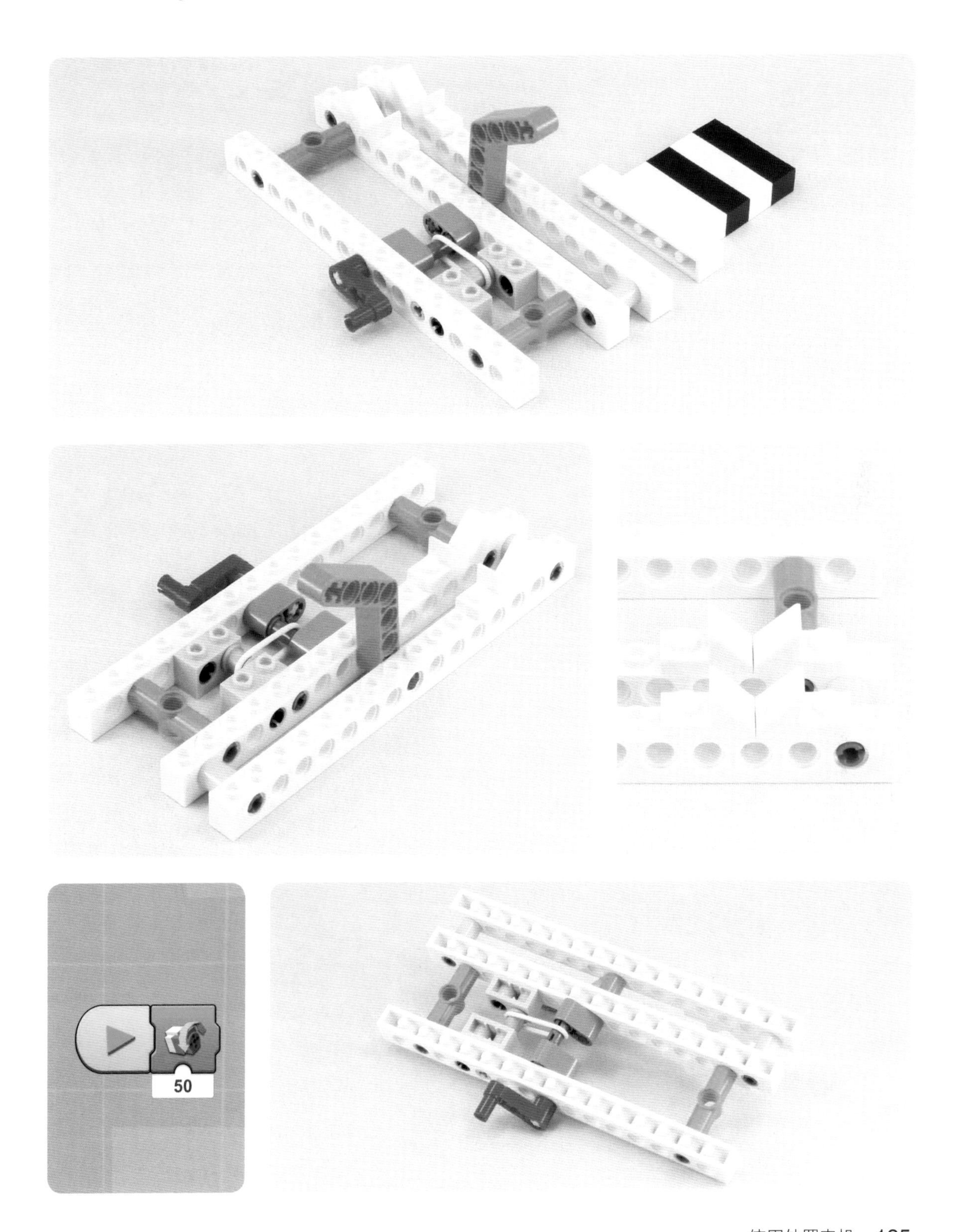
50

自由改变旋转角度

#61

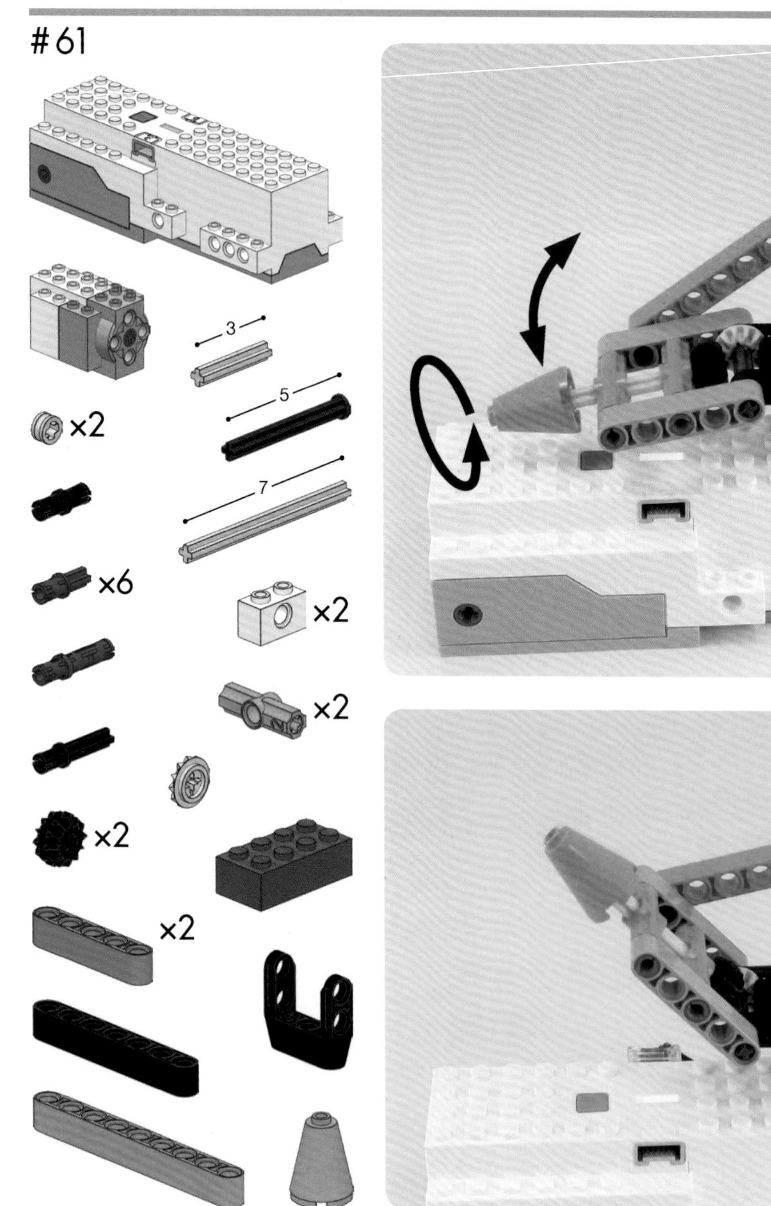

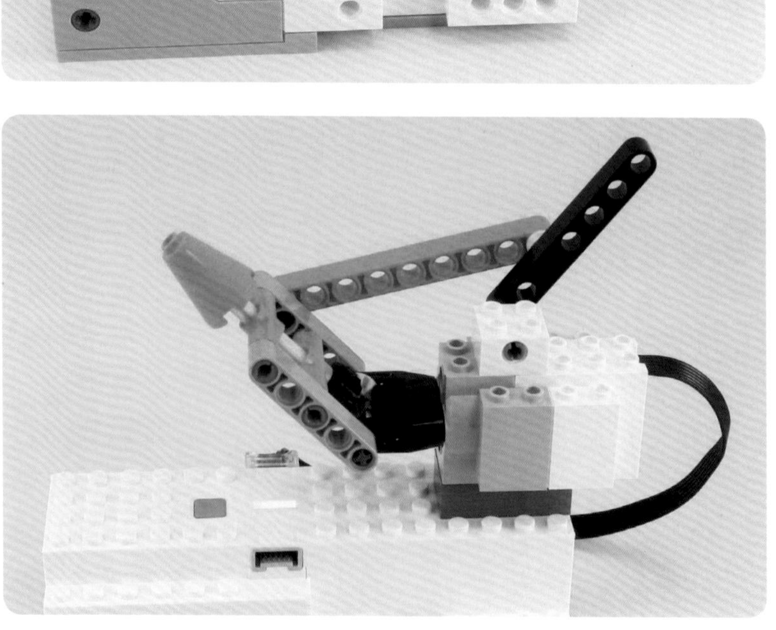

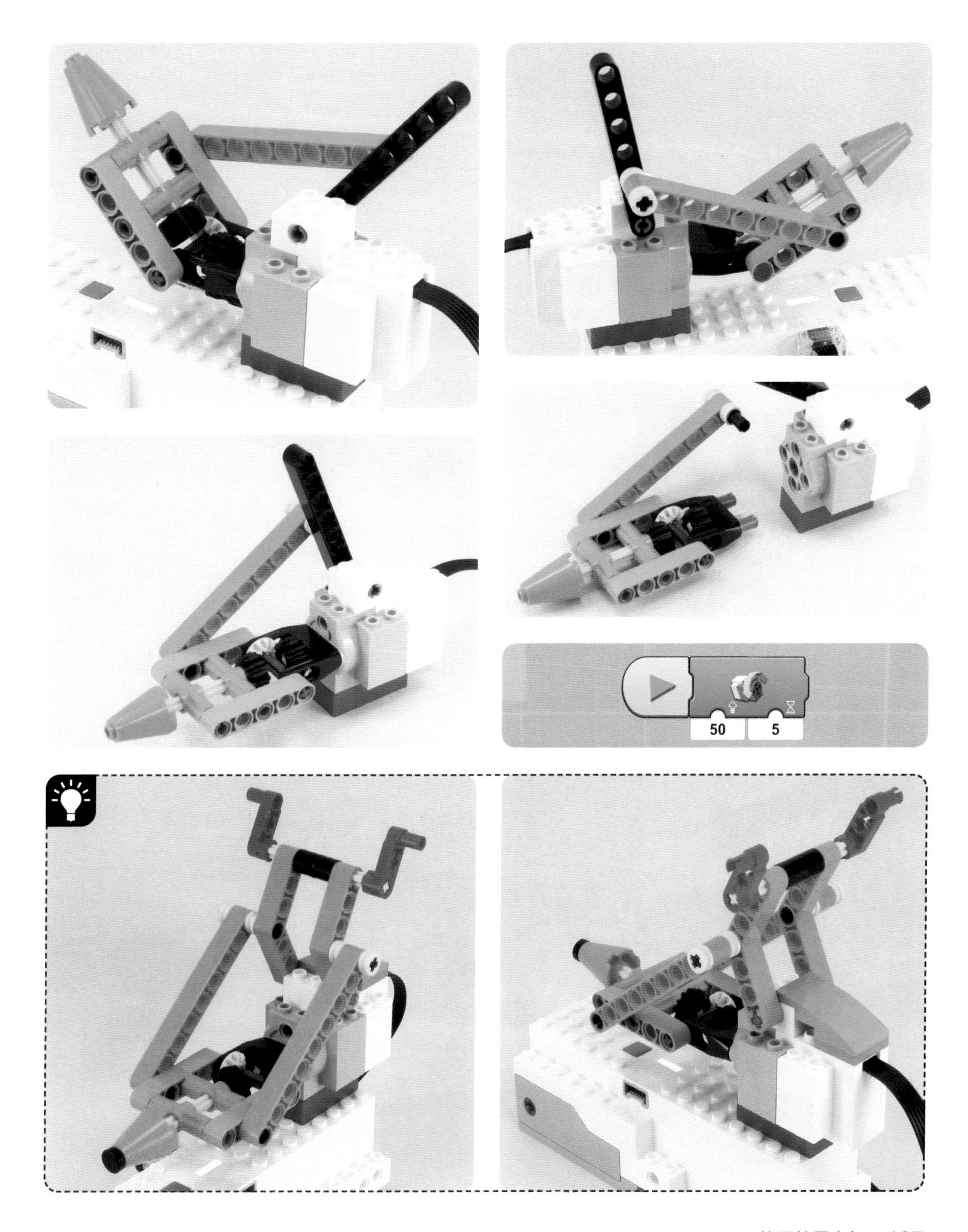
50
5

#62

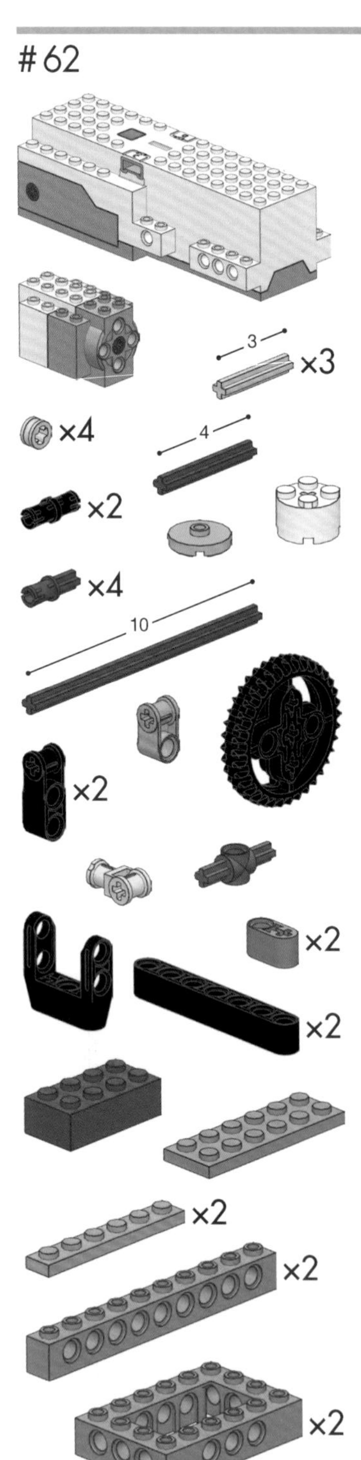

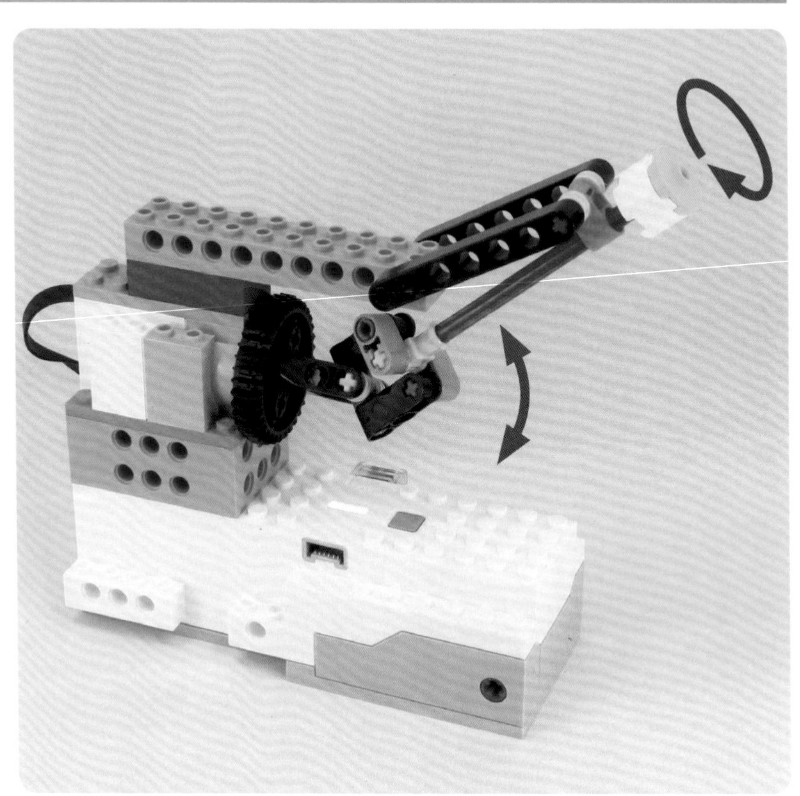

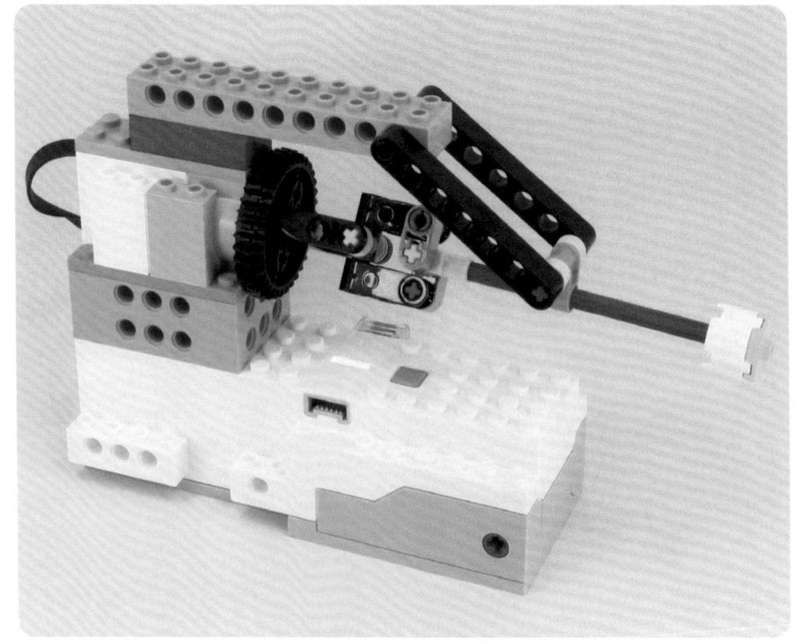

50
5

风扇

#63

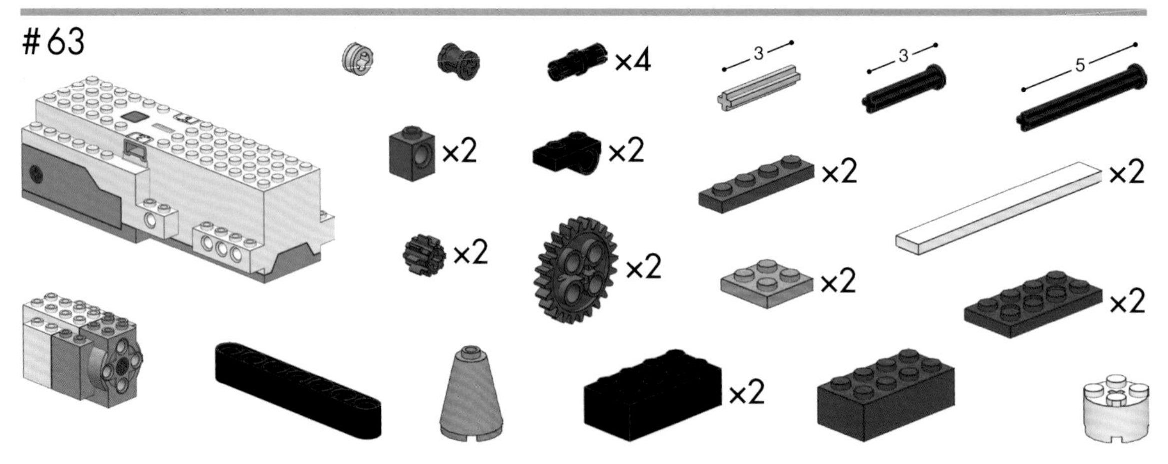

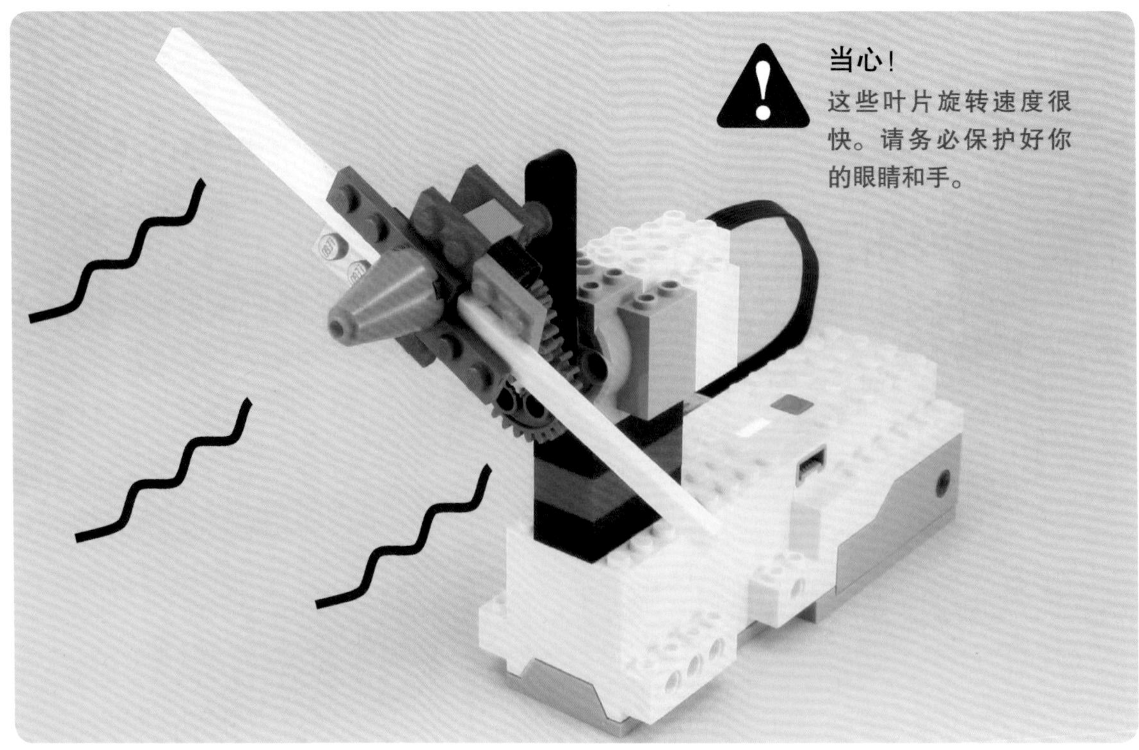

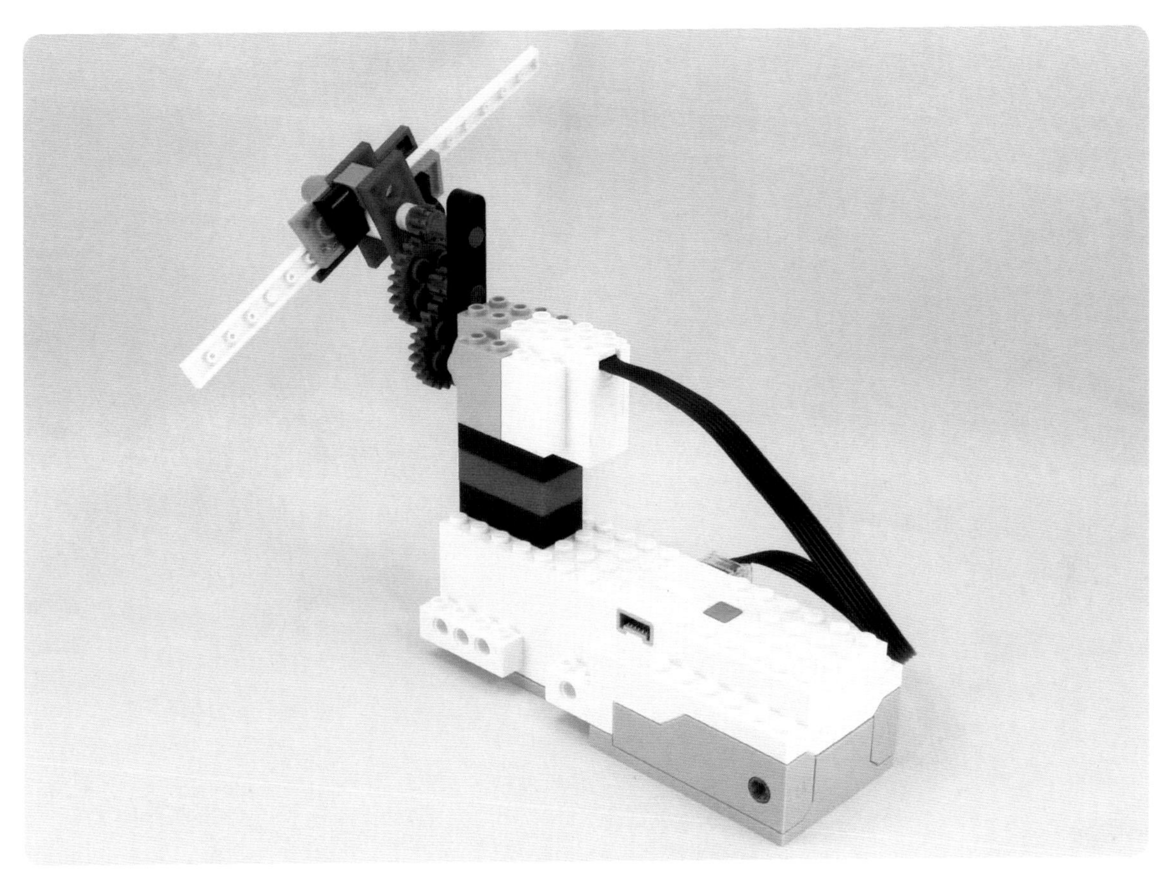

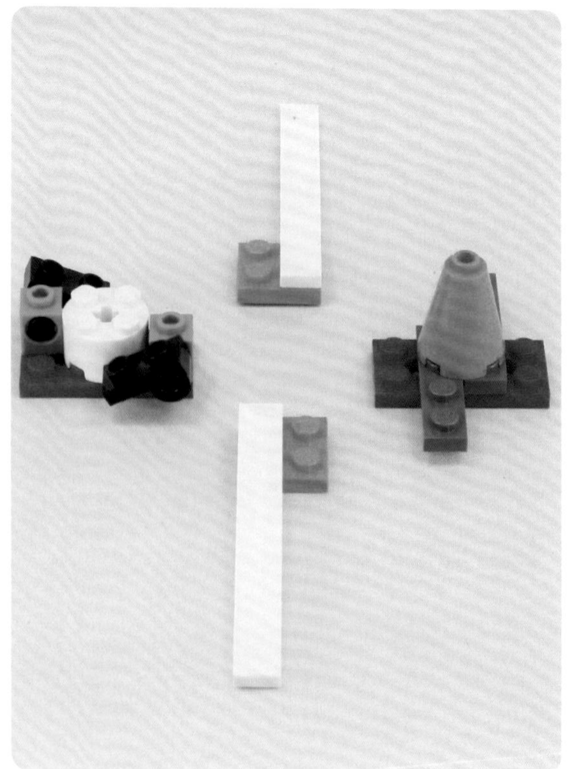

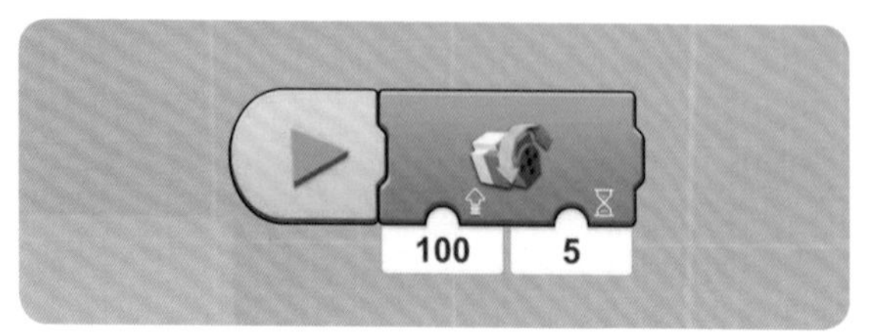
100
5

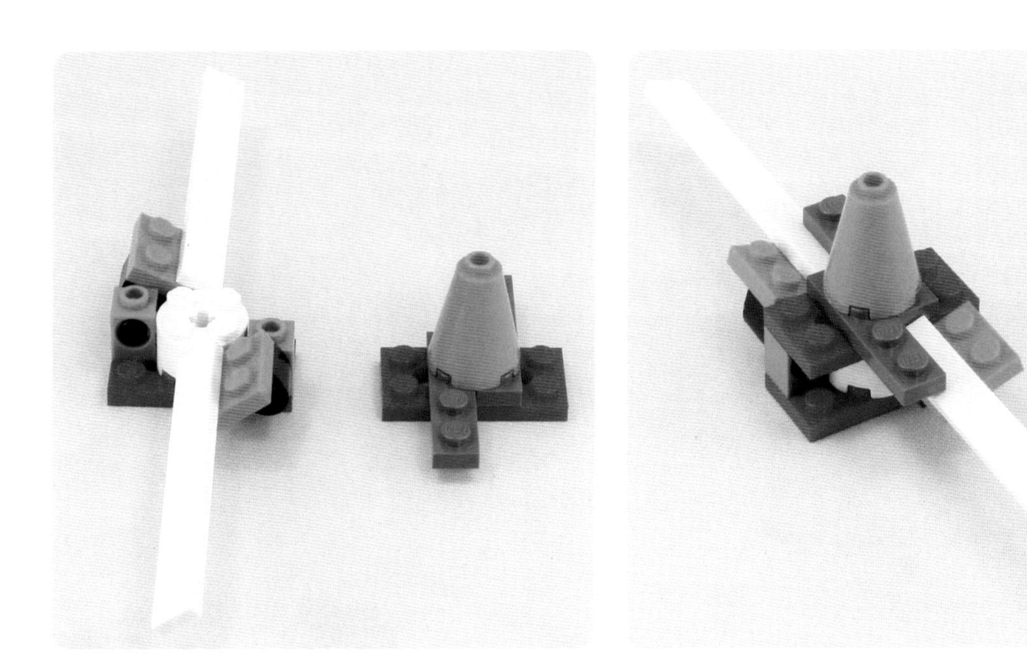

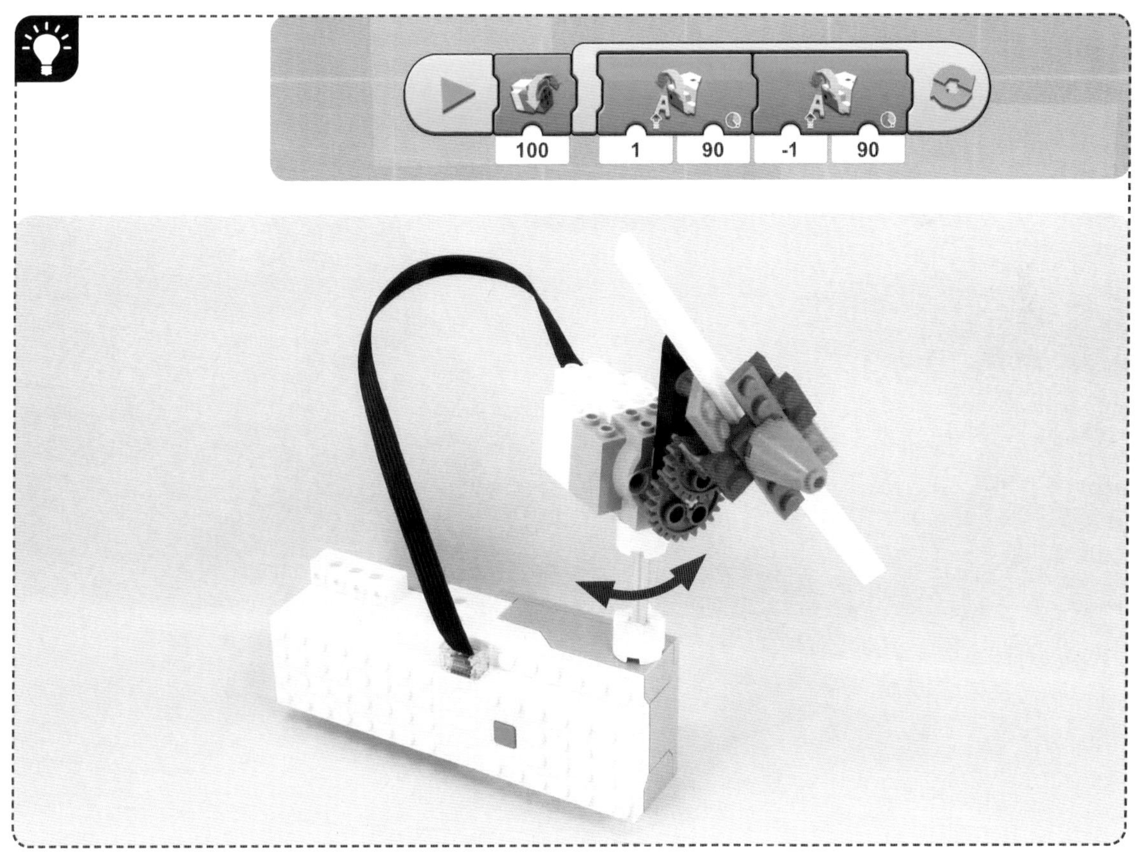
100
1
90
-1
90

旋转时上下移动

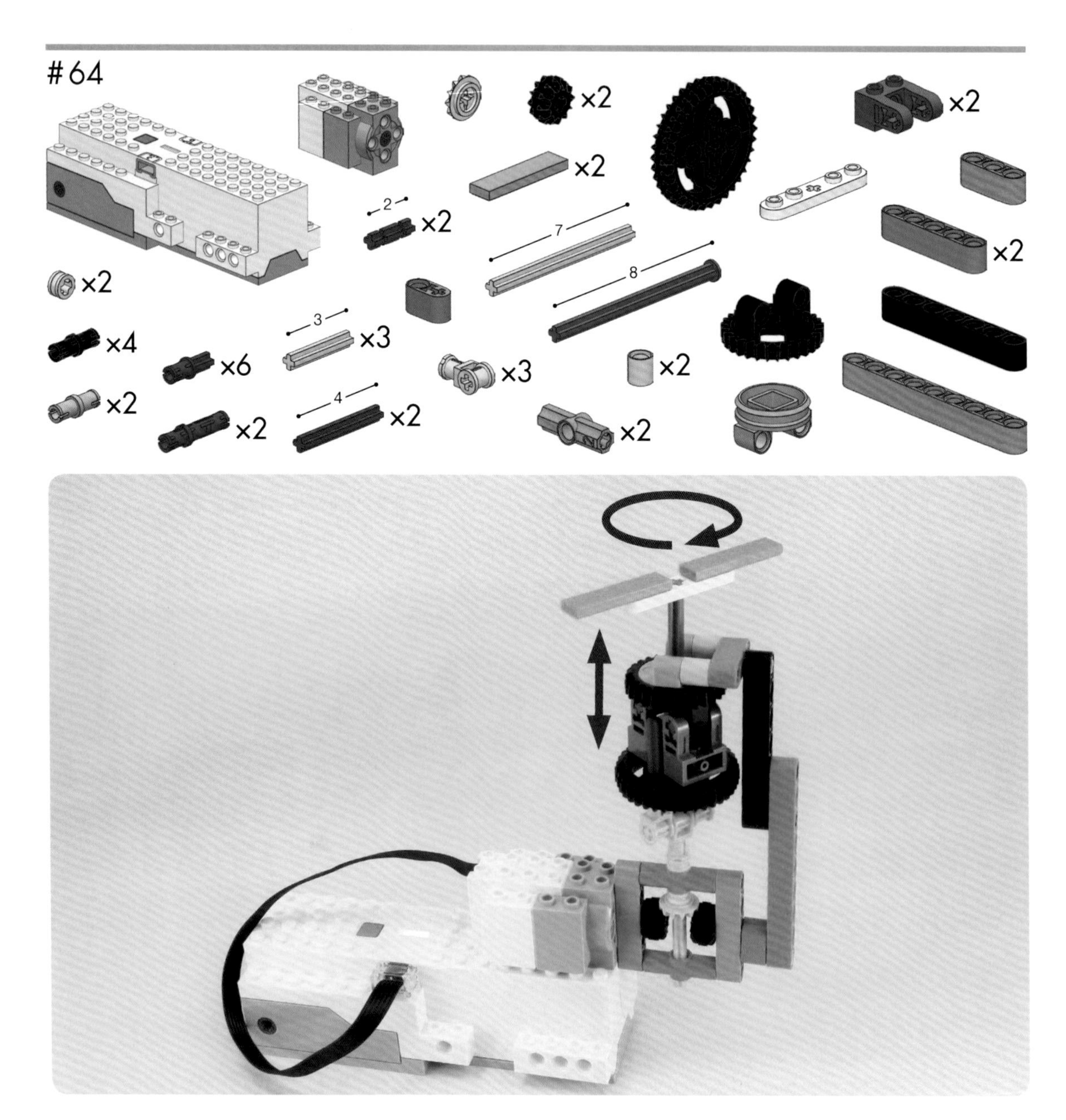

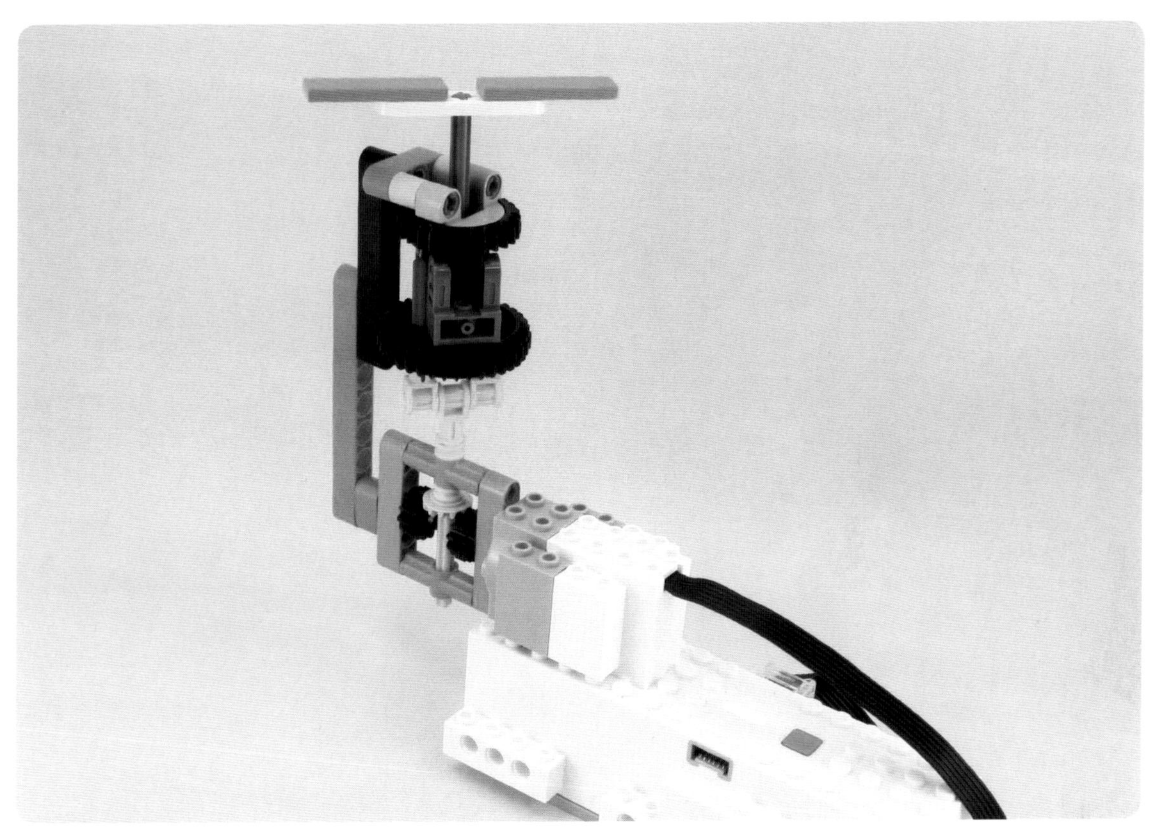

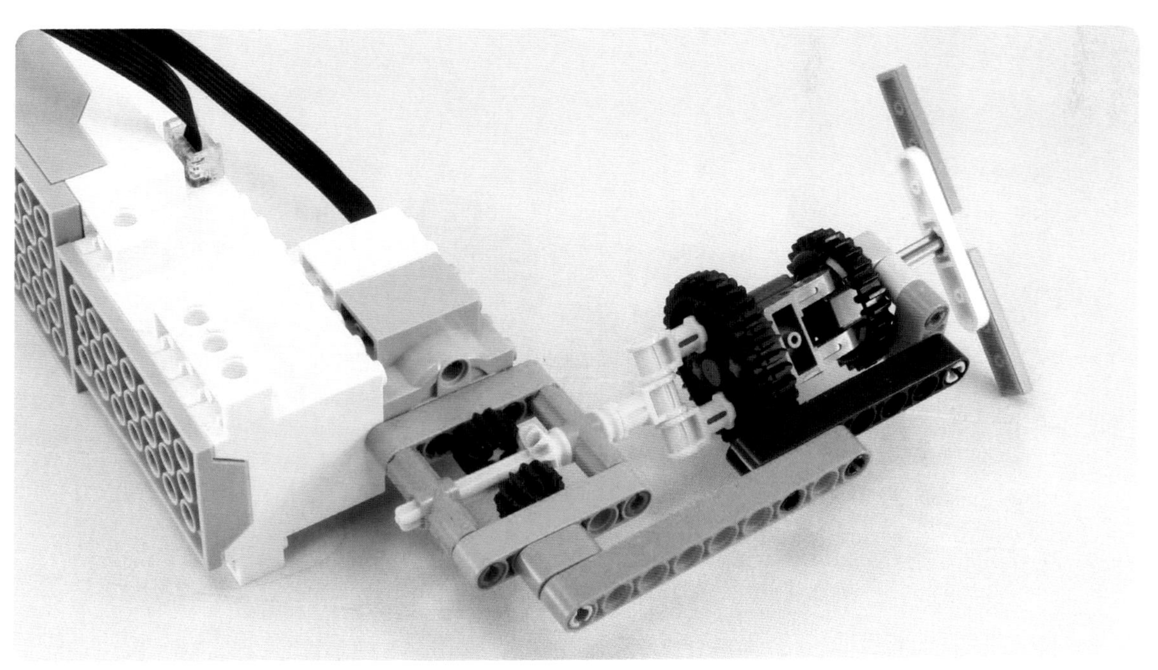

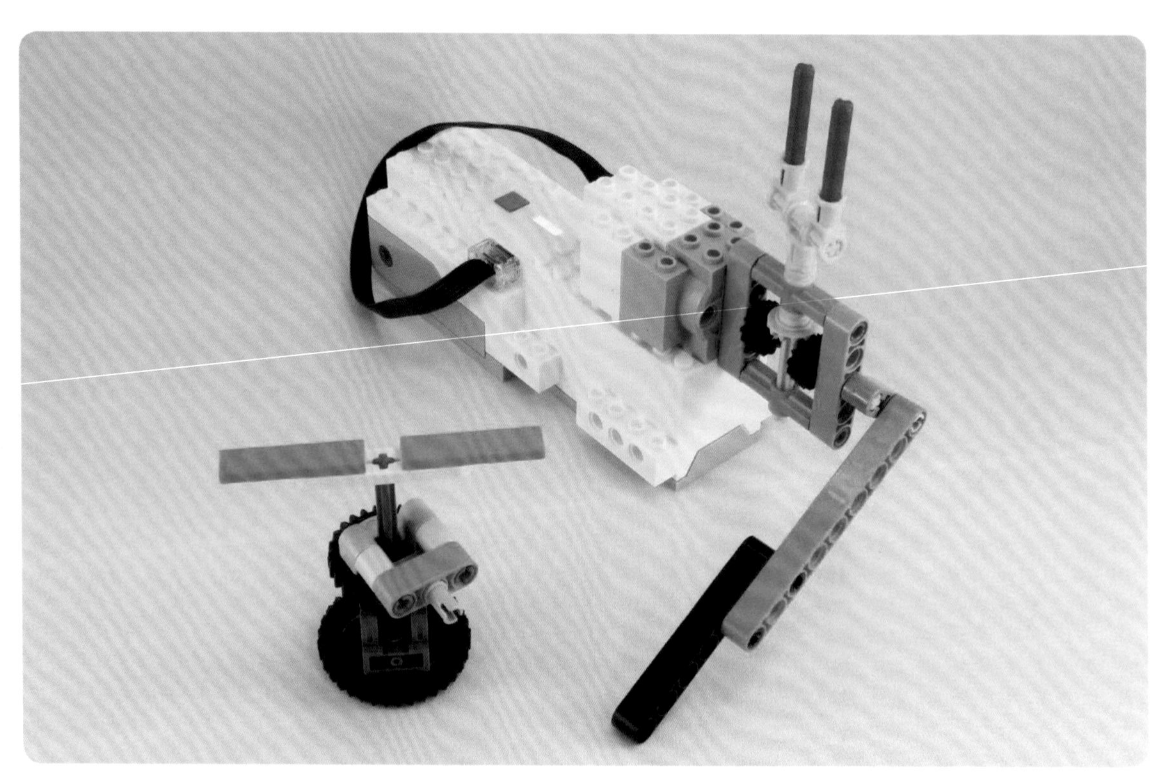

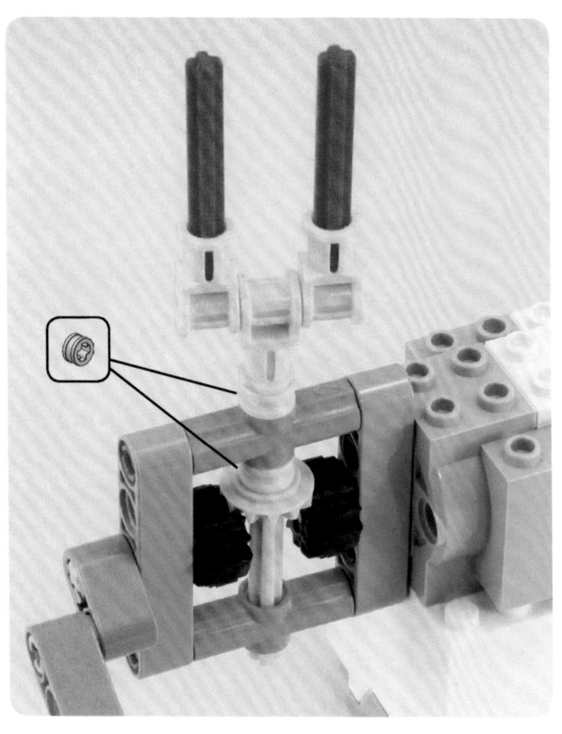

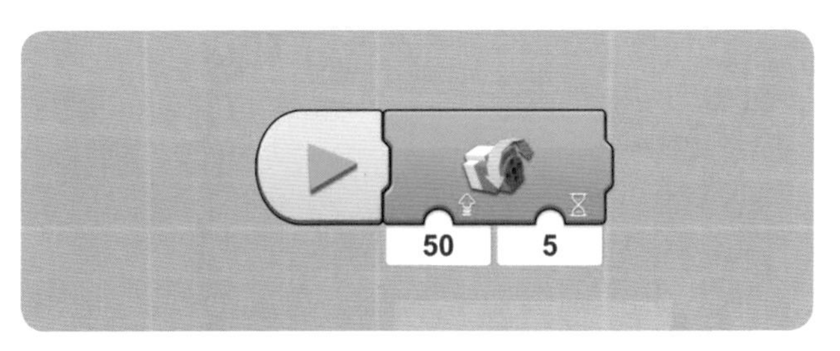
50
5

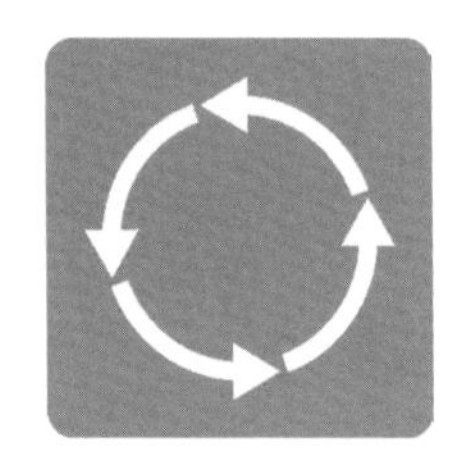

步进机构

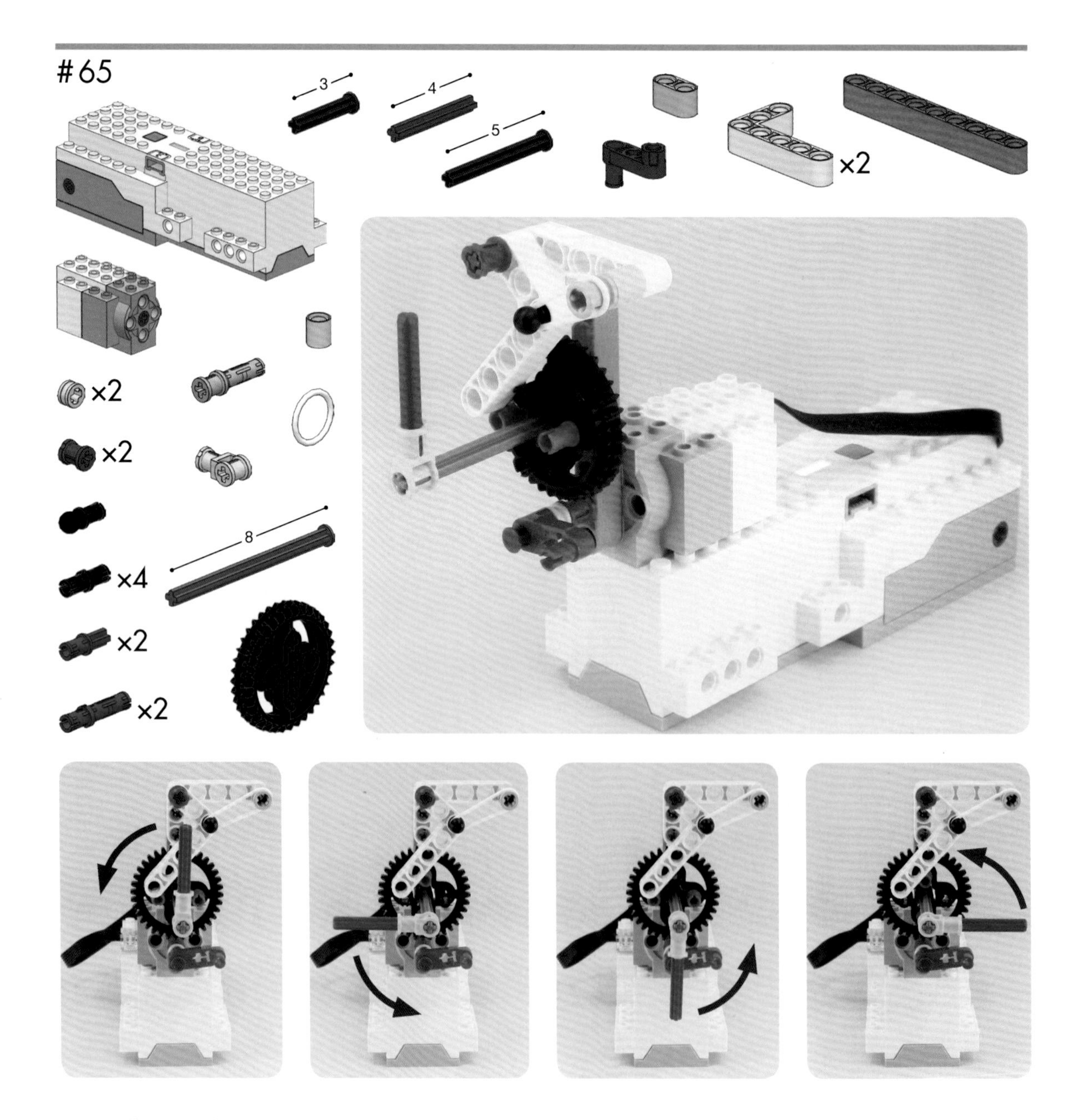

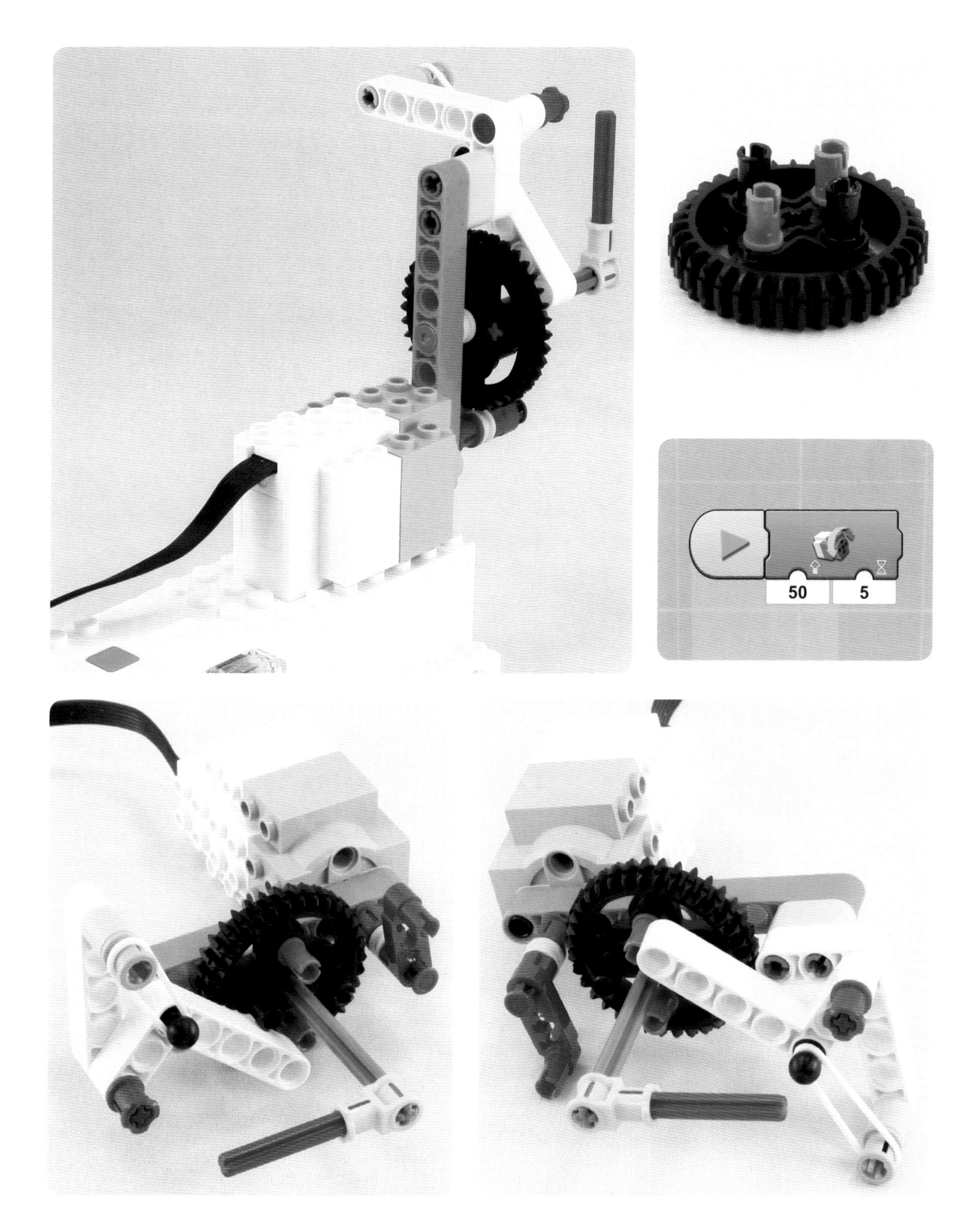
50
5

不同附件不同运动

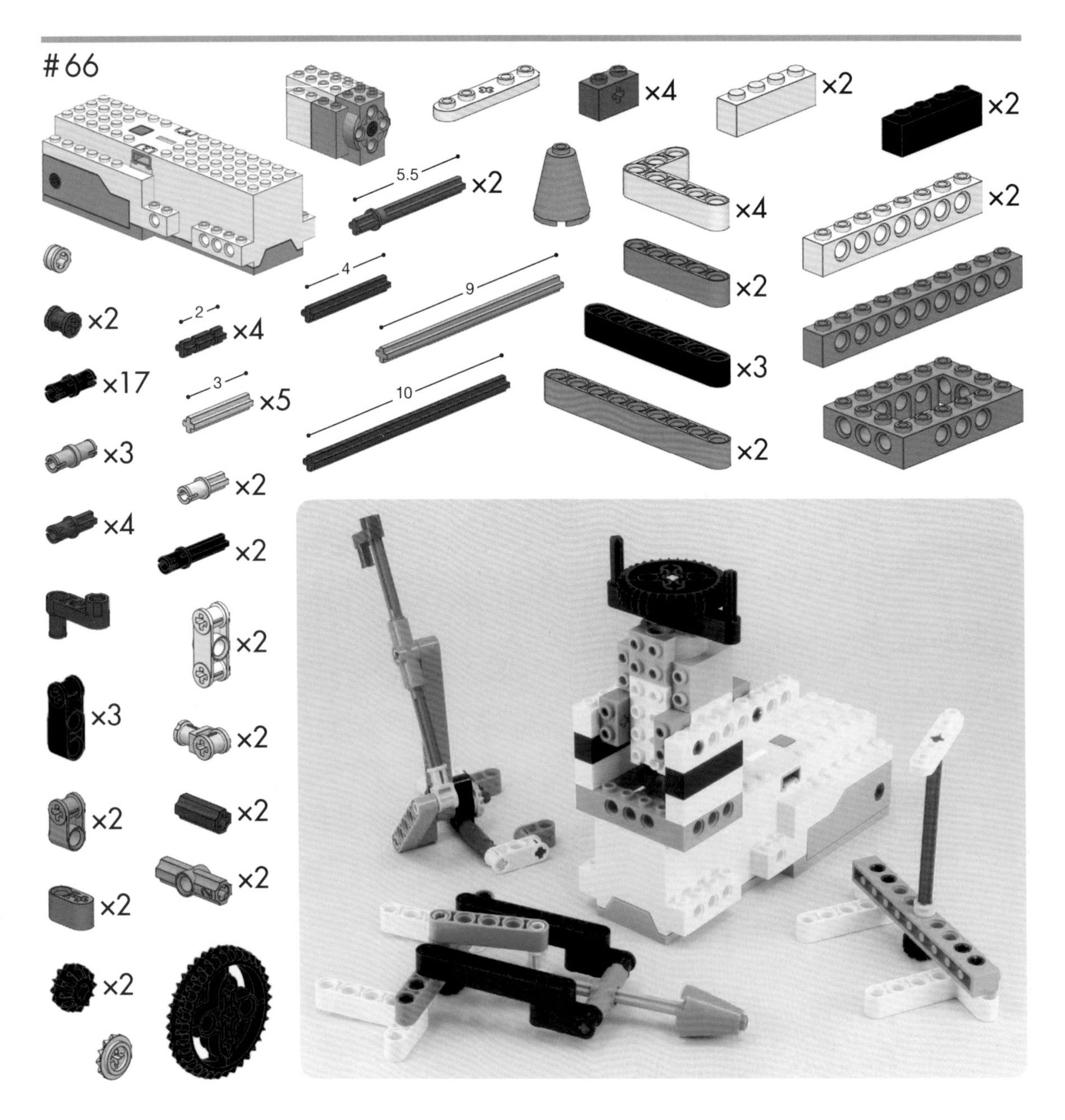

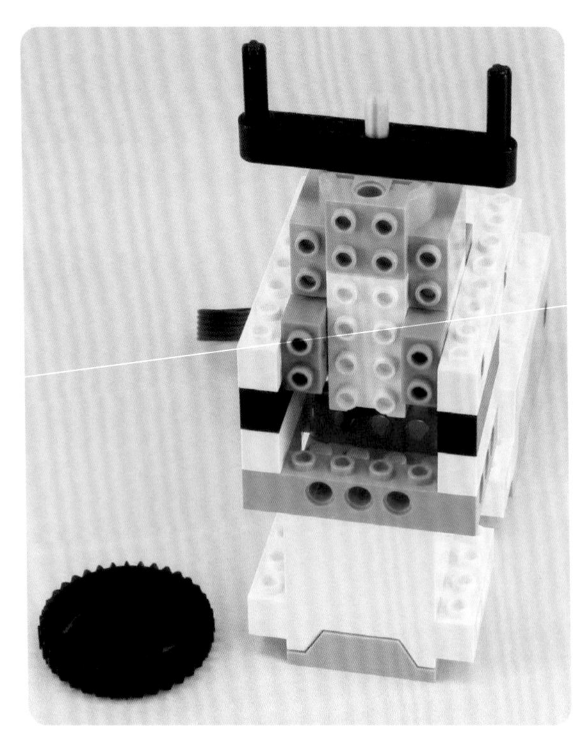

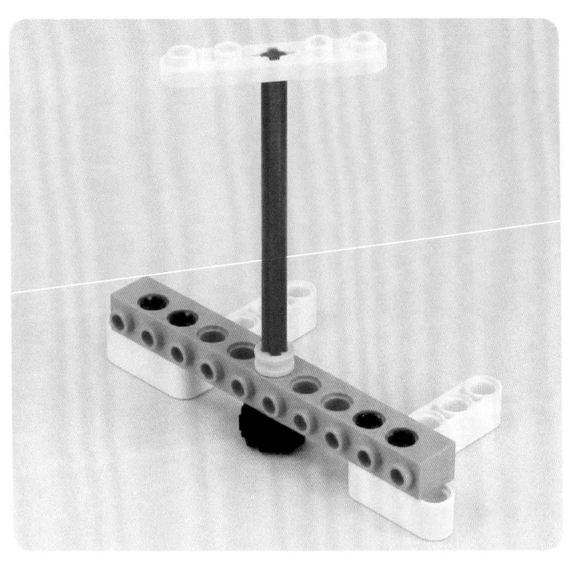

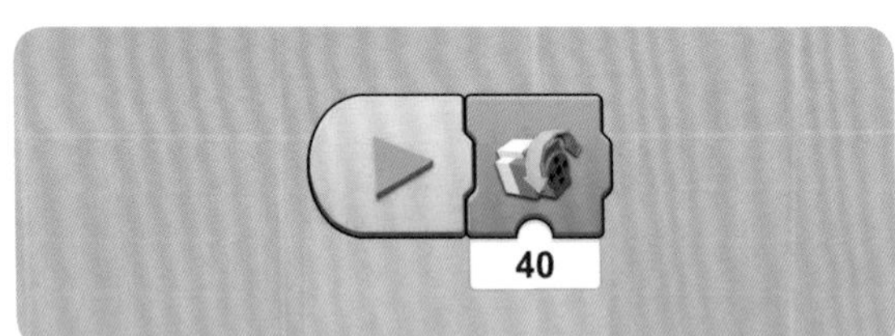
40

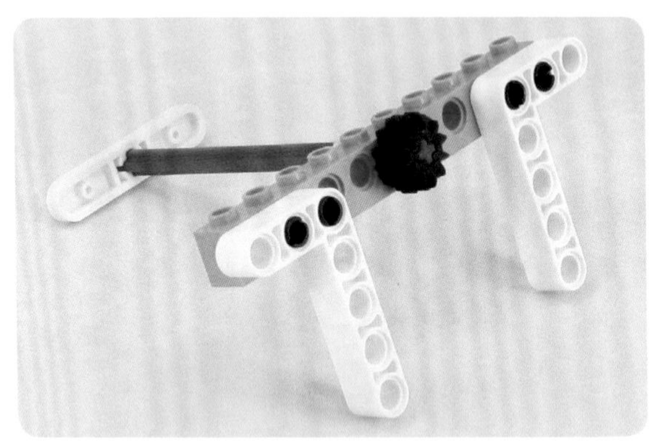

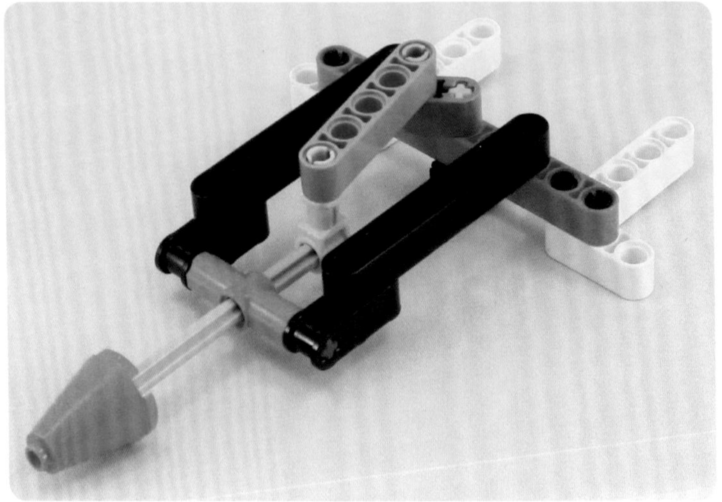

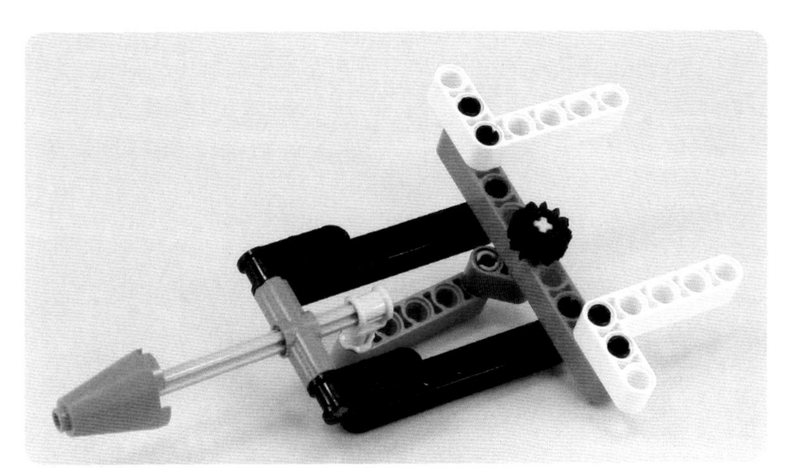

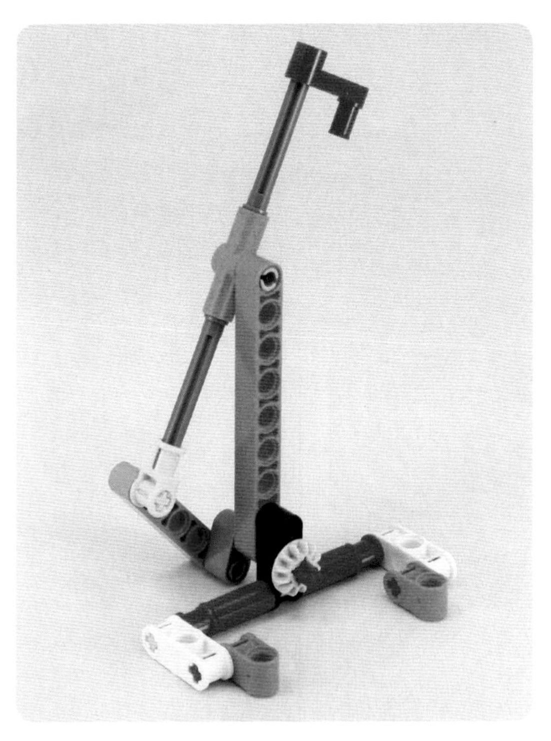

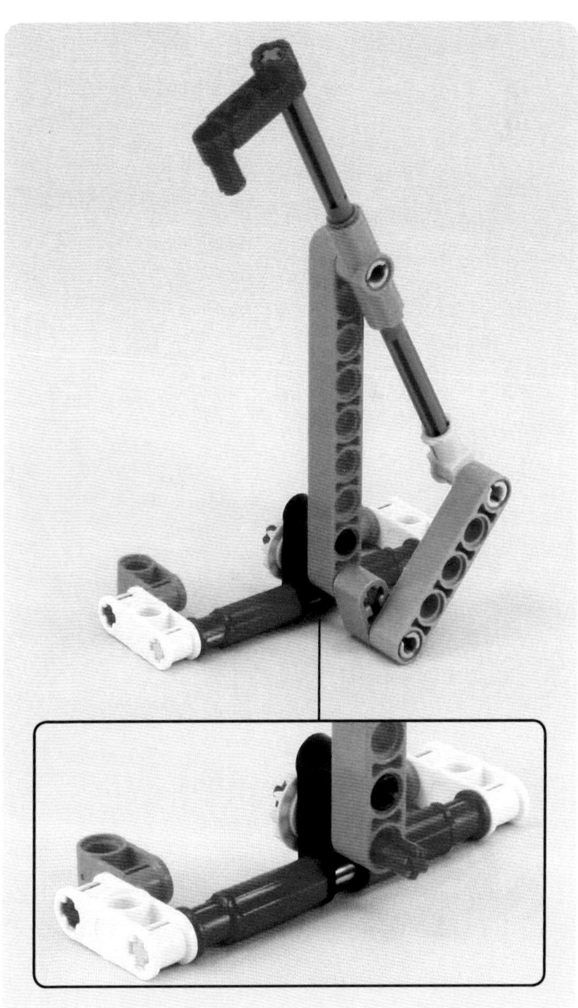

通过旋转方向来完成运动转换

#67

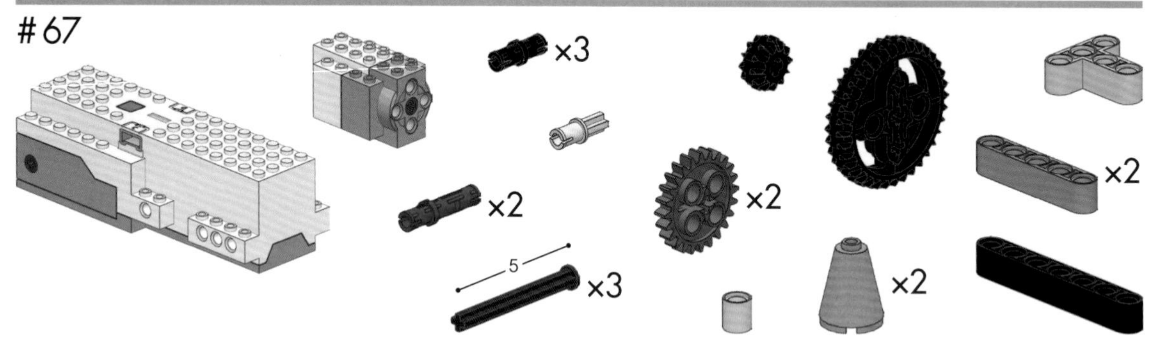

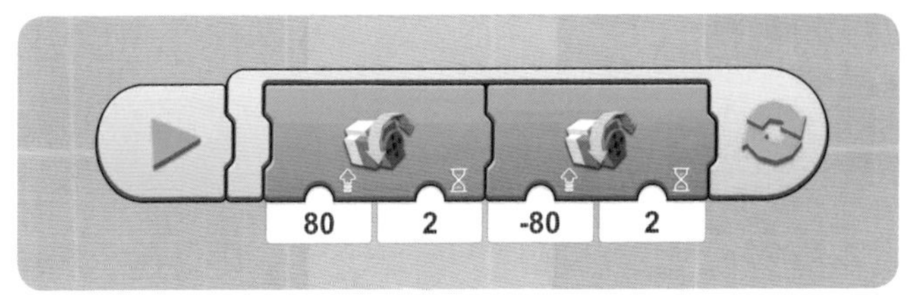
80
2
-80
2

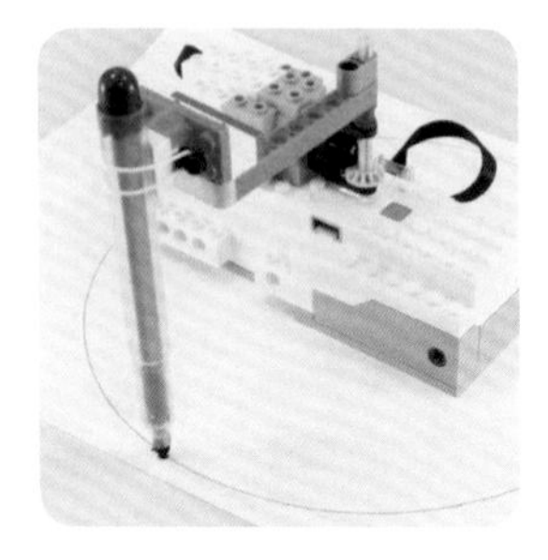

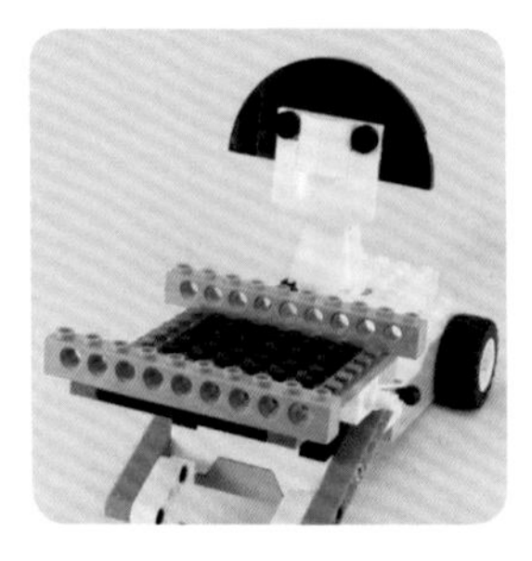

第 3 部分

更多创意！

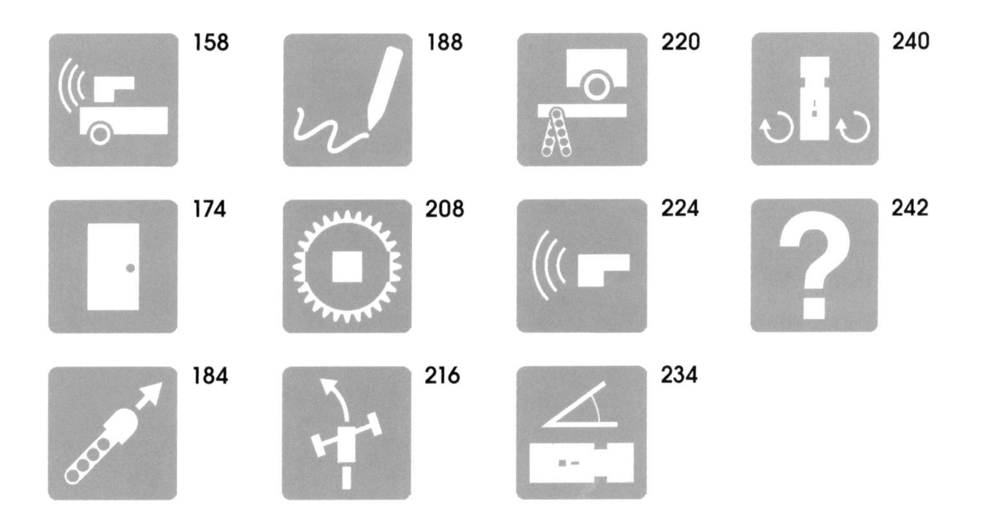

使用颜色和距离传感器

#68

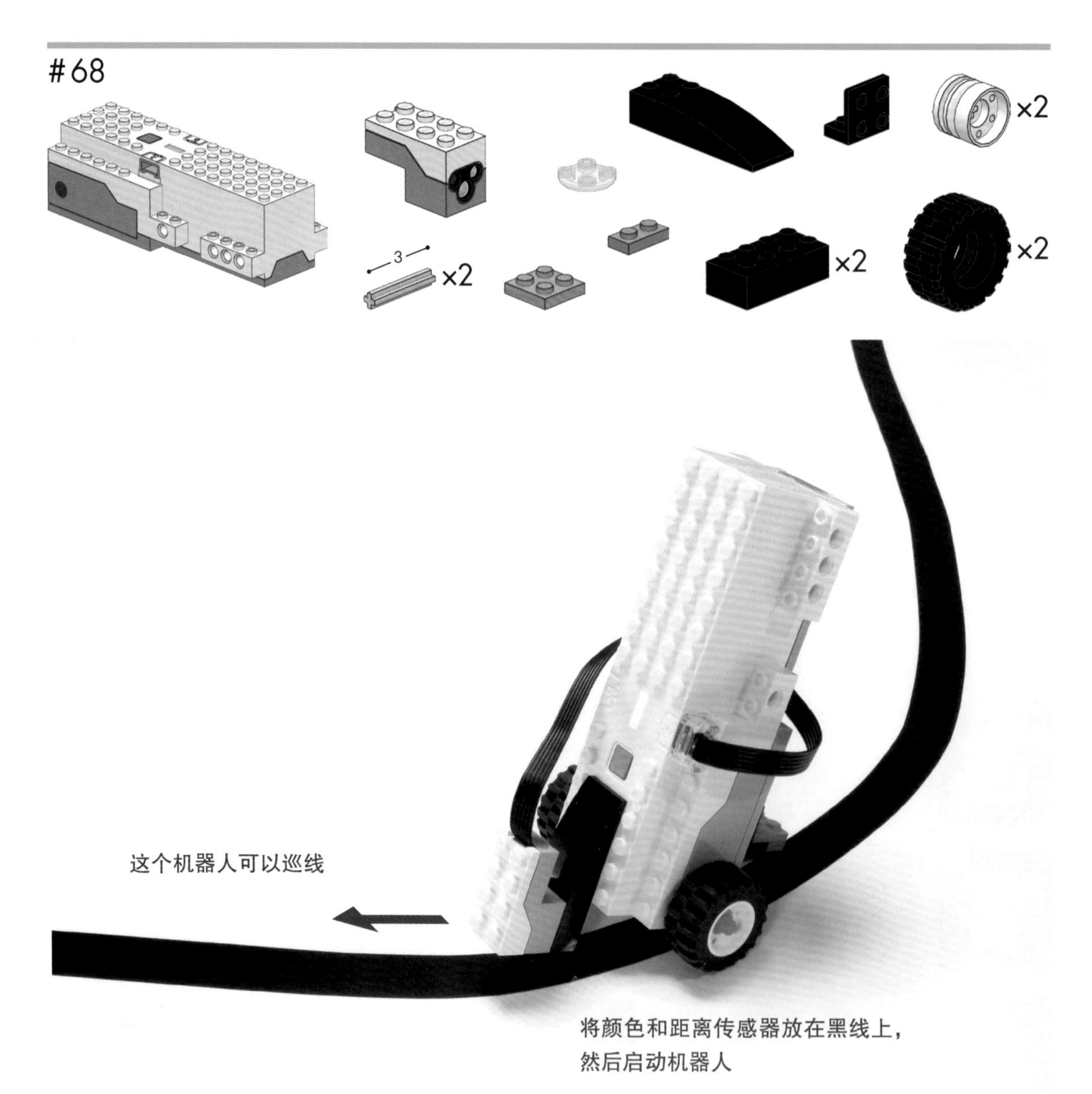

这个机器人可以巡线

将颜色和距离传感器放在黑线上，
然后启动机器人

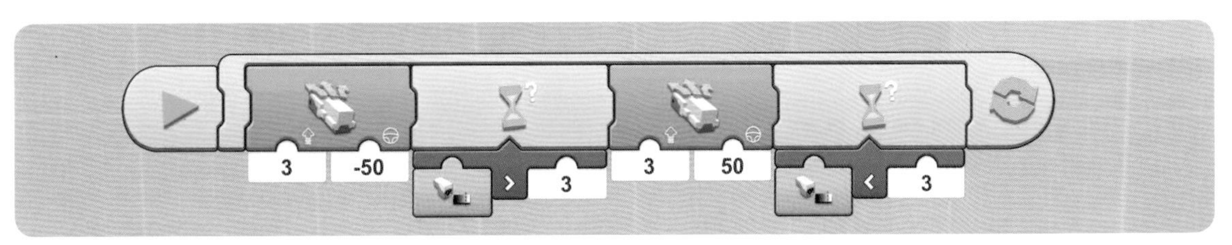
3
-50
3
3
50
3

#69

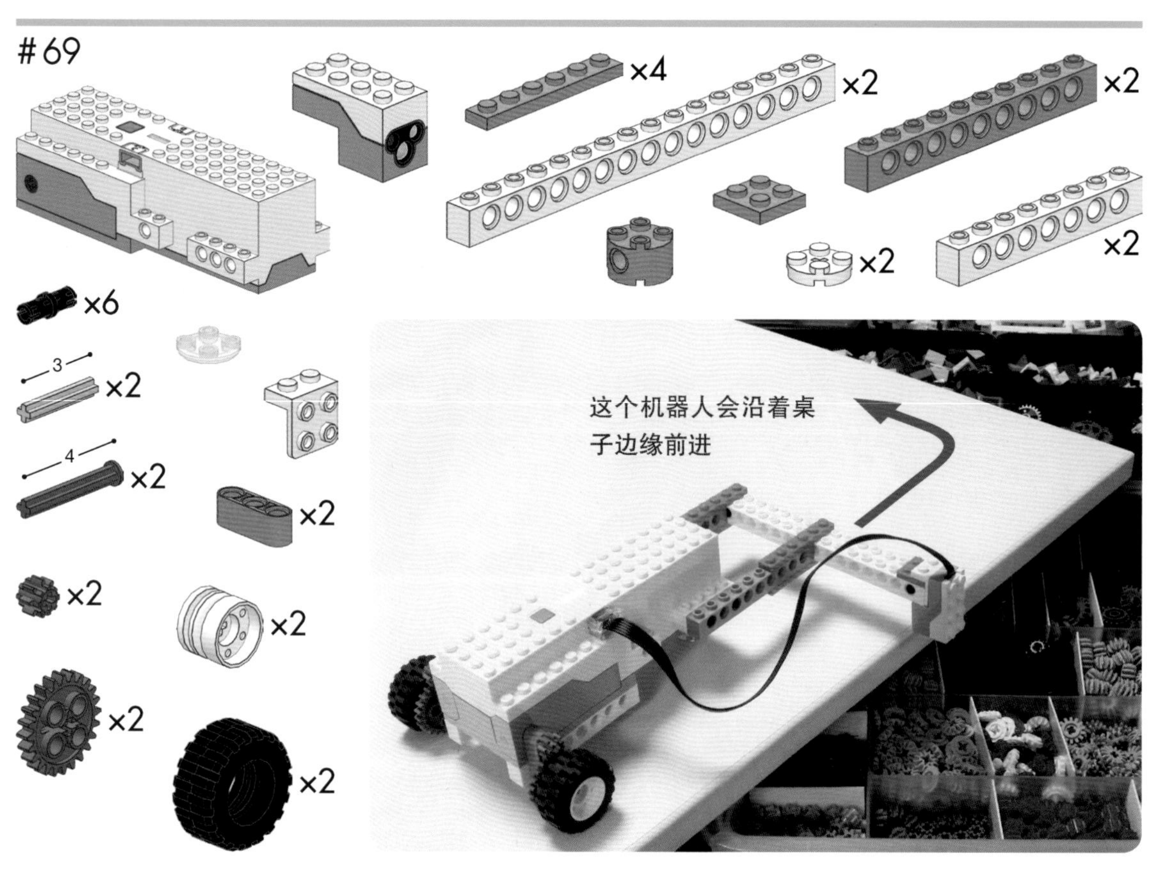

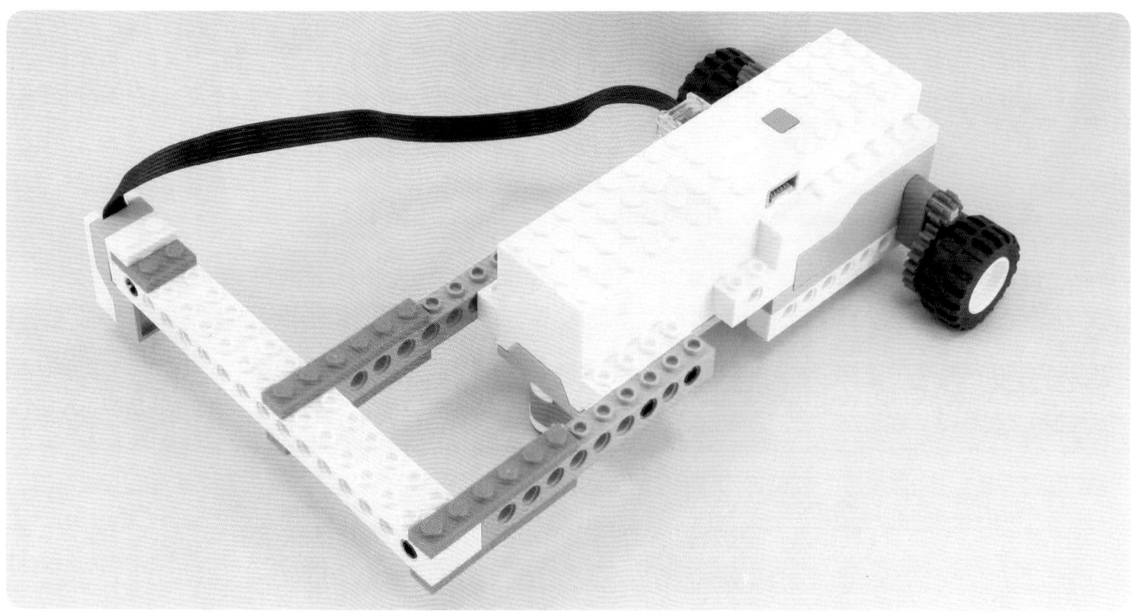

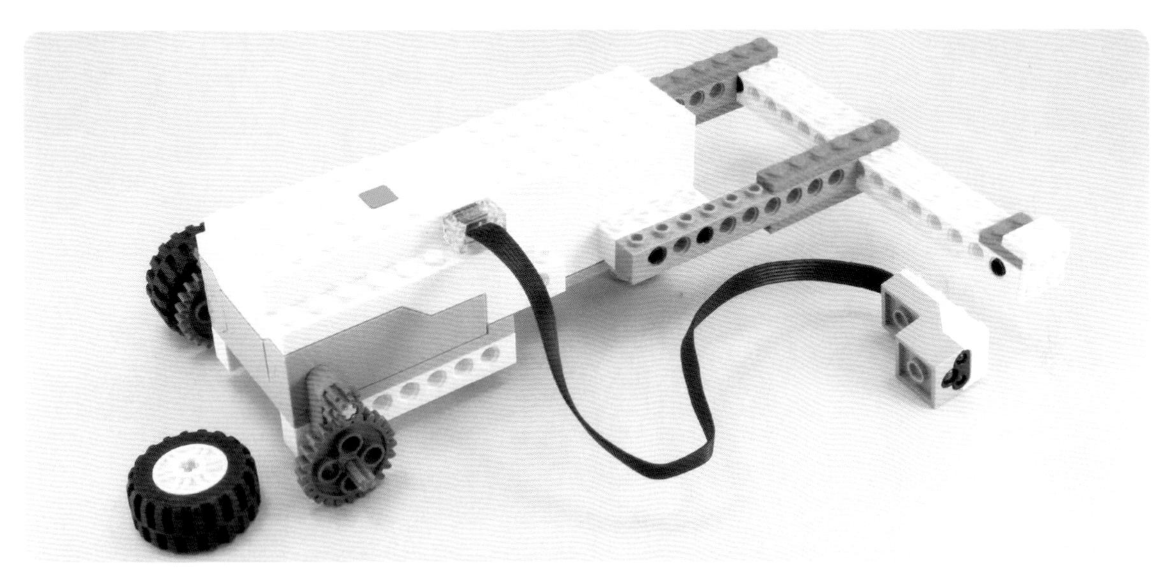

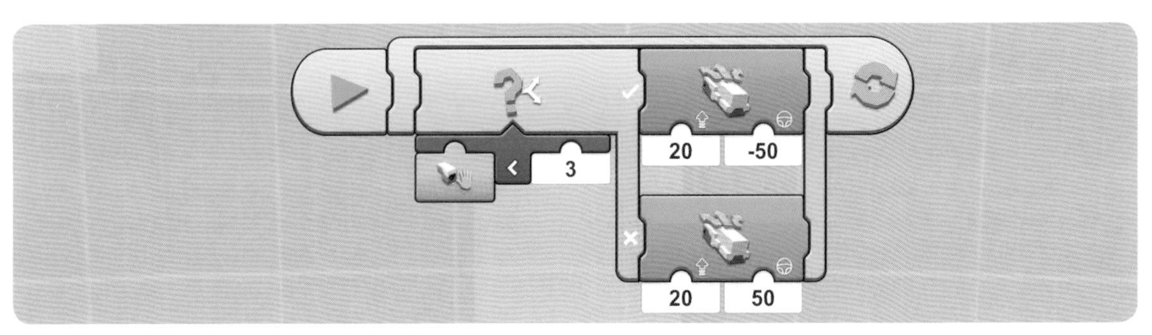
3
20
-50
20
50

#70

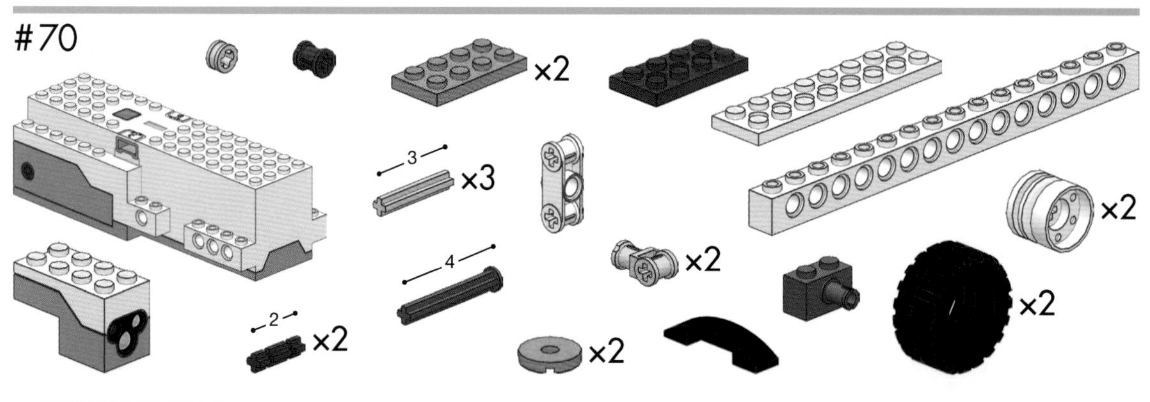

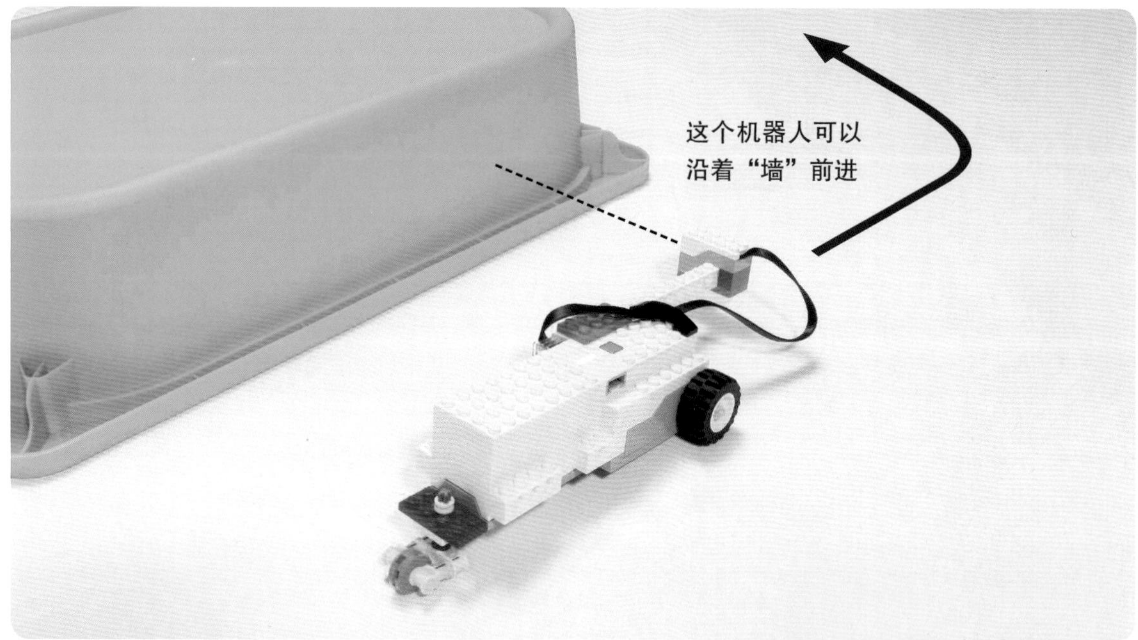

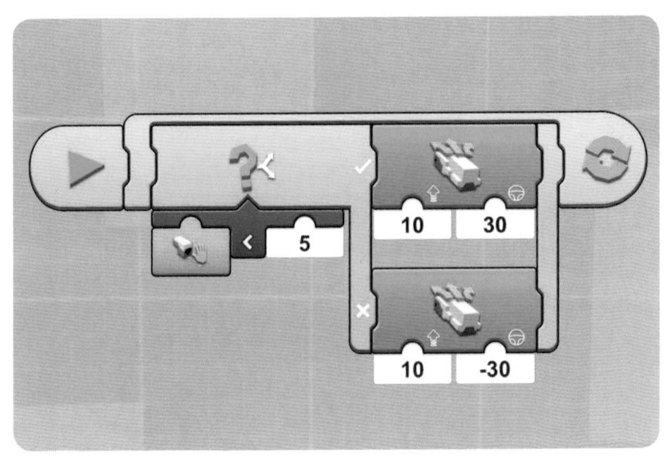
10
30
5
10
-30

#71

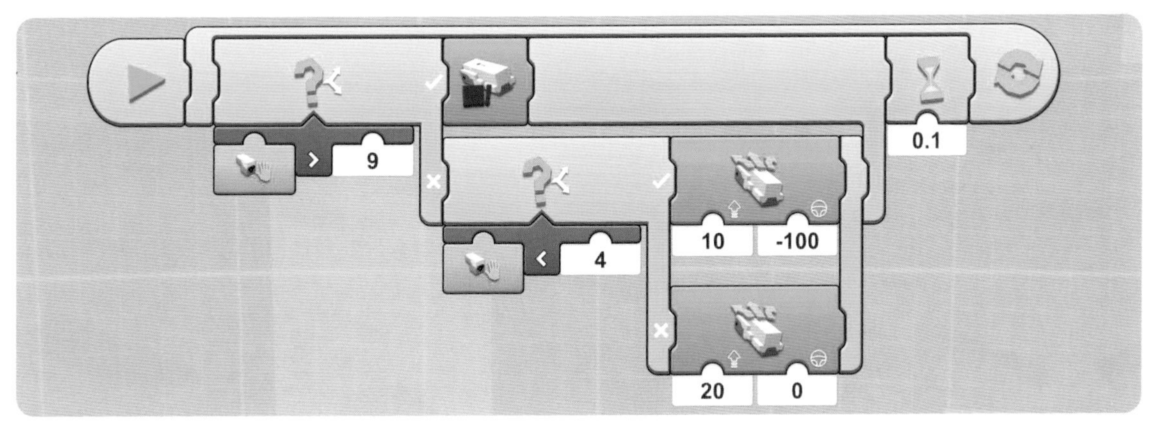
9
0.1
4
10
-100
20
0

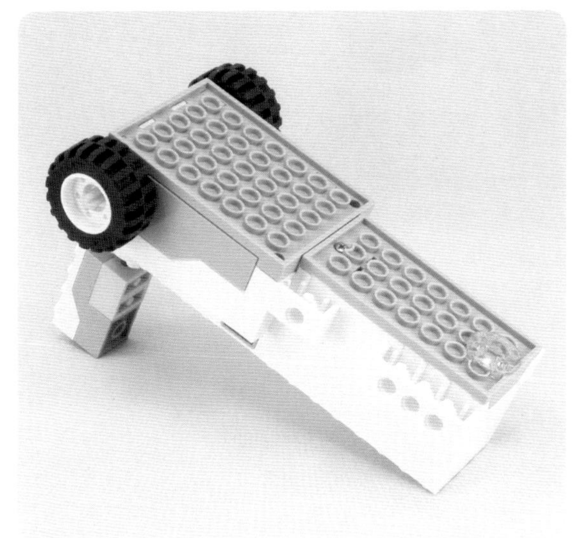

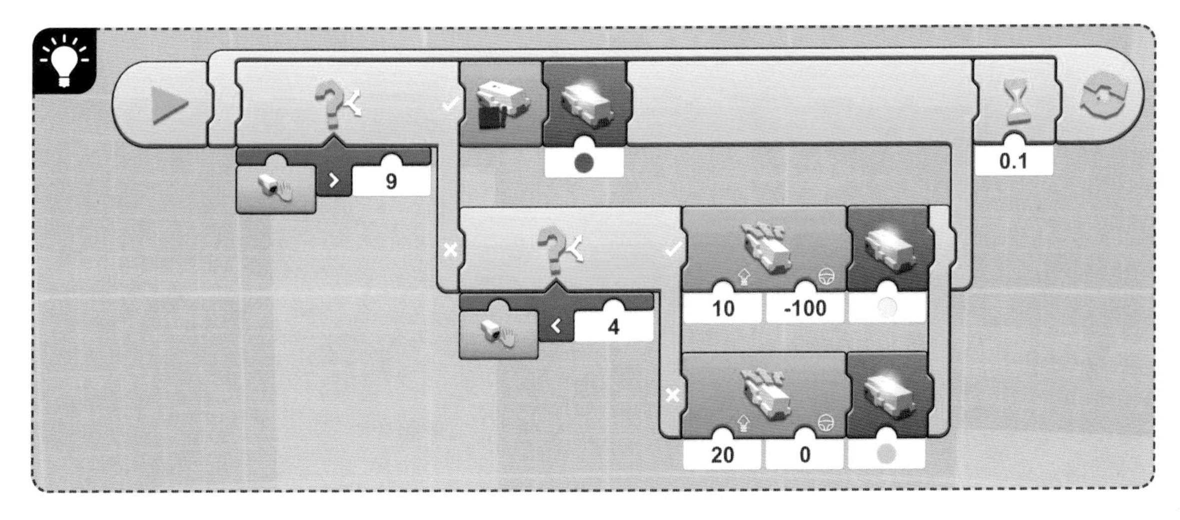
9
0.1
4
10
-100
20
0

#72

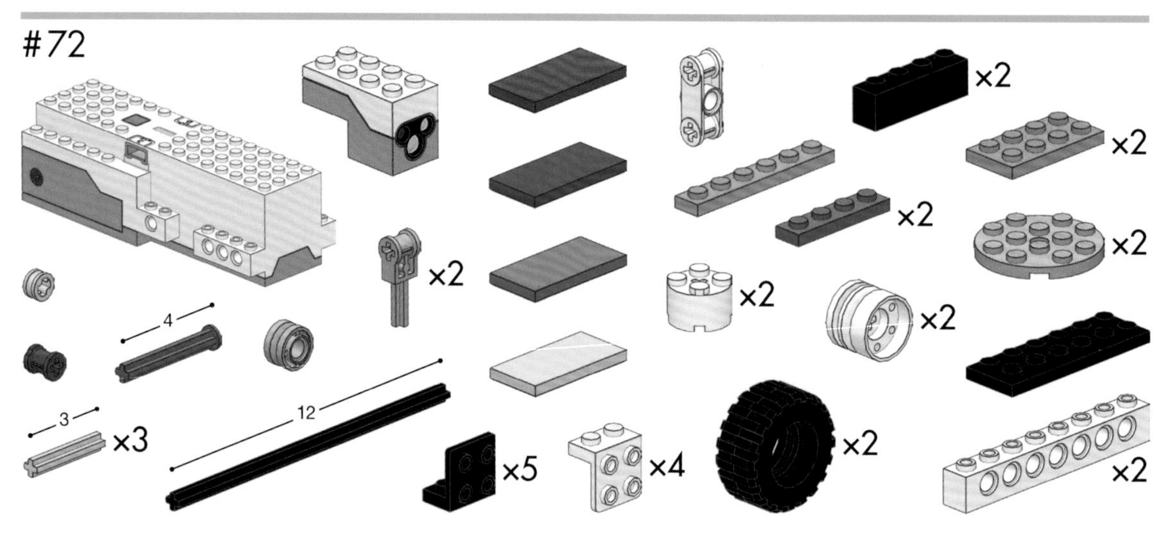

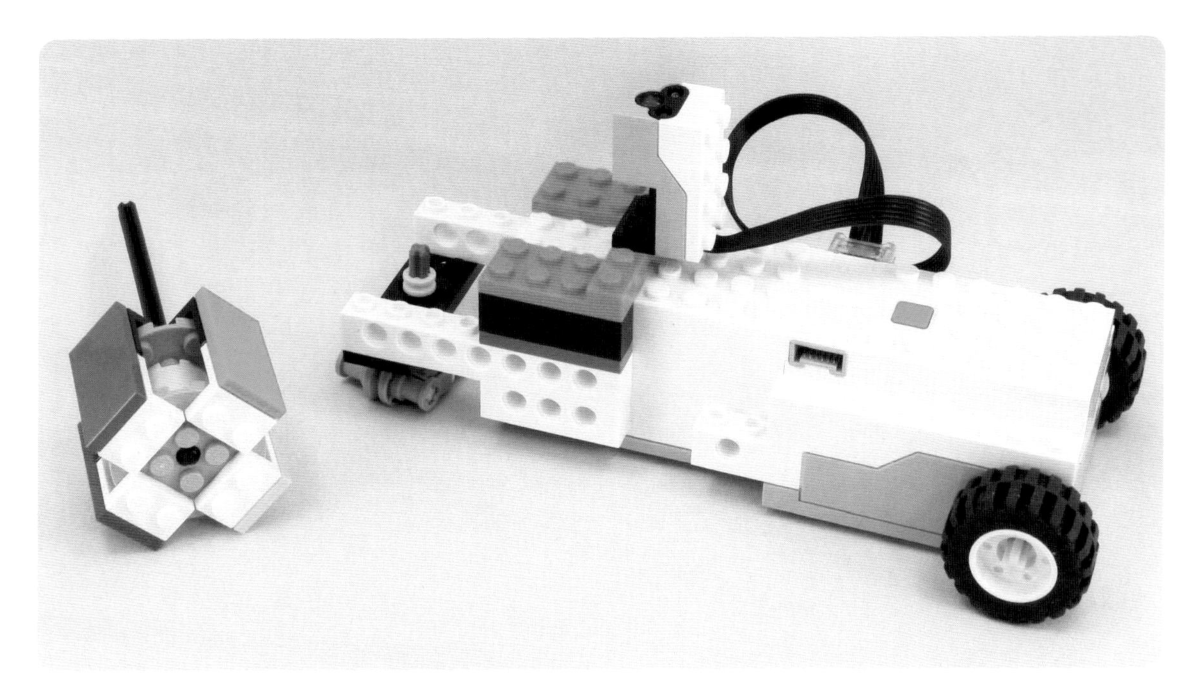

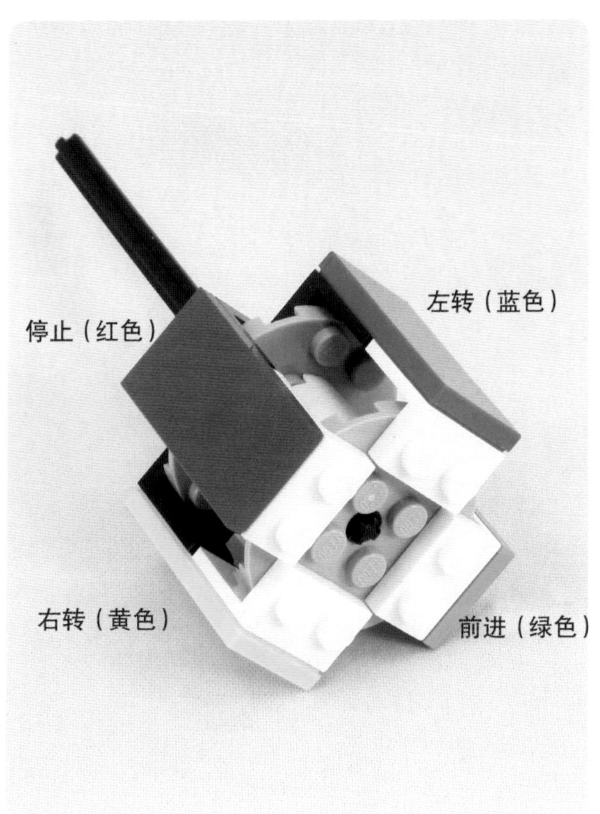
停止（红色）
左转（蓝色）
右转（黄色）
前进（绿色）

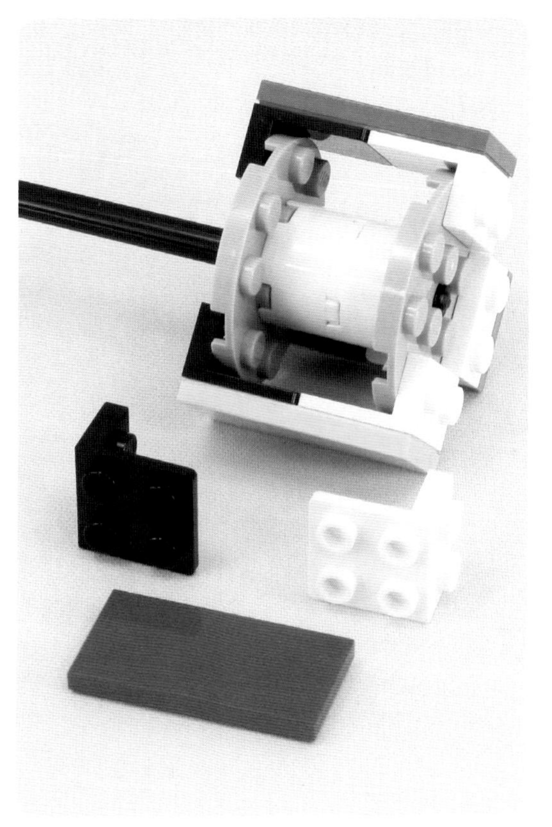

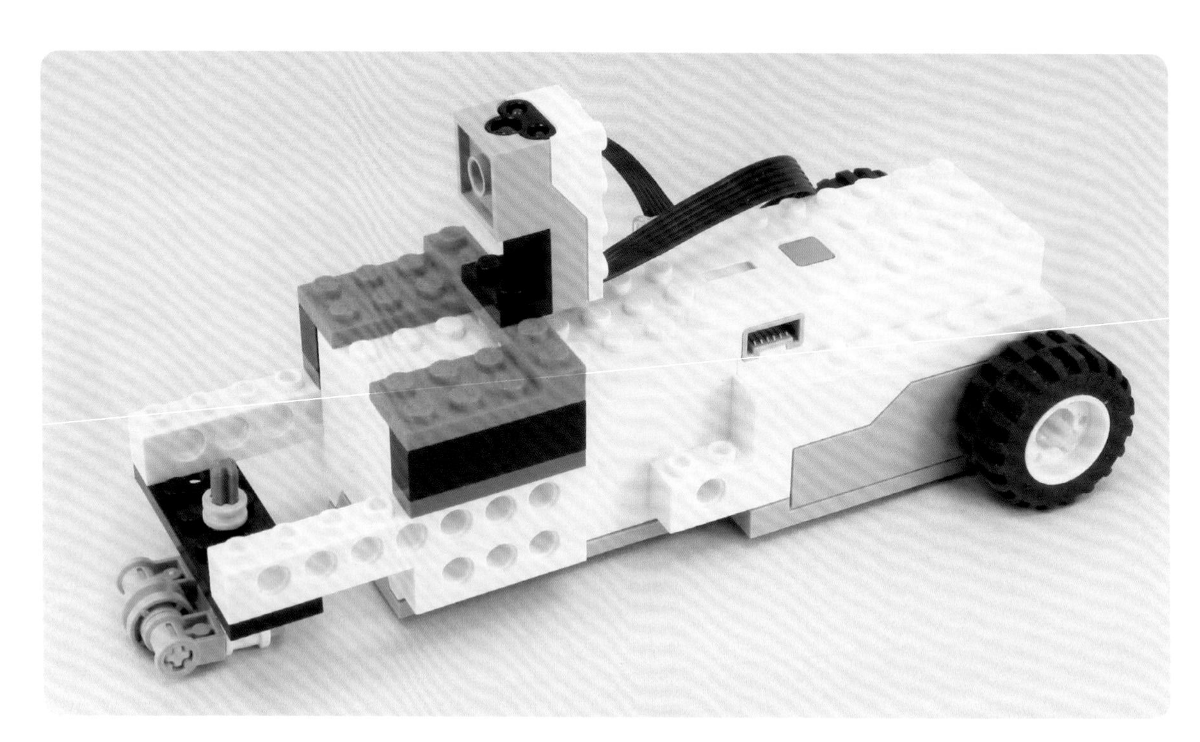

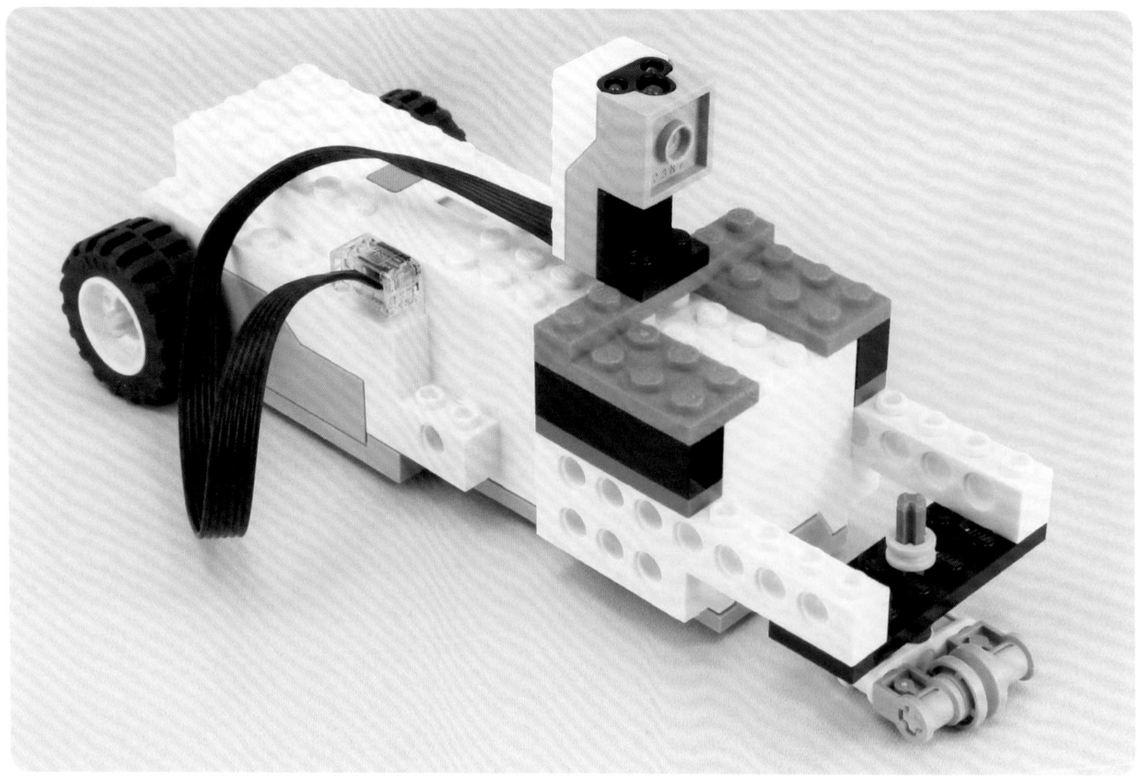

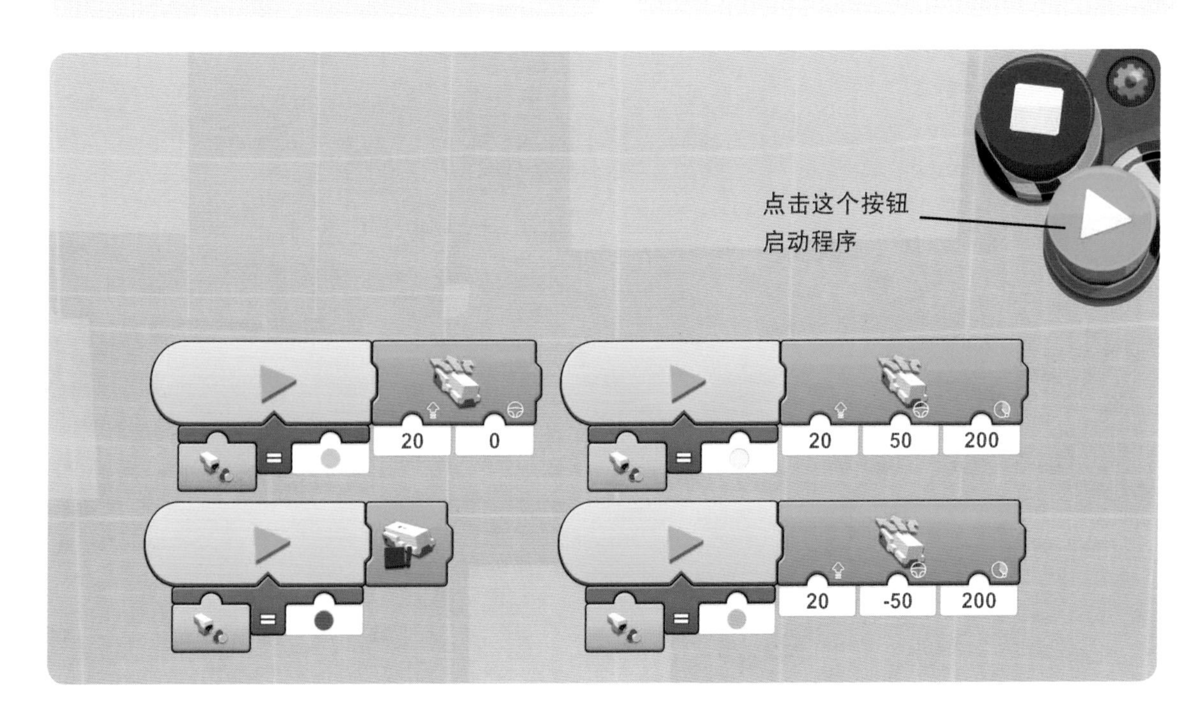
点击这个按钮
启动程序
20
0
20
50
200
20
-50
200

#73

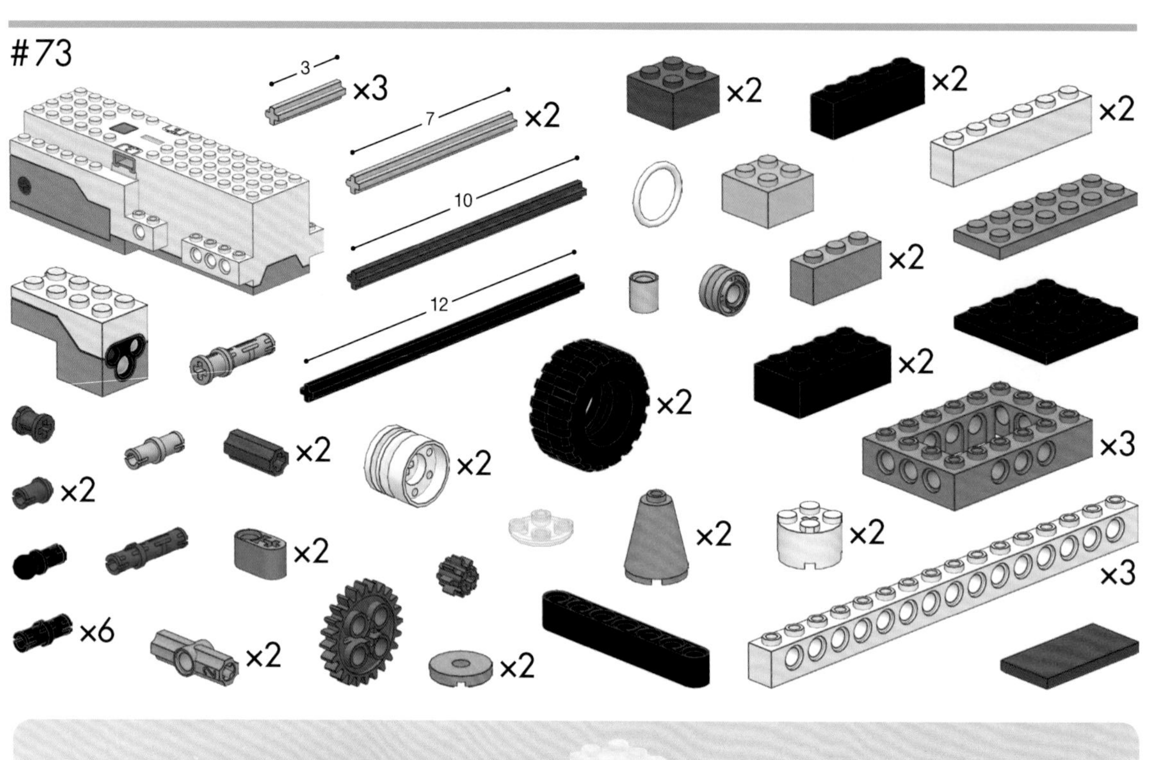

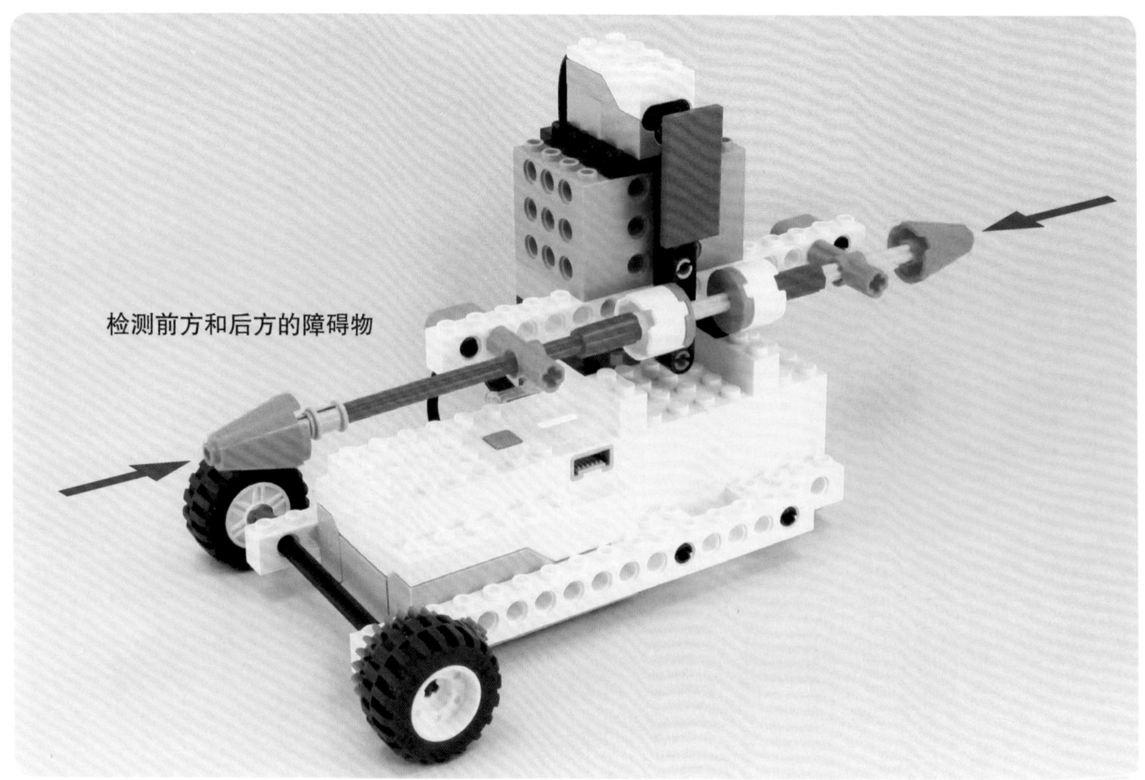

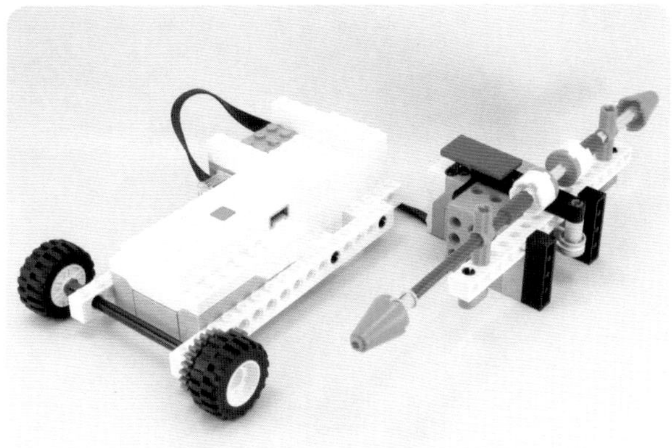

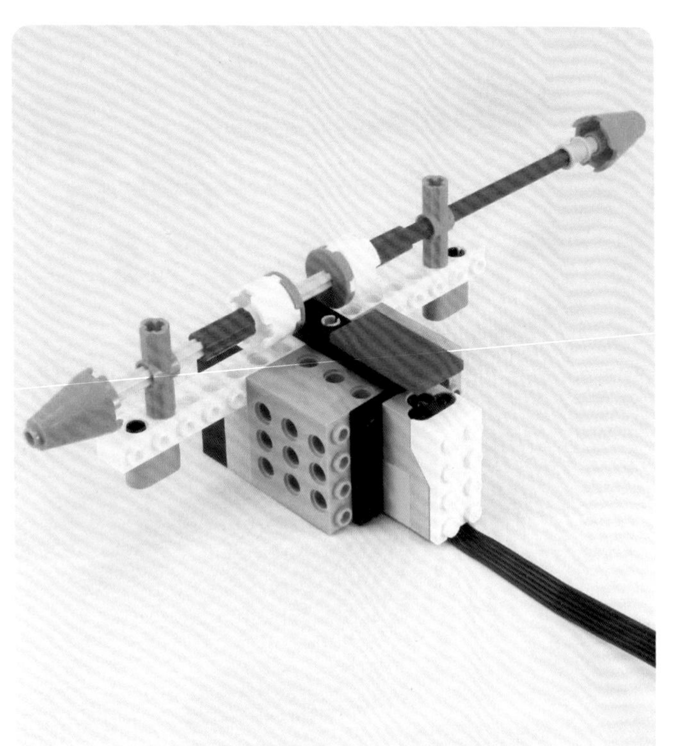

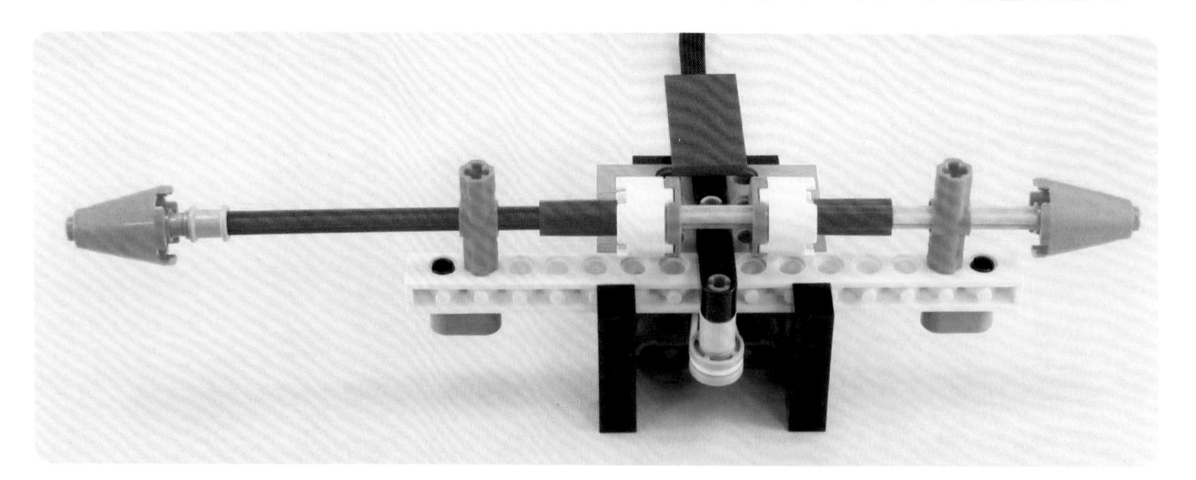

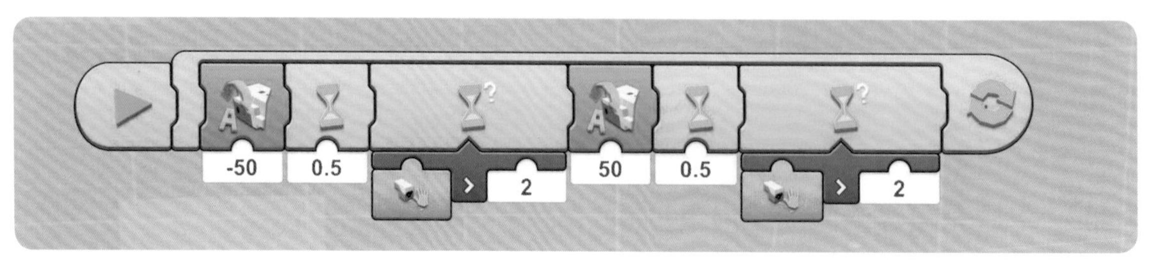
-50
0.5
2
50
0.5
2

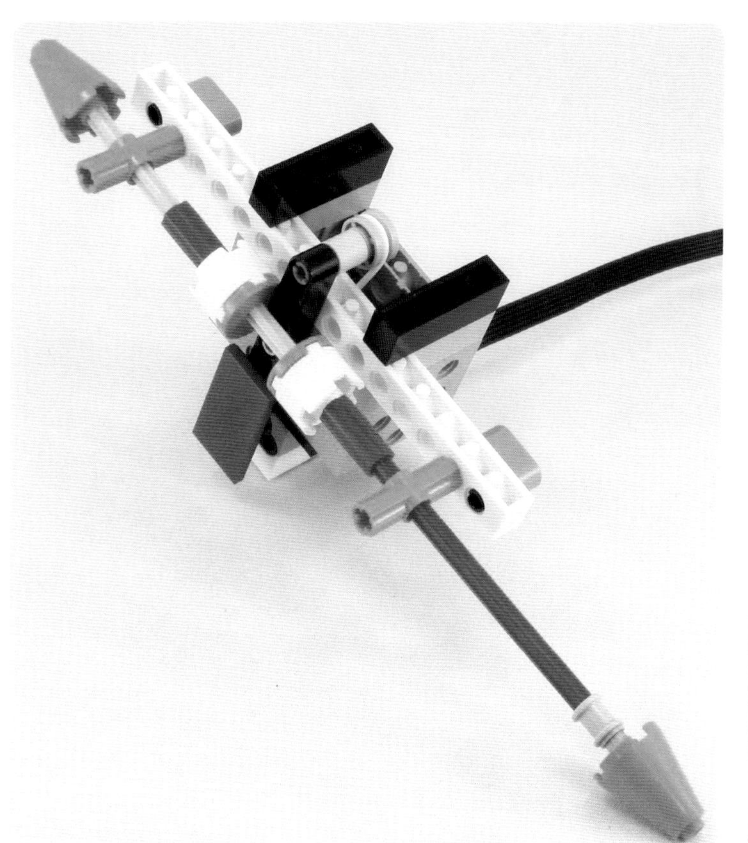

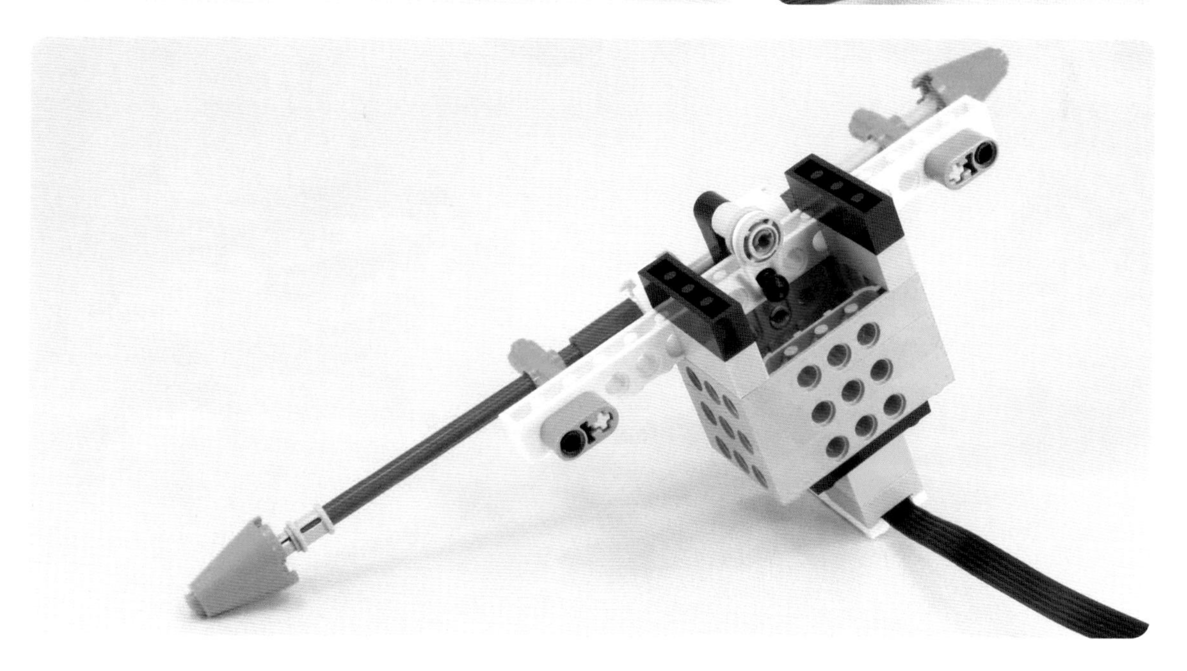

自动门

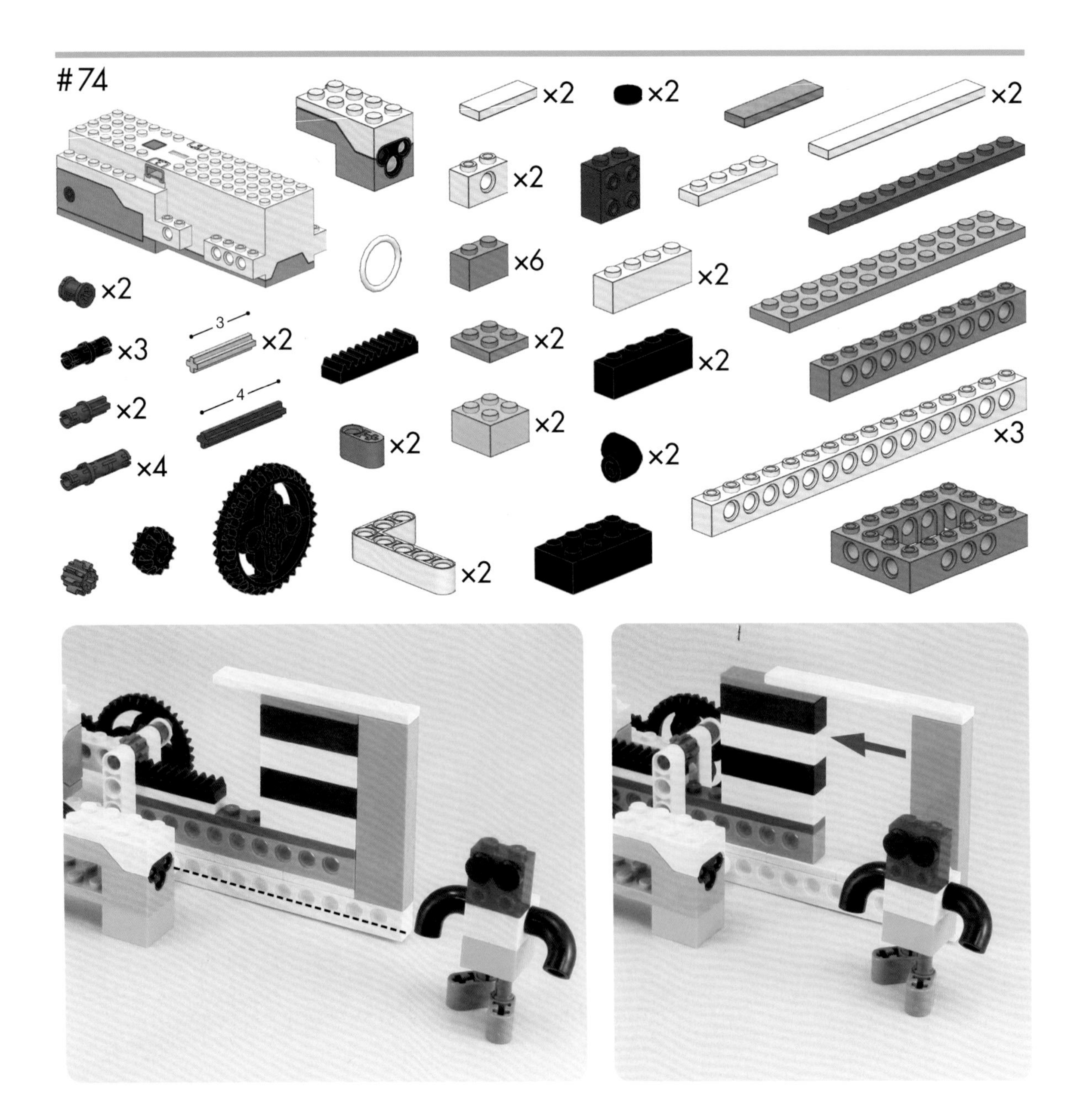

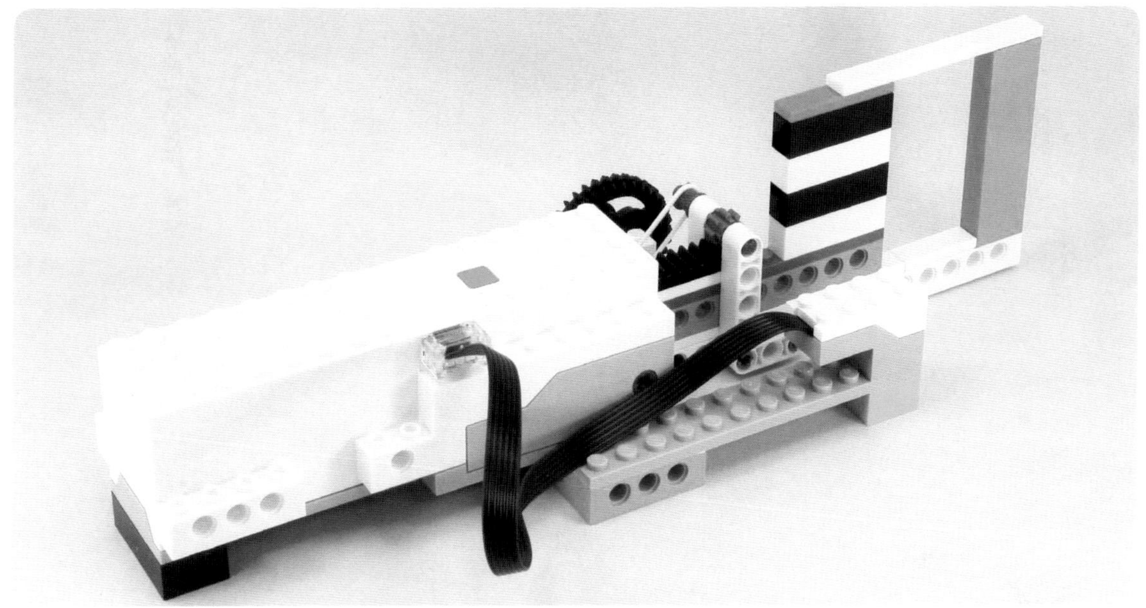

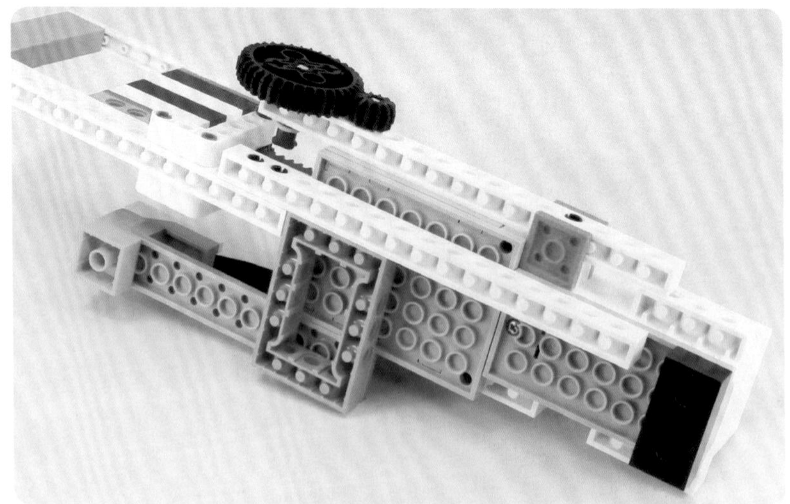

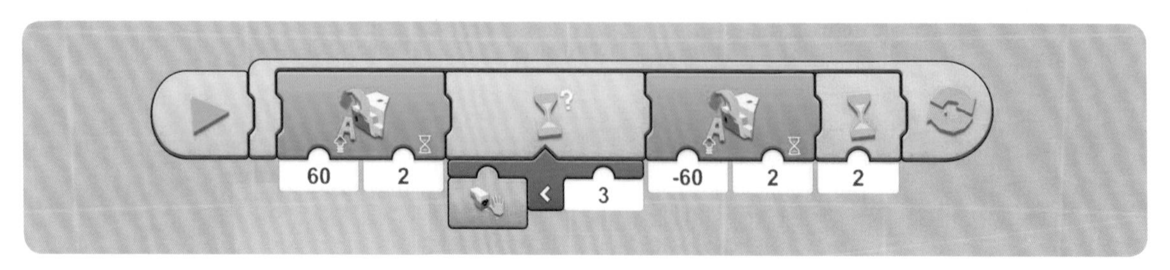
60
2
3
-60
2
2

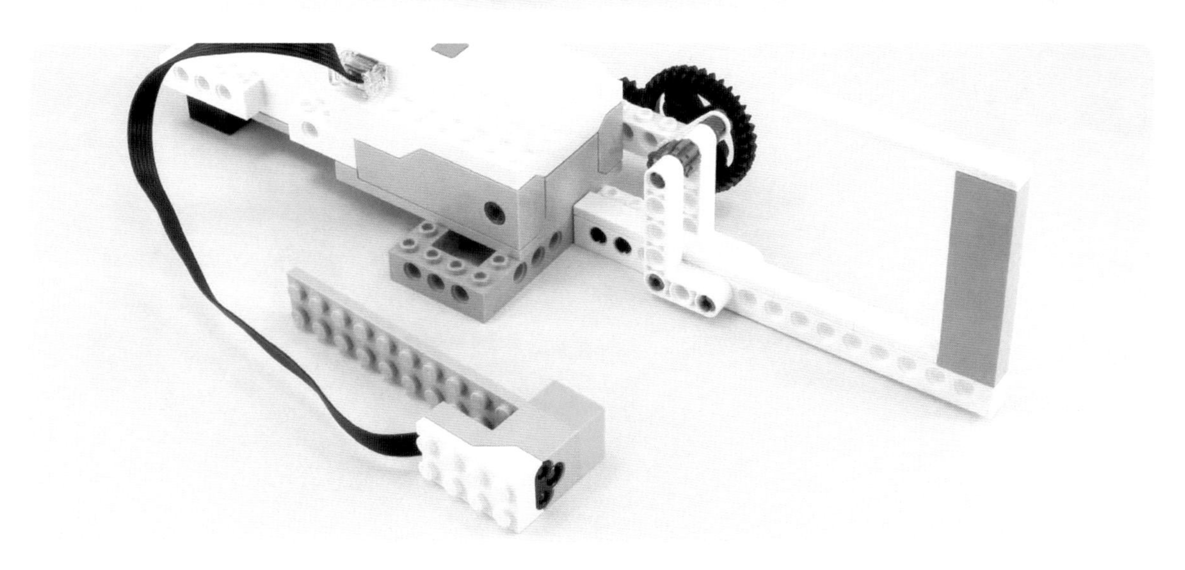

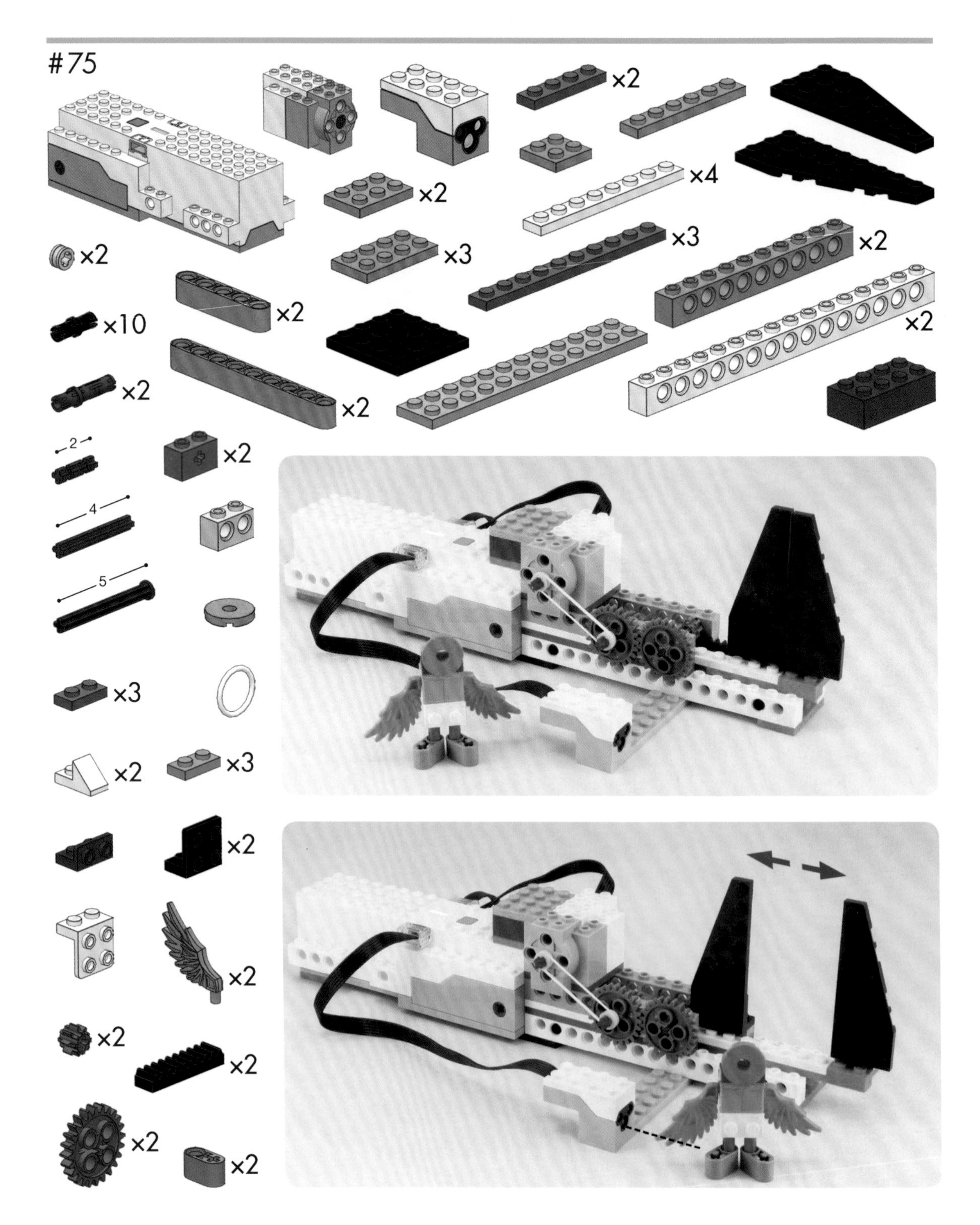
#75
×2
×4
×2
×2
×3
×3
×2
×2
×10
×2
×2
×2
2
×2
4
5
×3
×2
×3
×2
×2
×2
×2
×2
×2

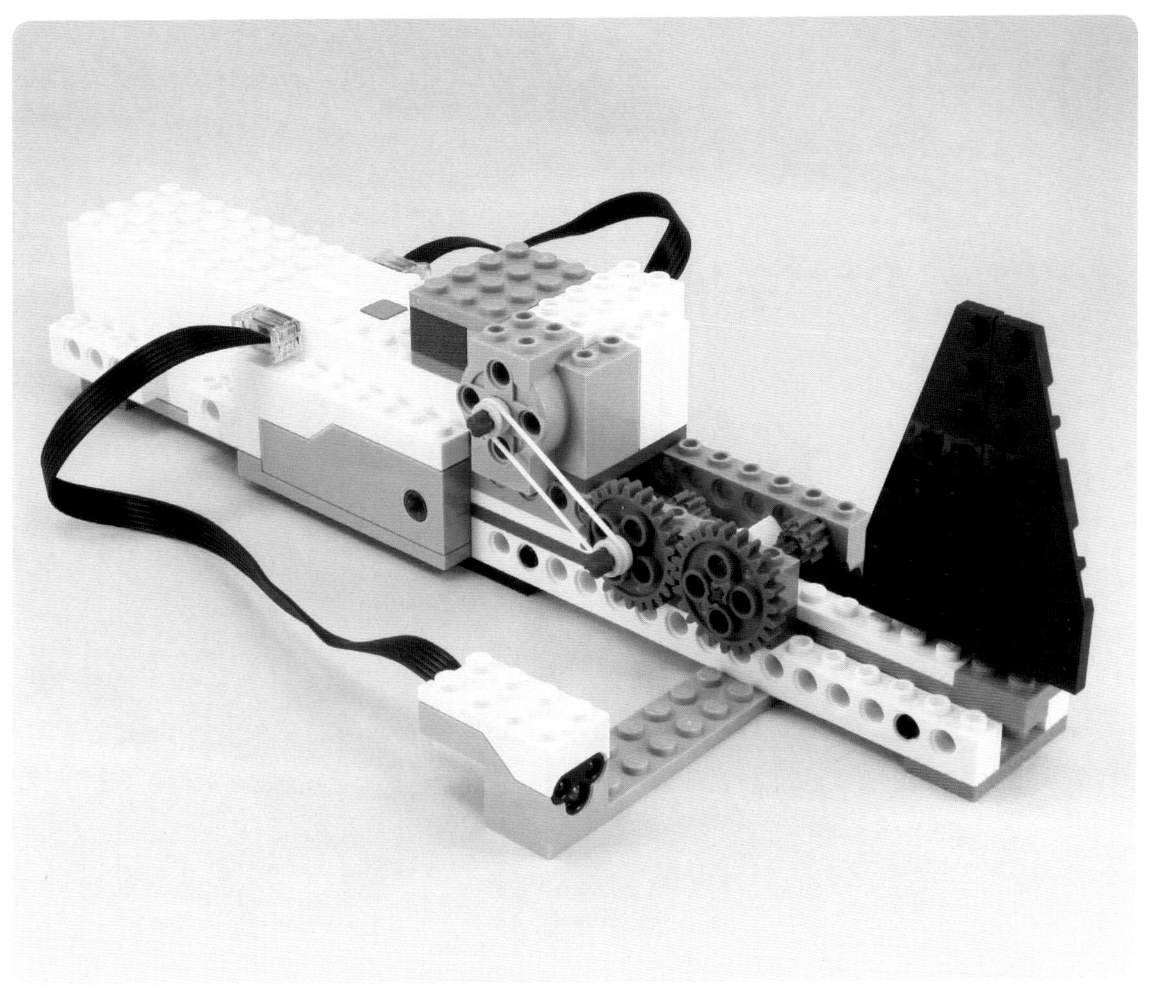

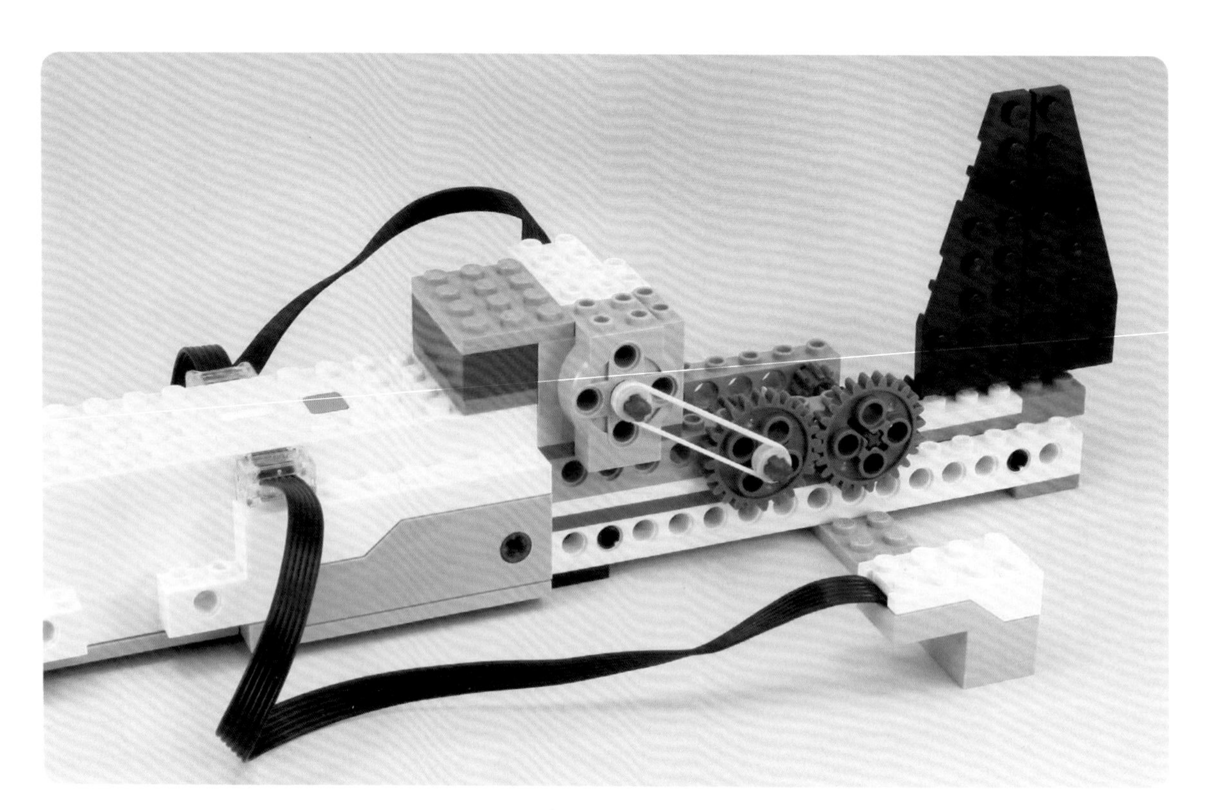

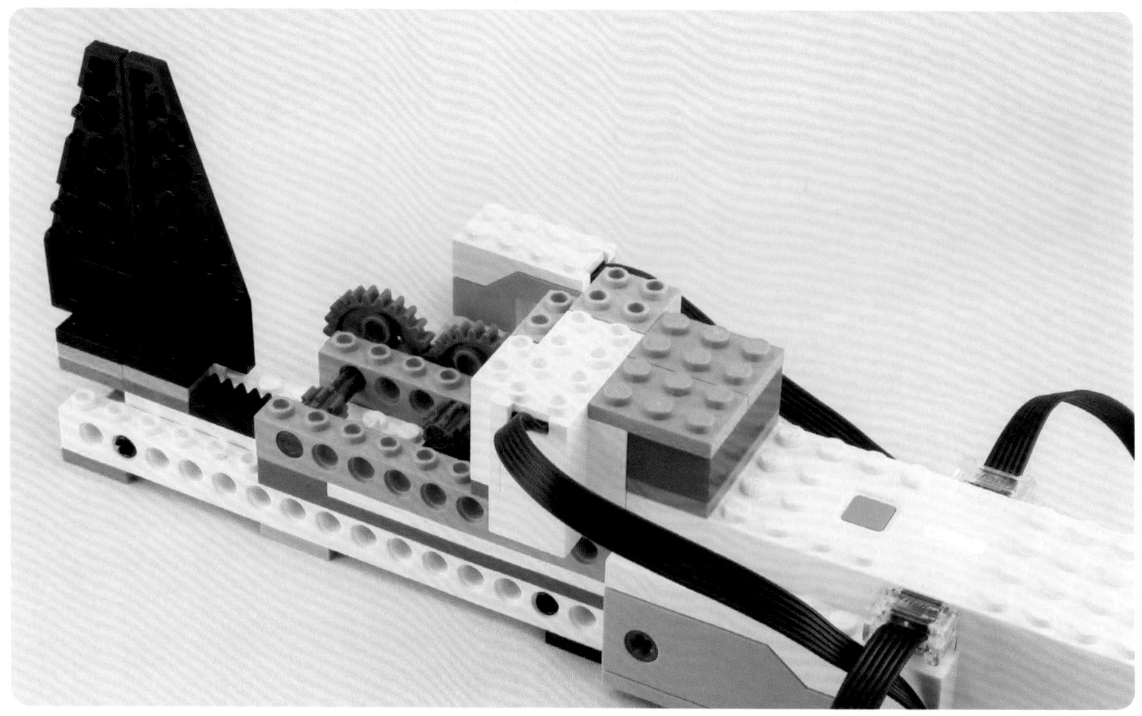

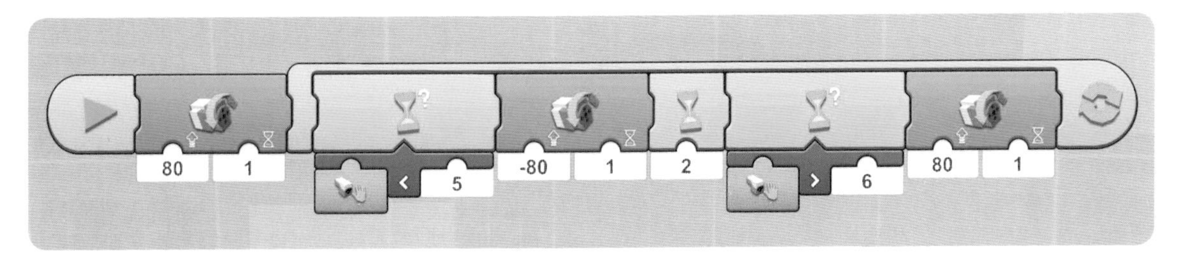
80
1
5
-80
1
2
6
80
1

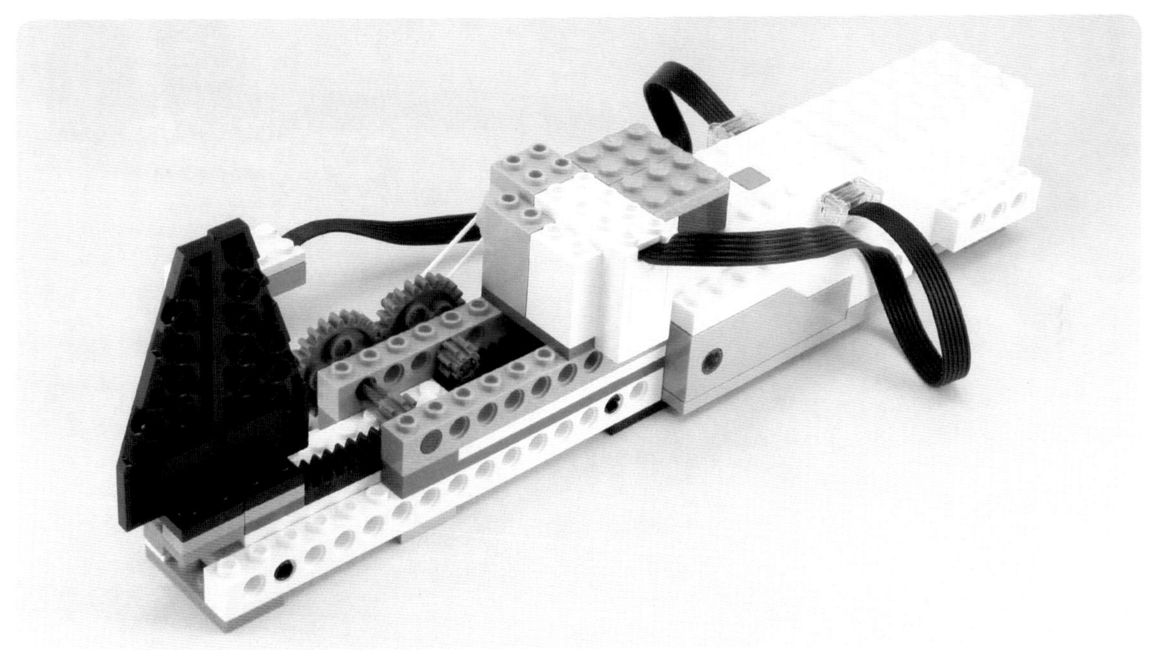

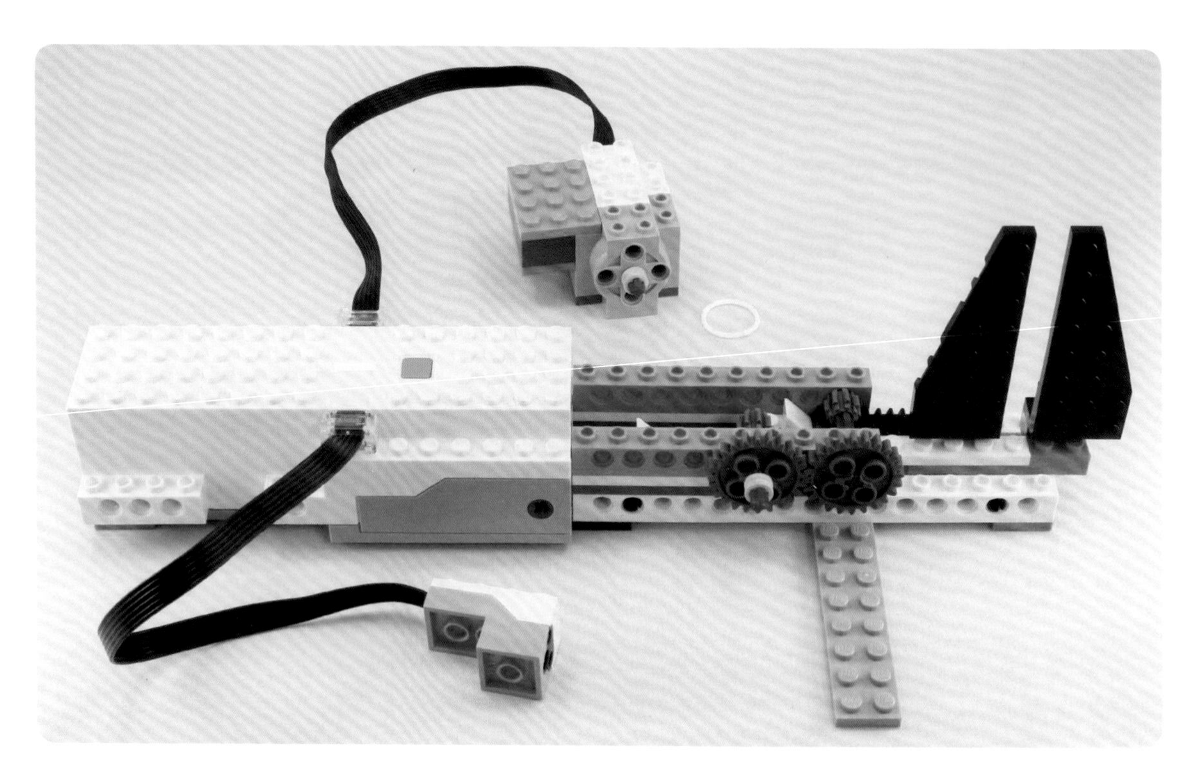

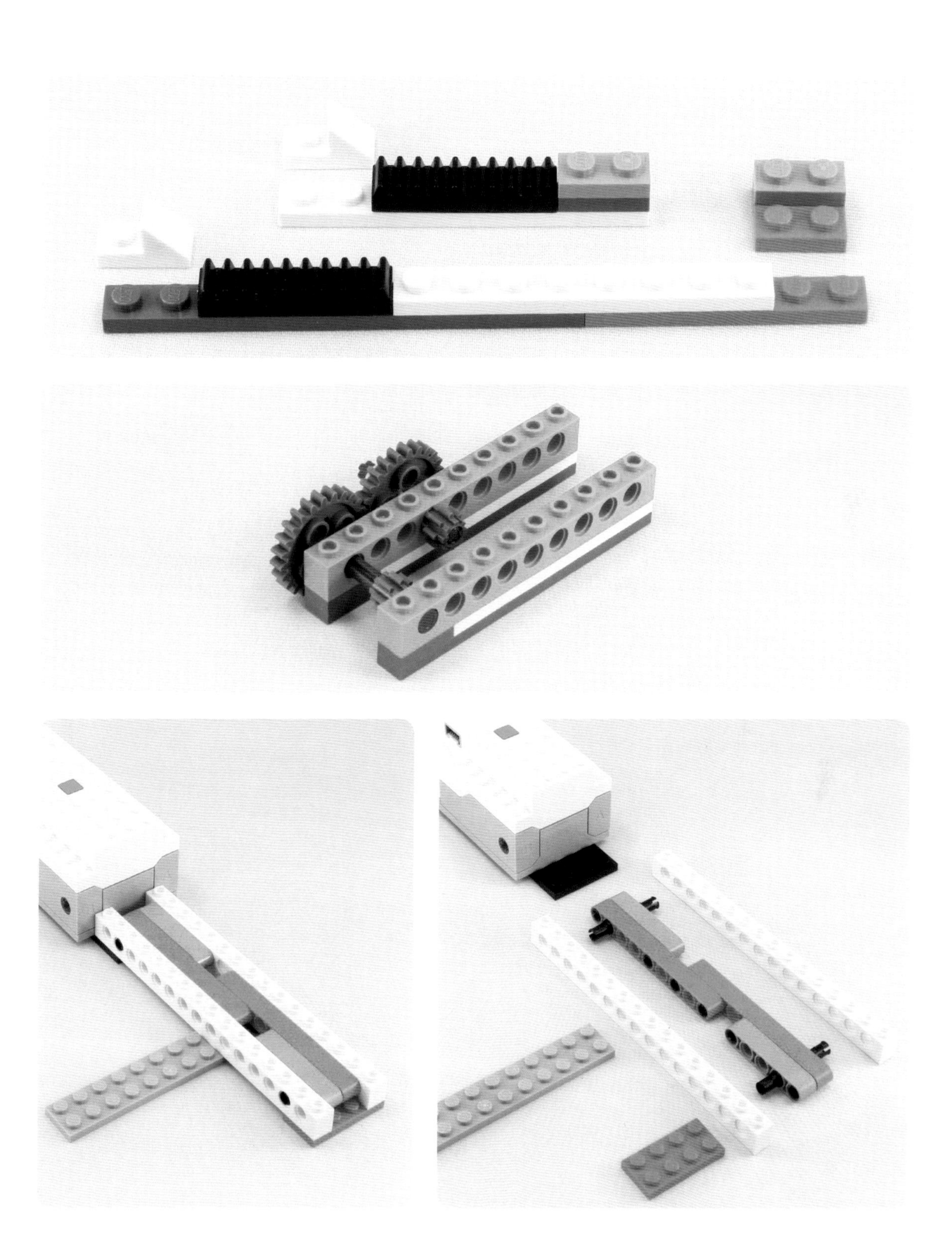

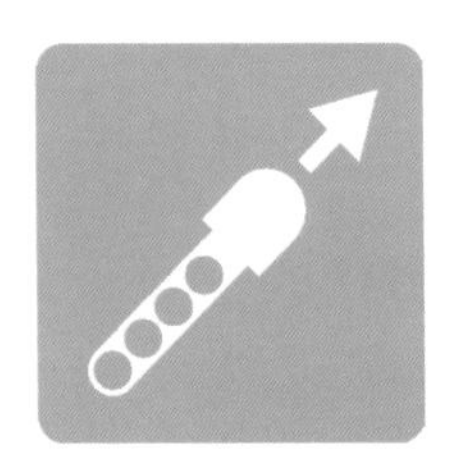

发射火箭

#76

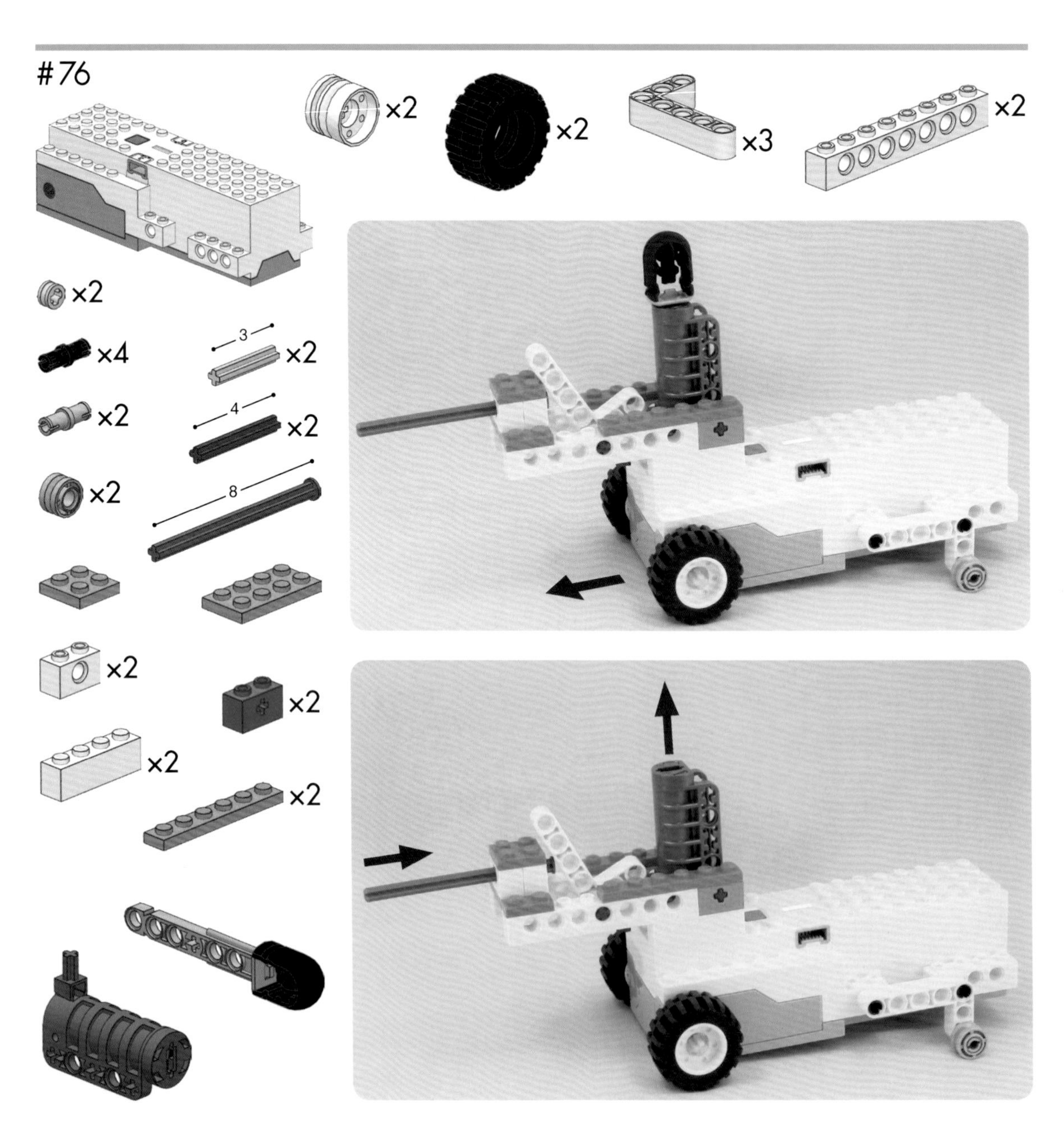

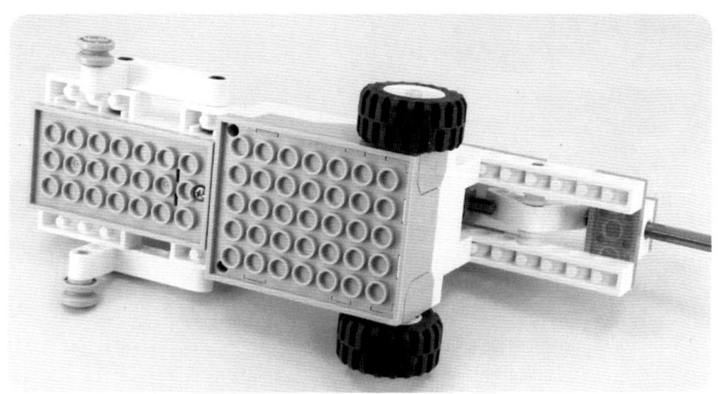

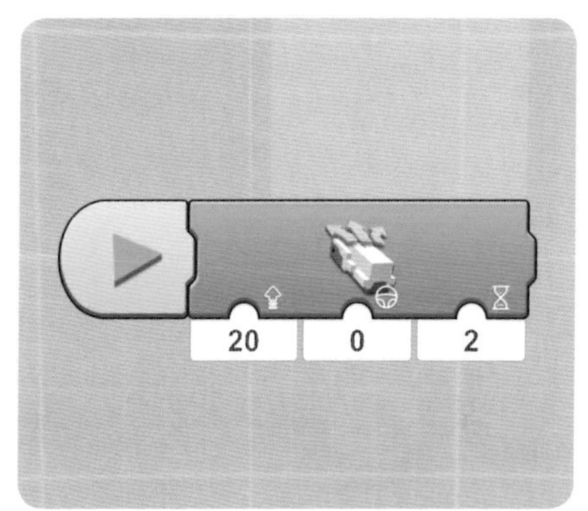
20
0
2

#77

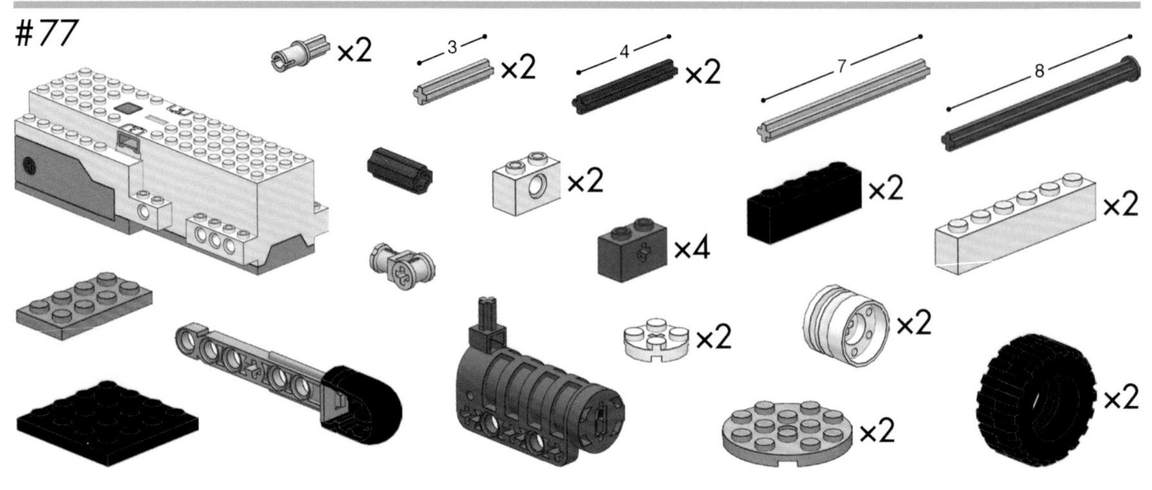

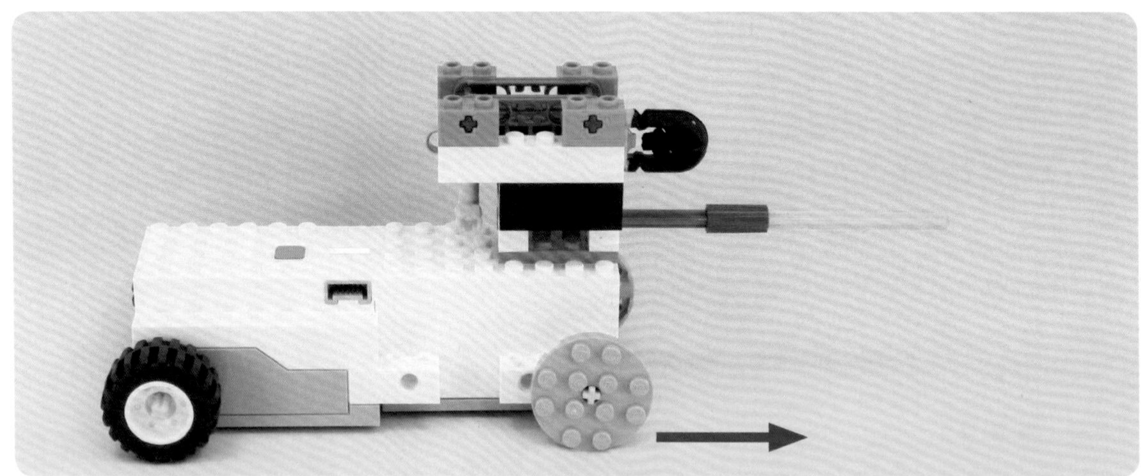

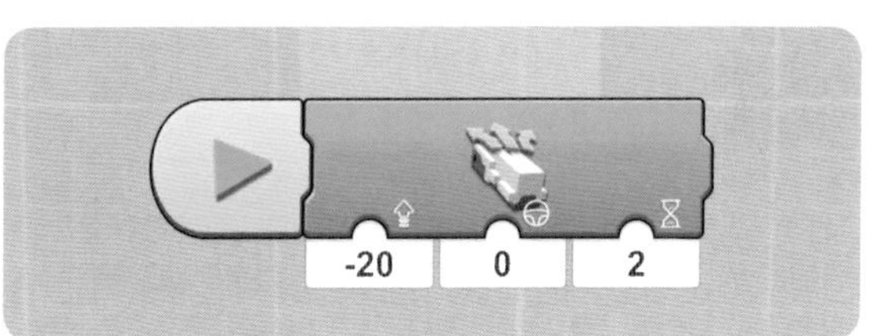
-20
0
2

用笔画画

使用你喜欢的笔

#78

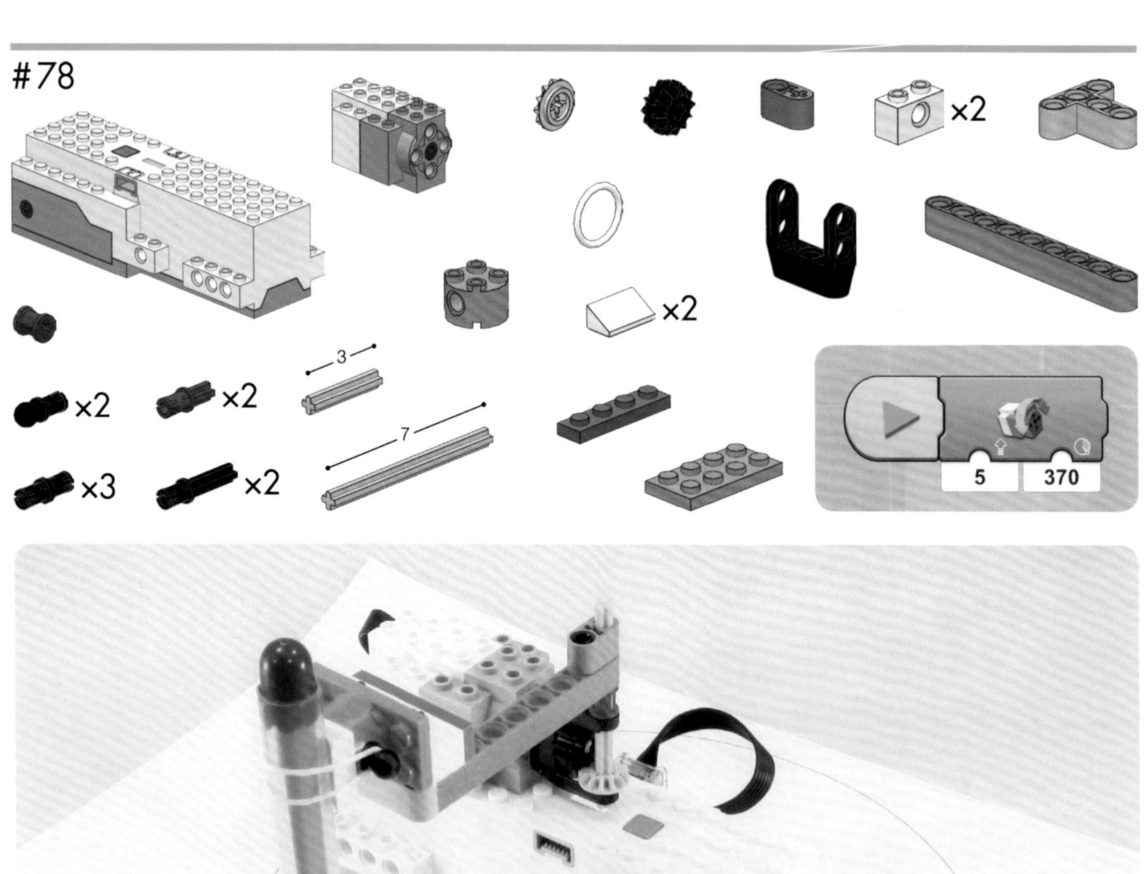

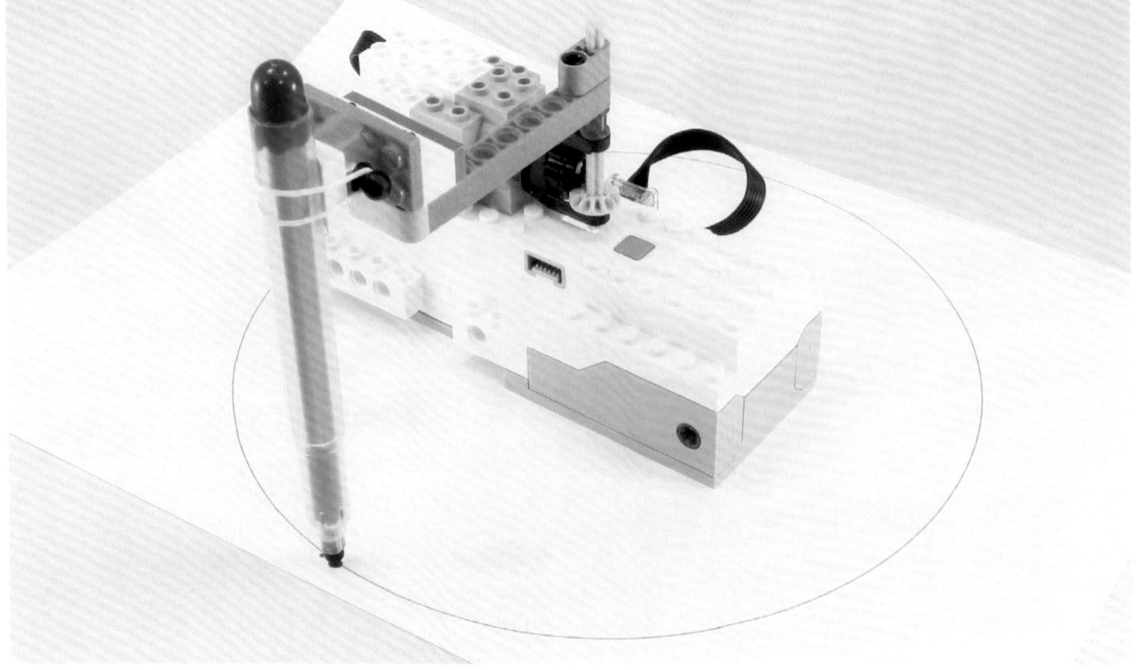

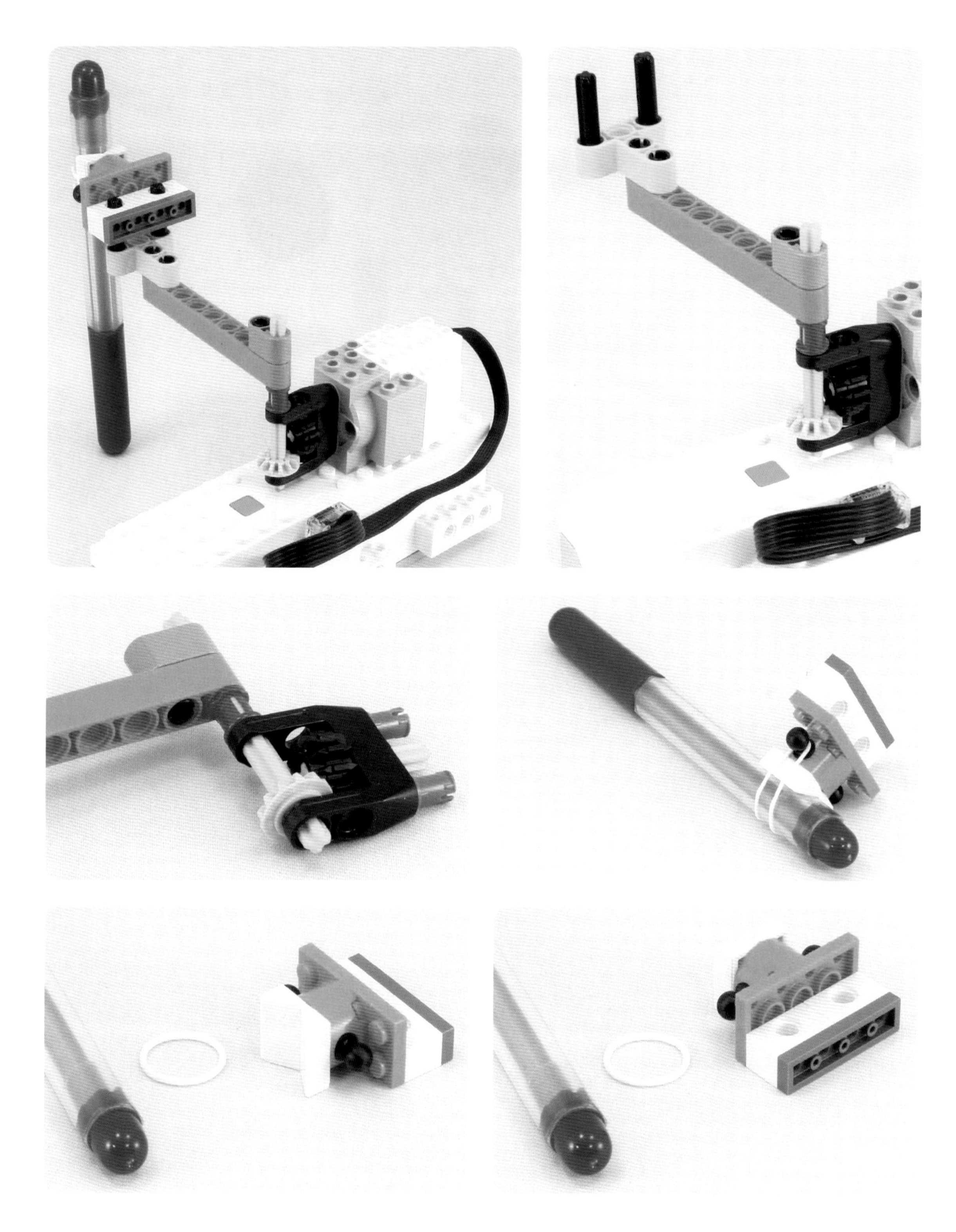

#79

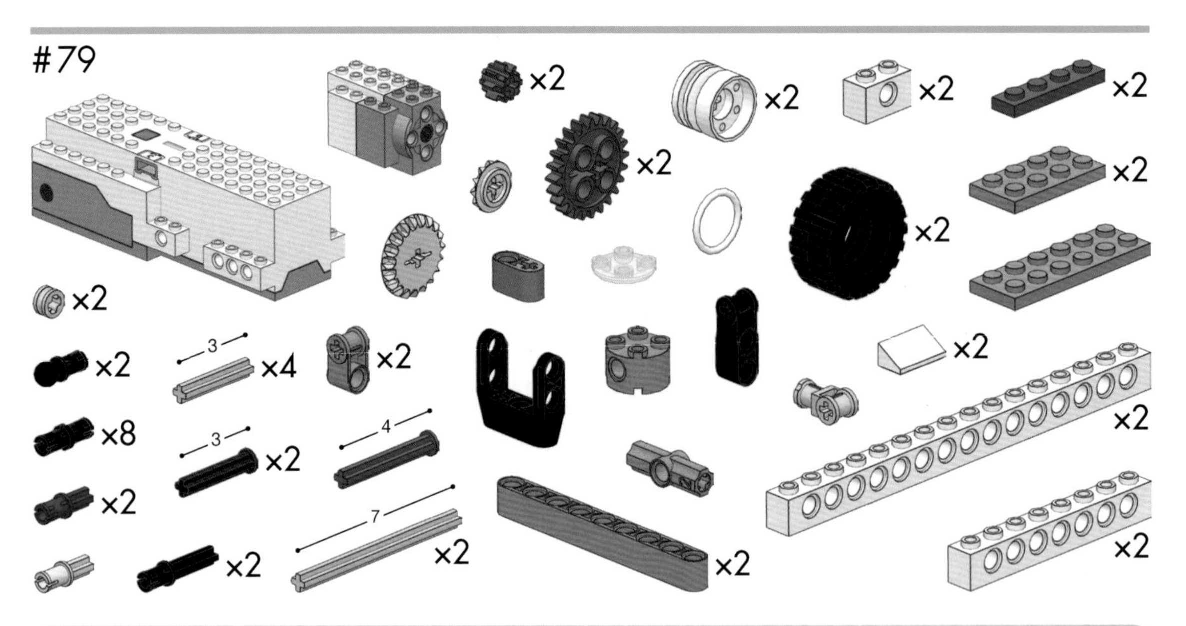

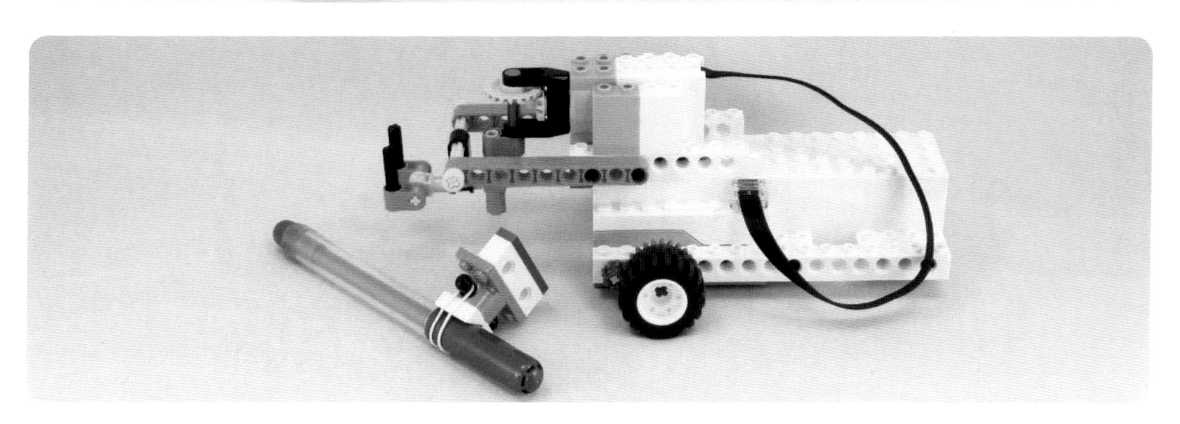

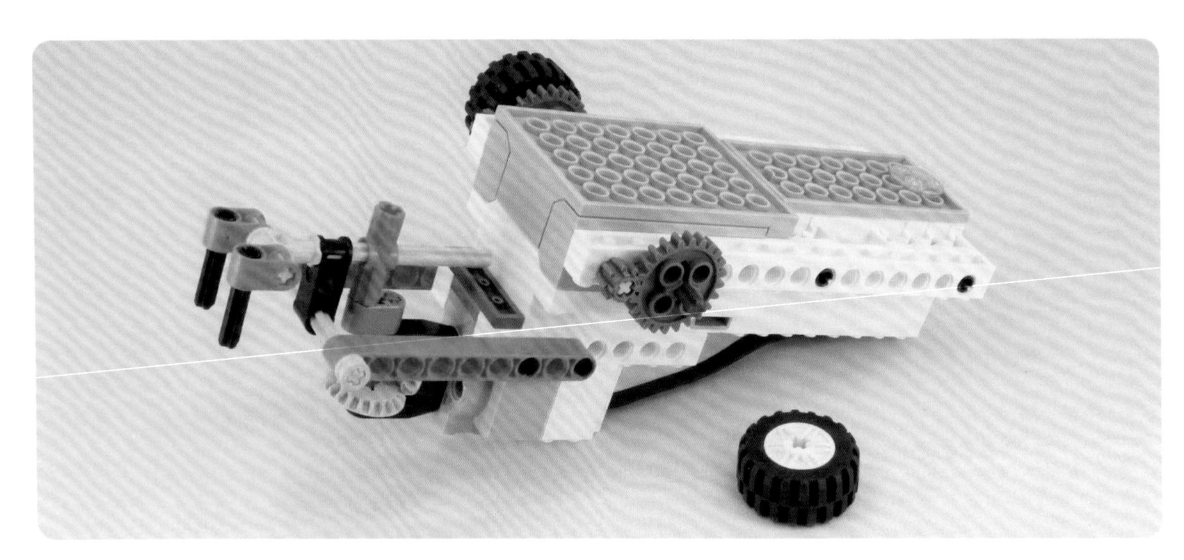

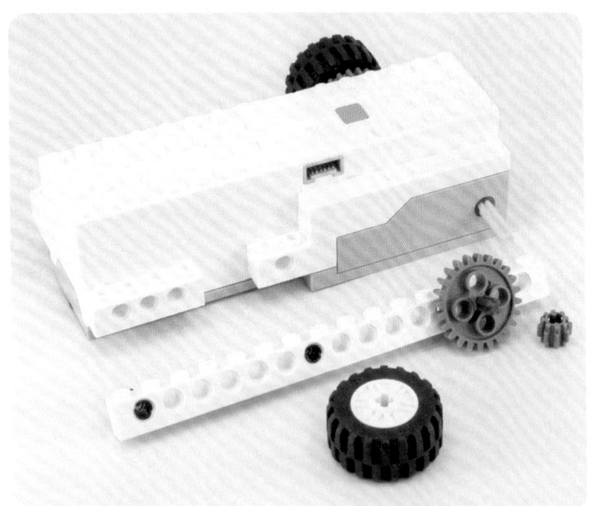

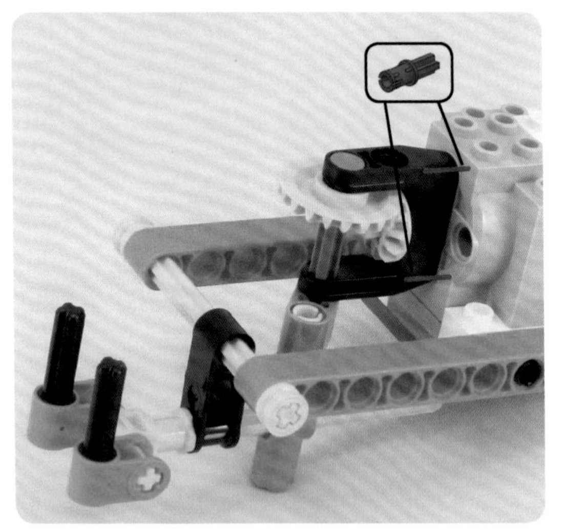

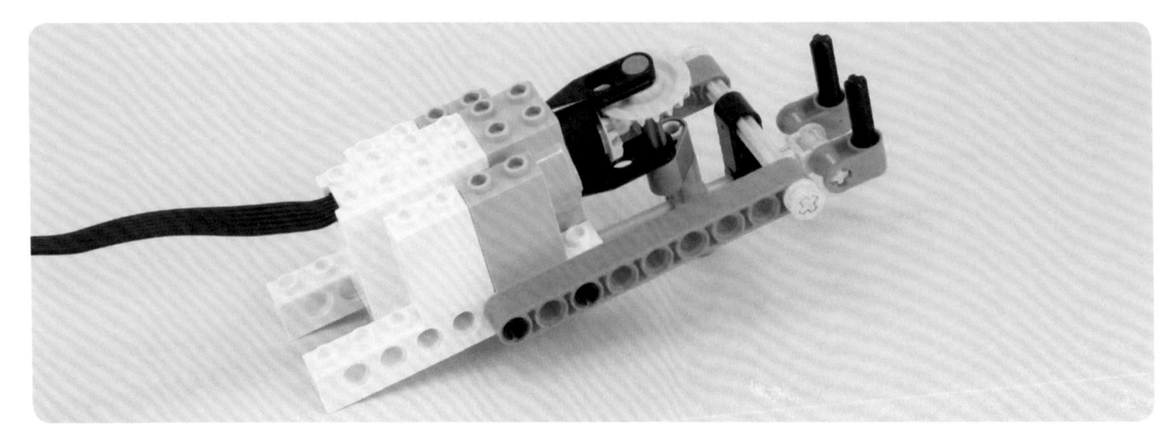

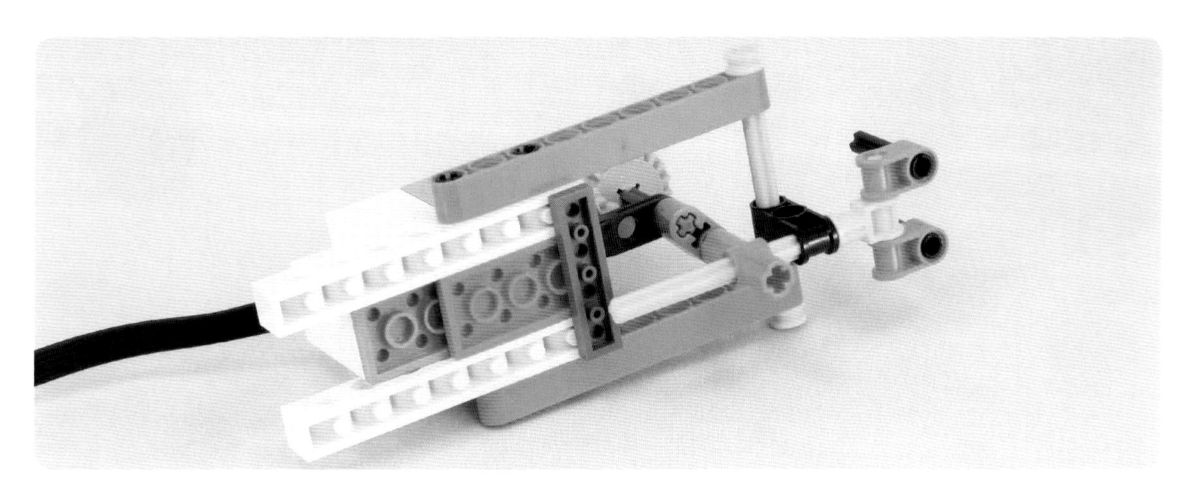

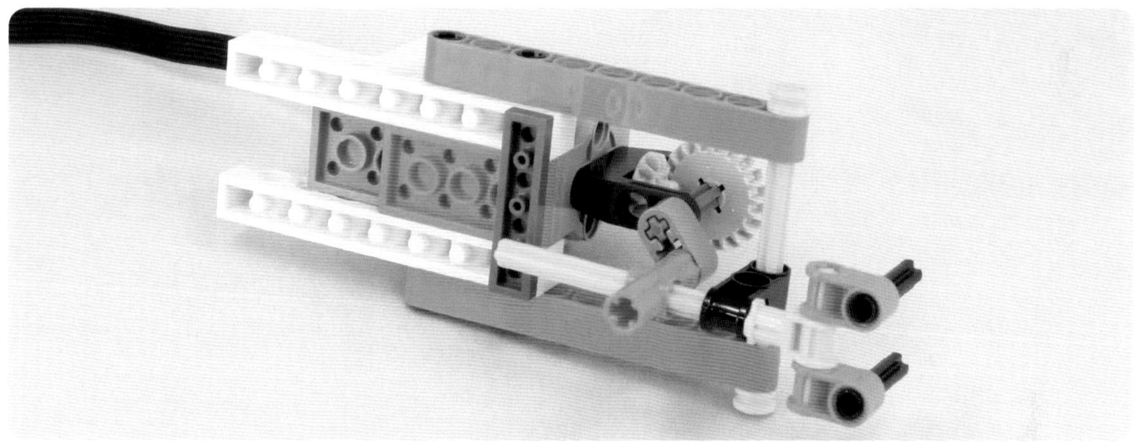

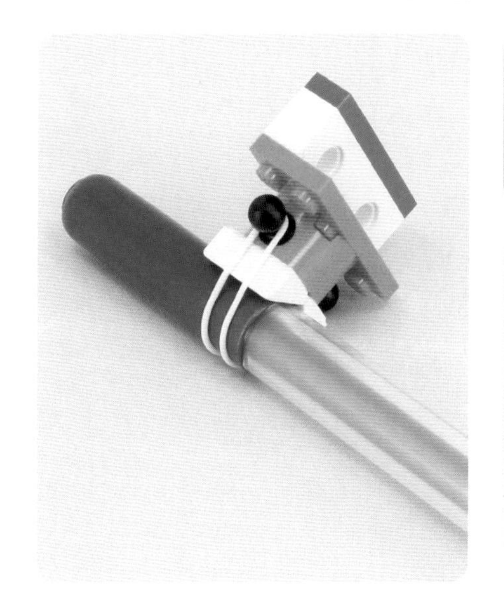

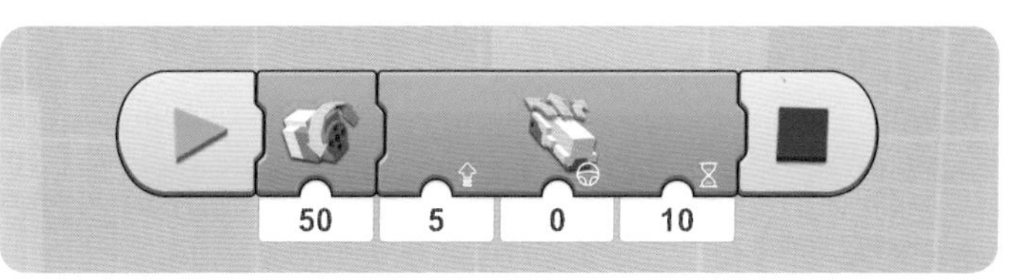
50
5
0
10

#80

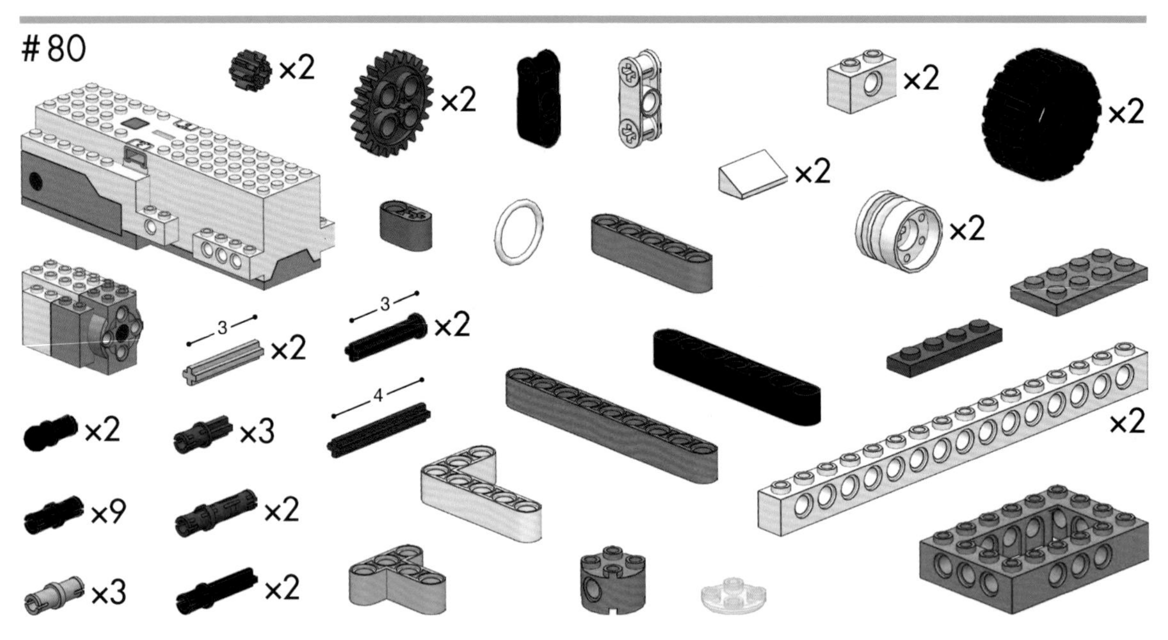

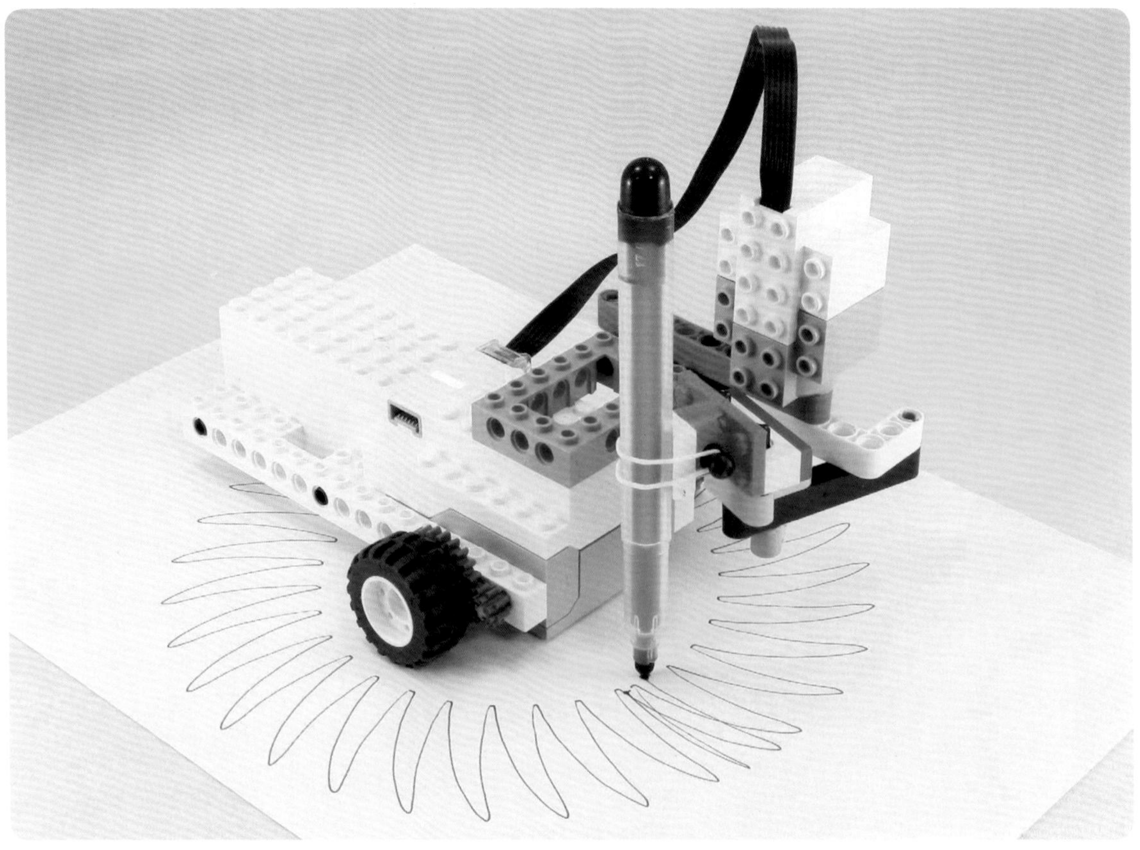

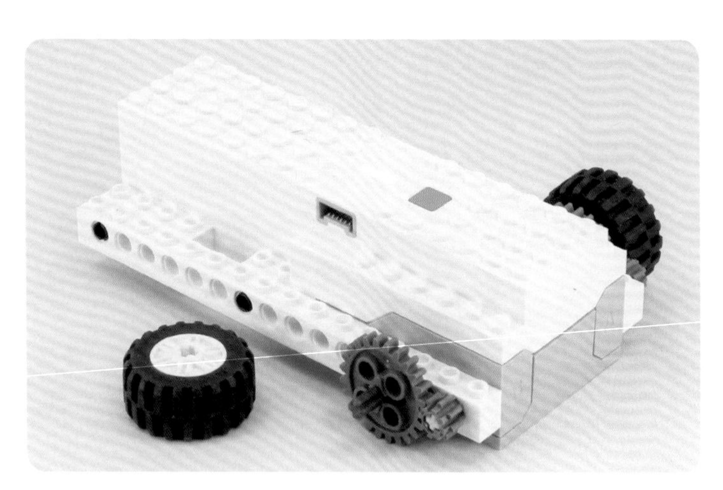

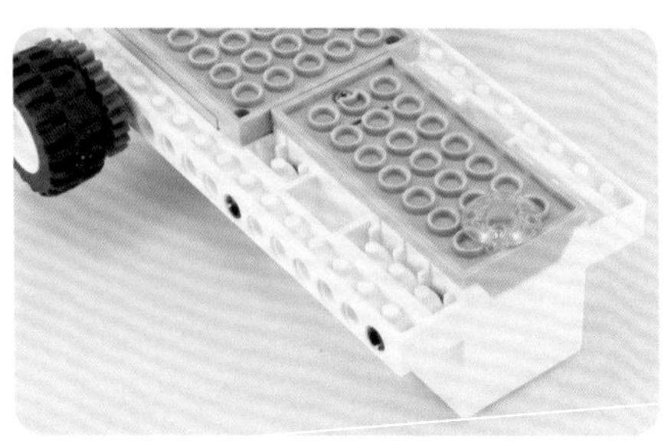

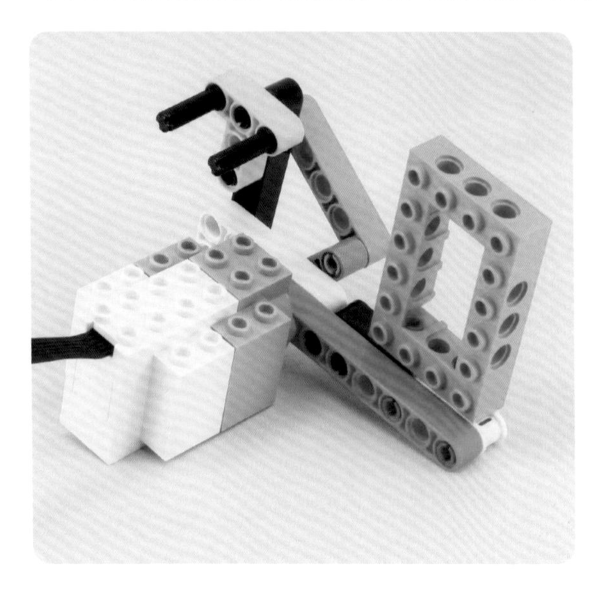

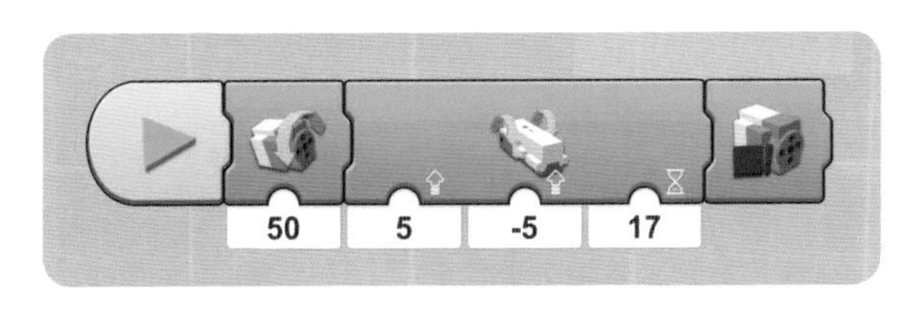
50
5
-5
17

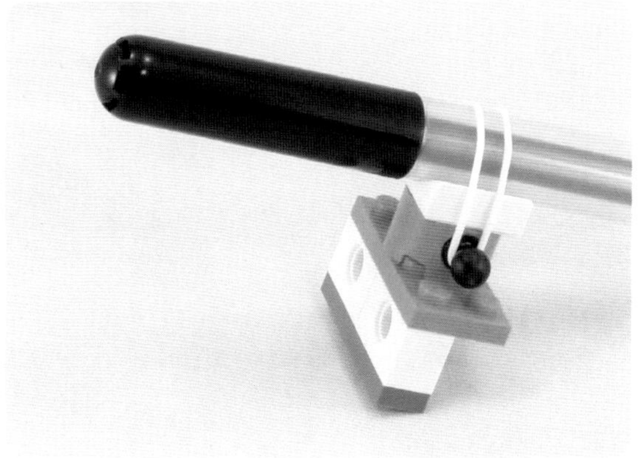

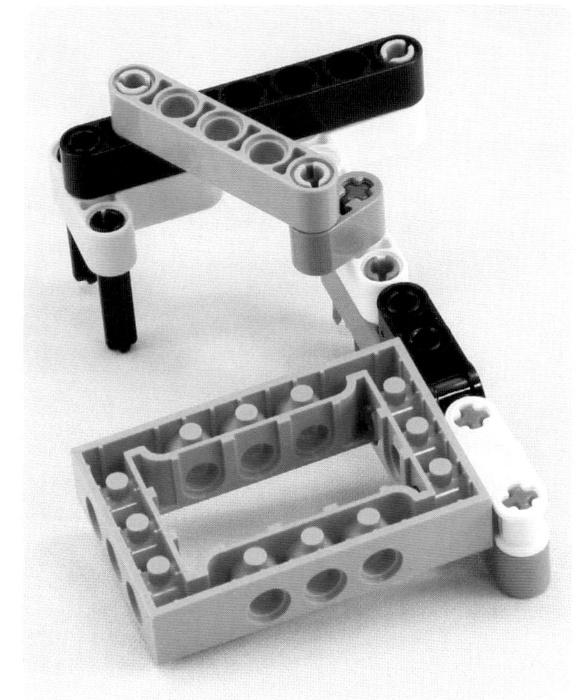

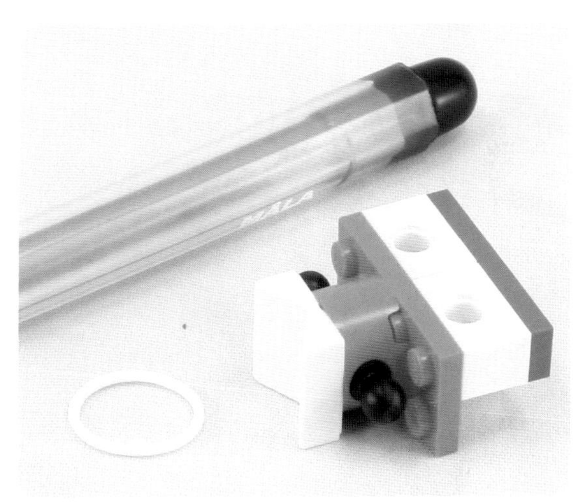

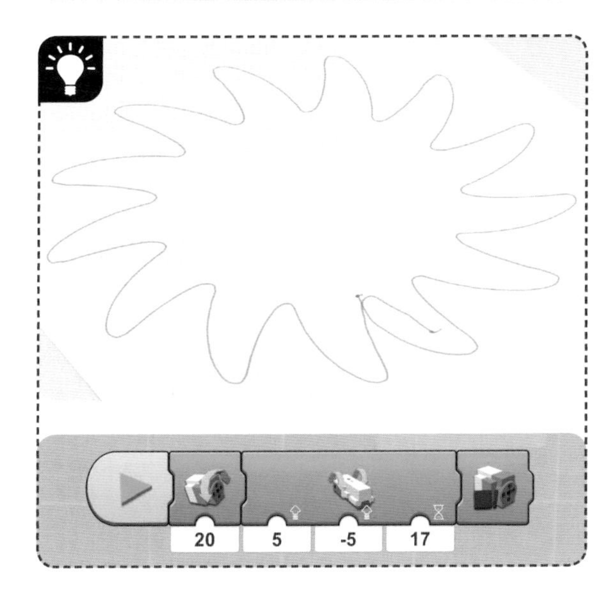
20
5
-5
17

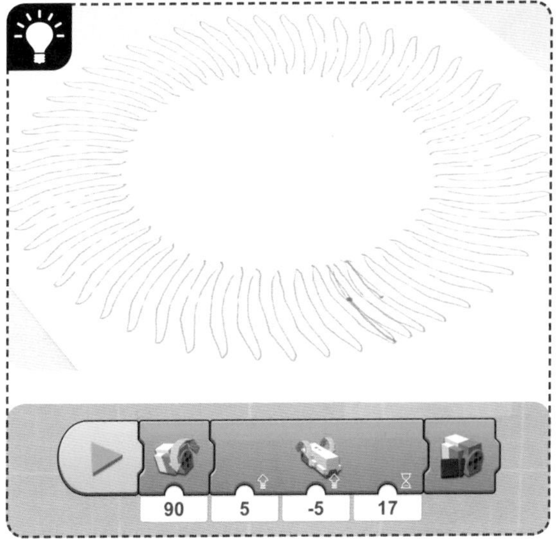
90
5
-5
17

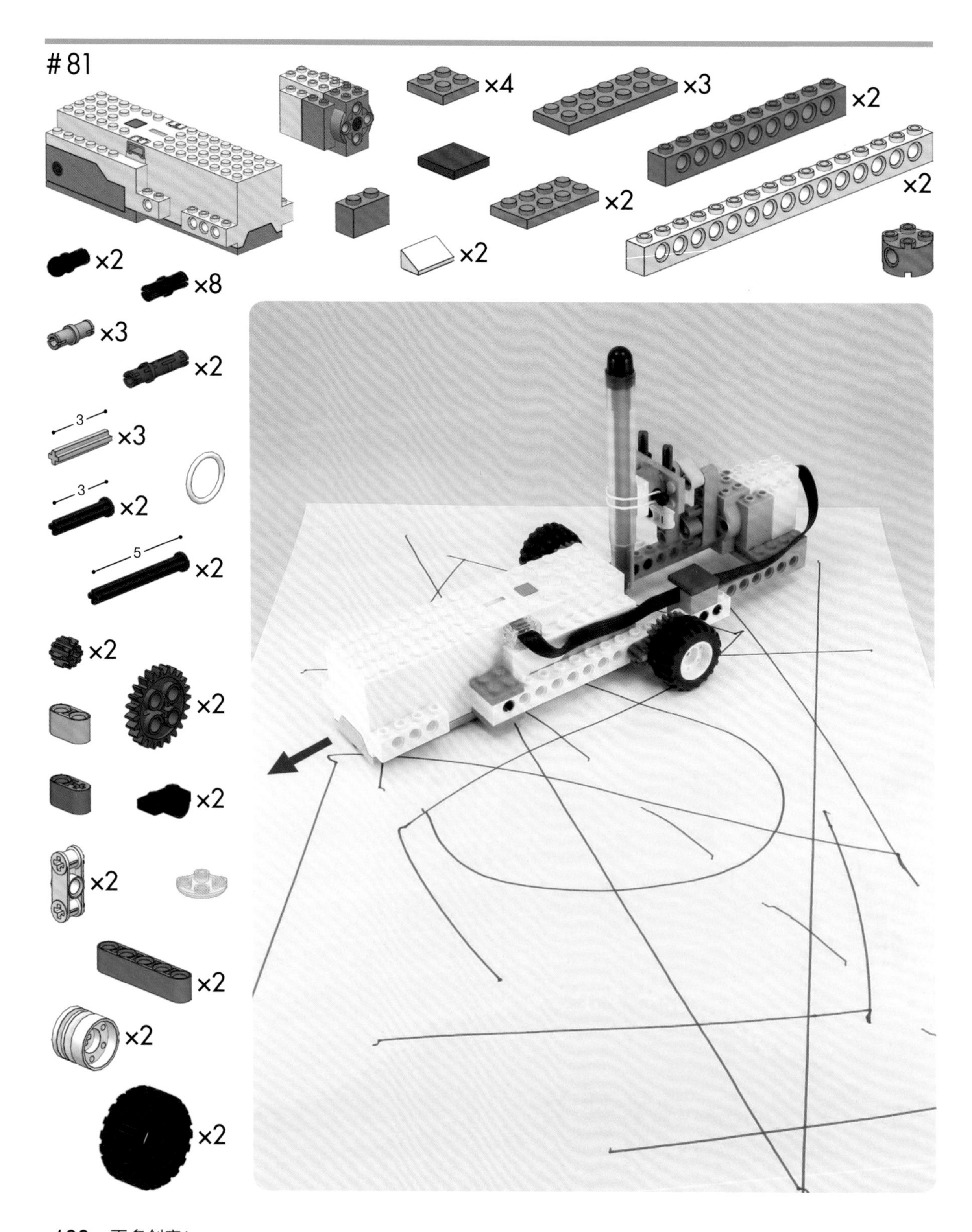
81
×4
×3
×2
×2
×2
×2
×2
×8
×3
×2
3
×3
3
×2
5
×2
×2
×2
×2
×2
×2
×2
×2

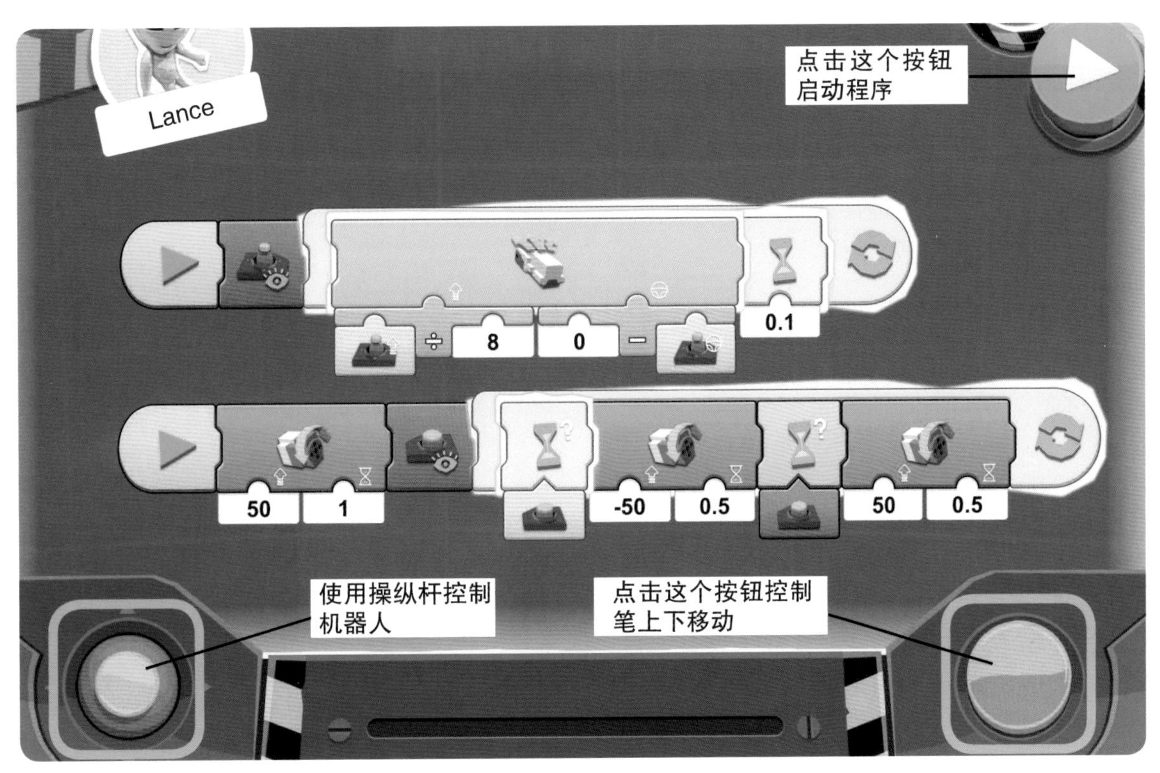
Lance
点击这个按钮
启动程序
0.1
8
0
50
1
-50
0.5
50
0.5
使用操纵杆控制
机器人
点击这个按钮控制
笔上下移动

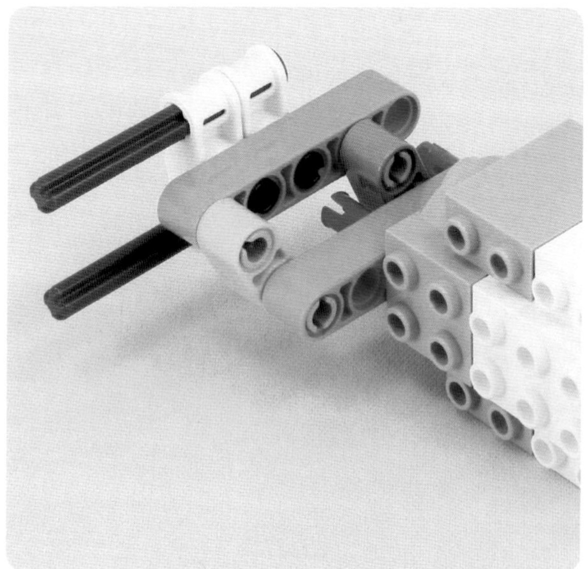

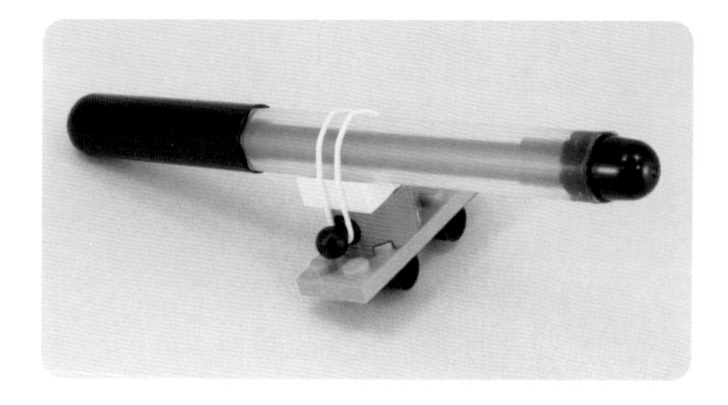

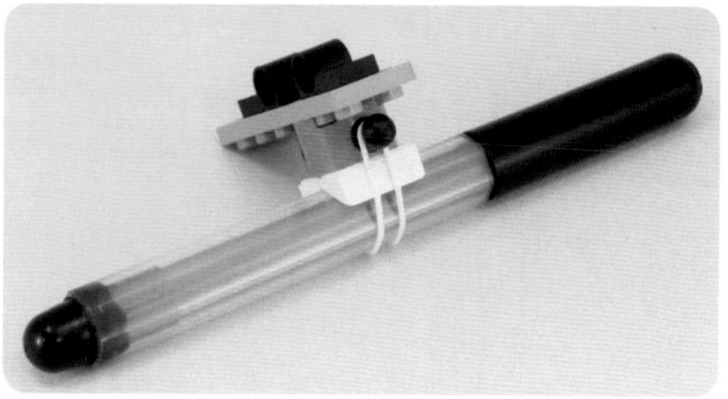

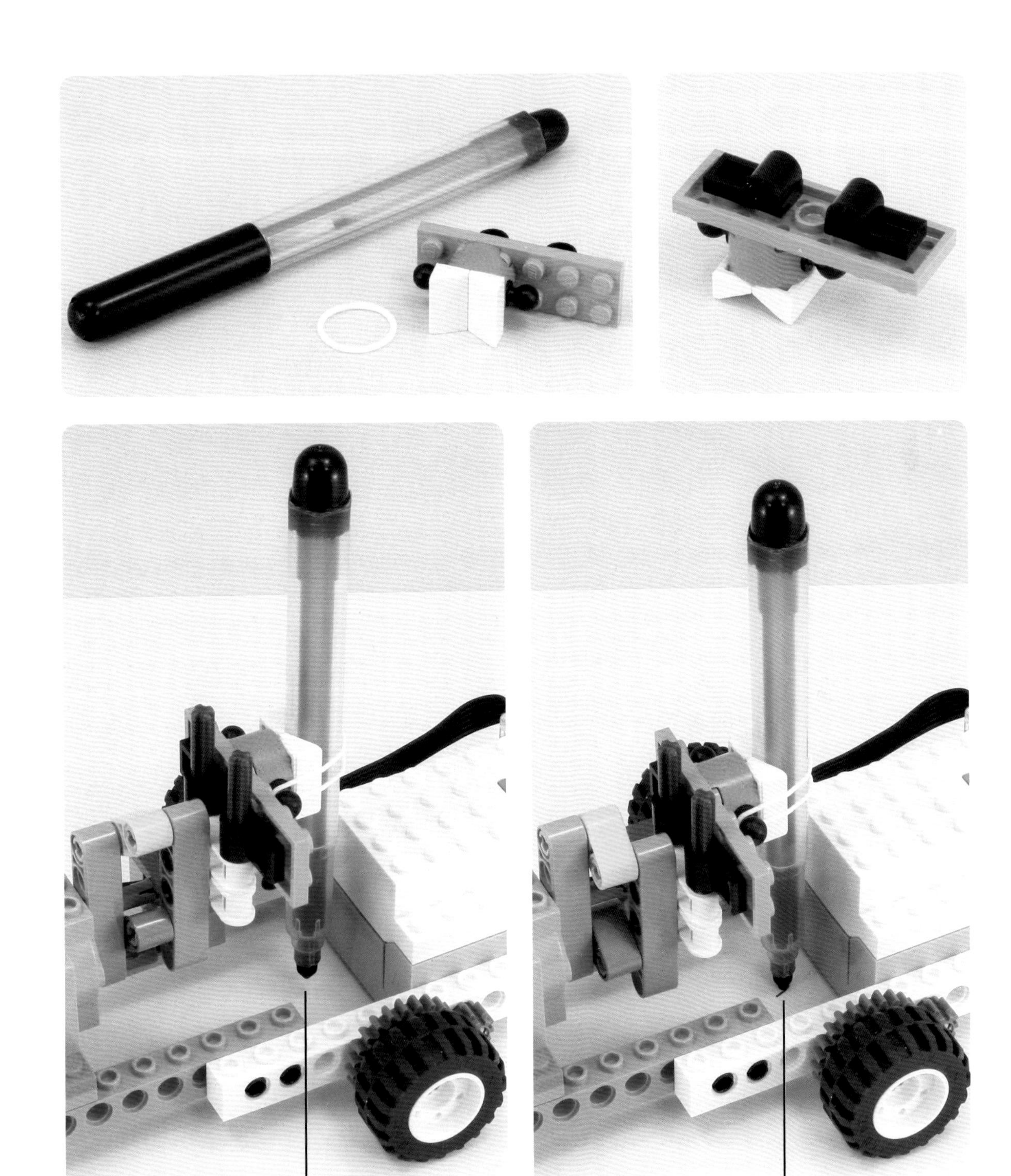

调整笔的位置，当笔架向上时，笔尖不应接触纸张表面；当笔架向下时，笔尖应能接触到纸张表面

#82

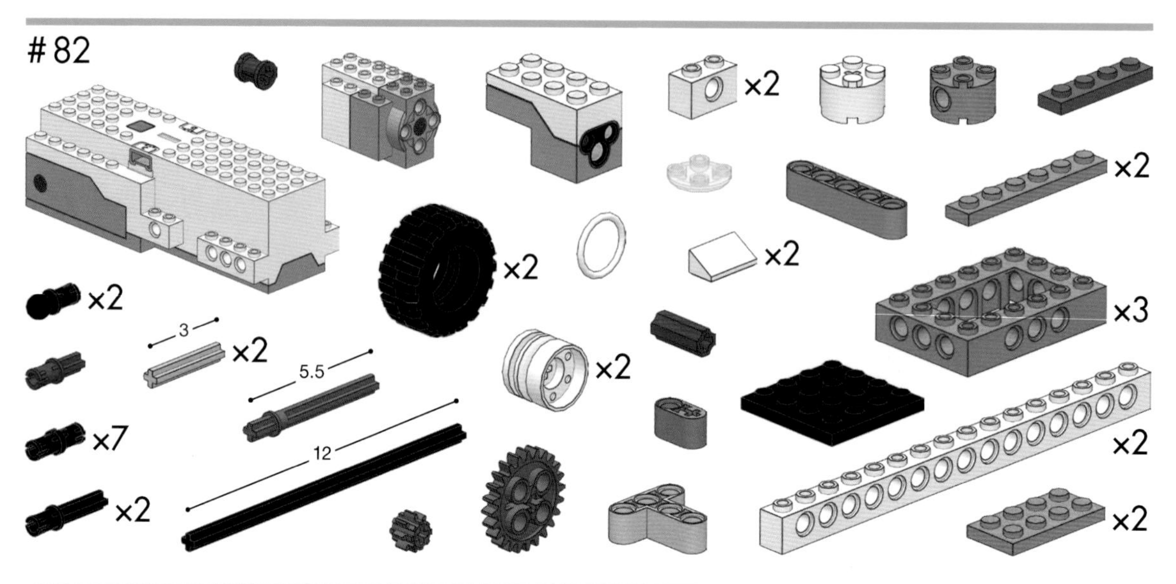

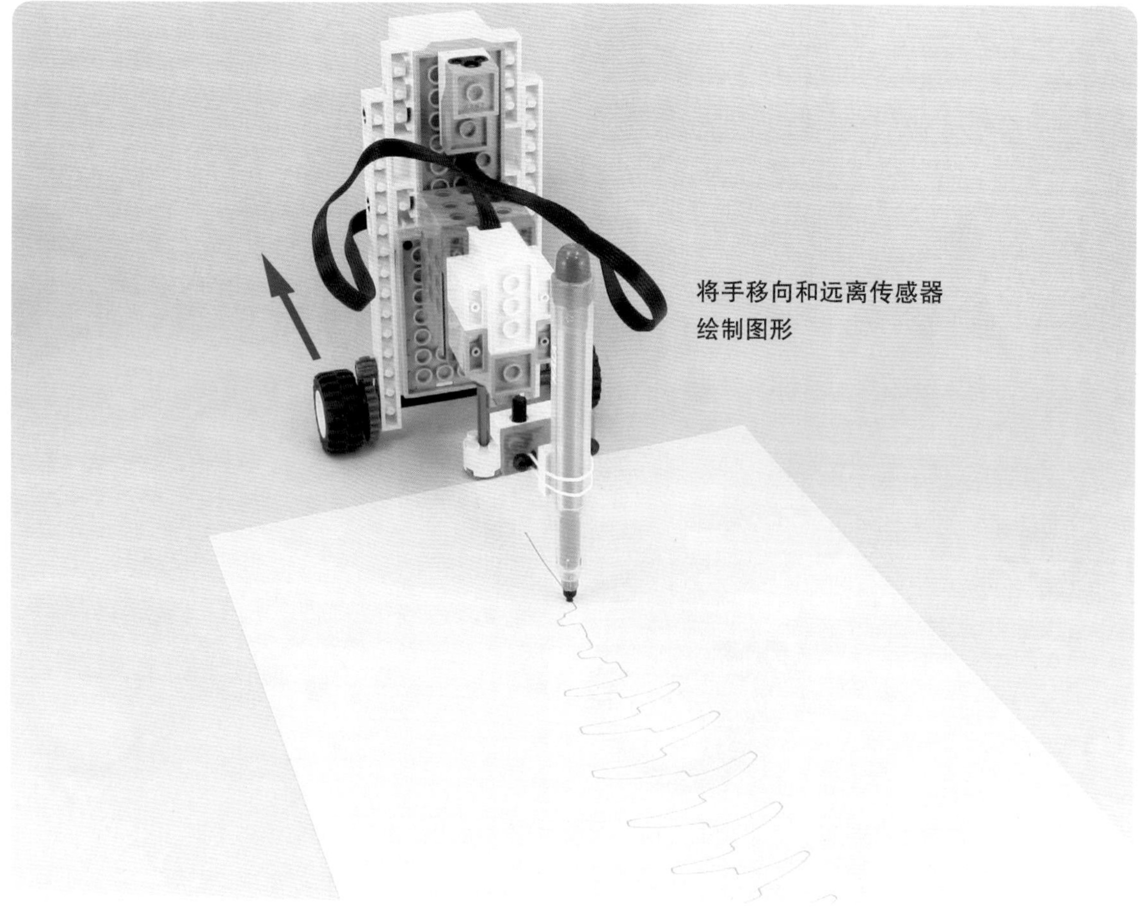

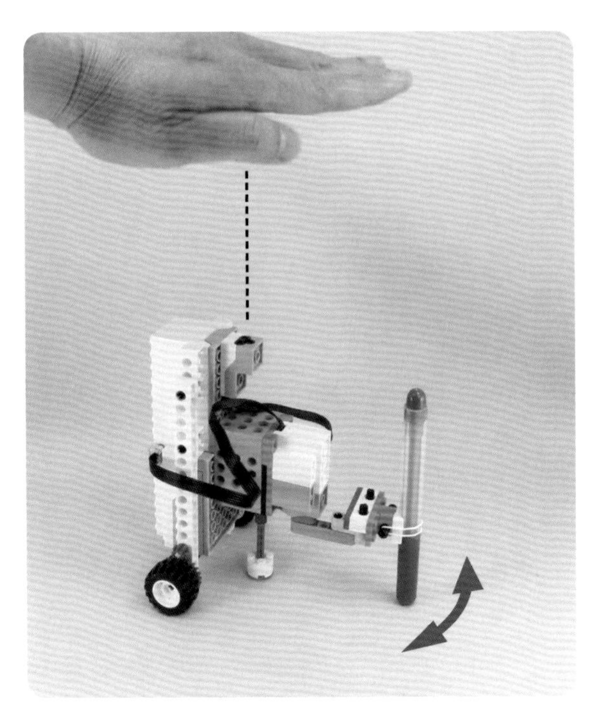

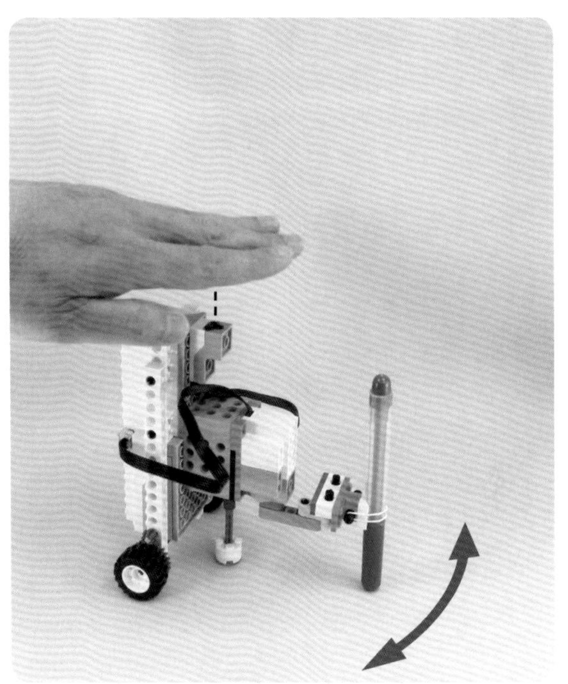

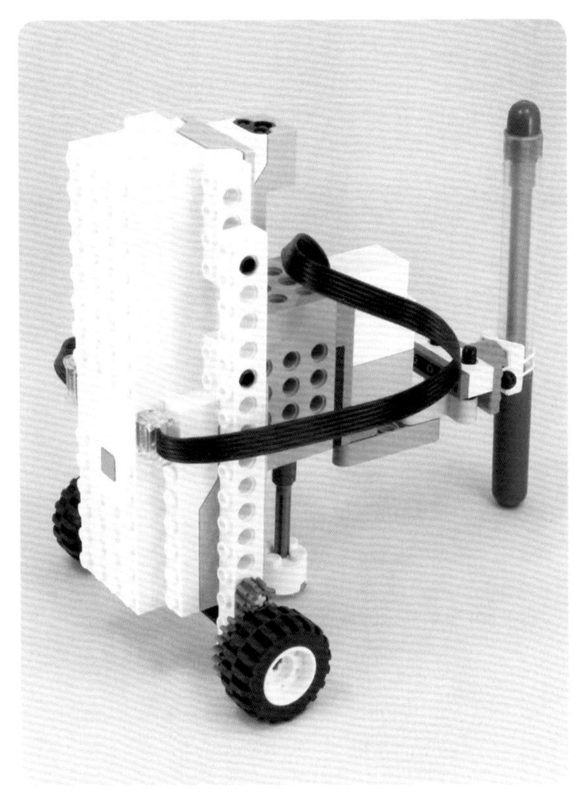

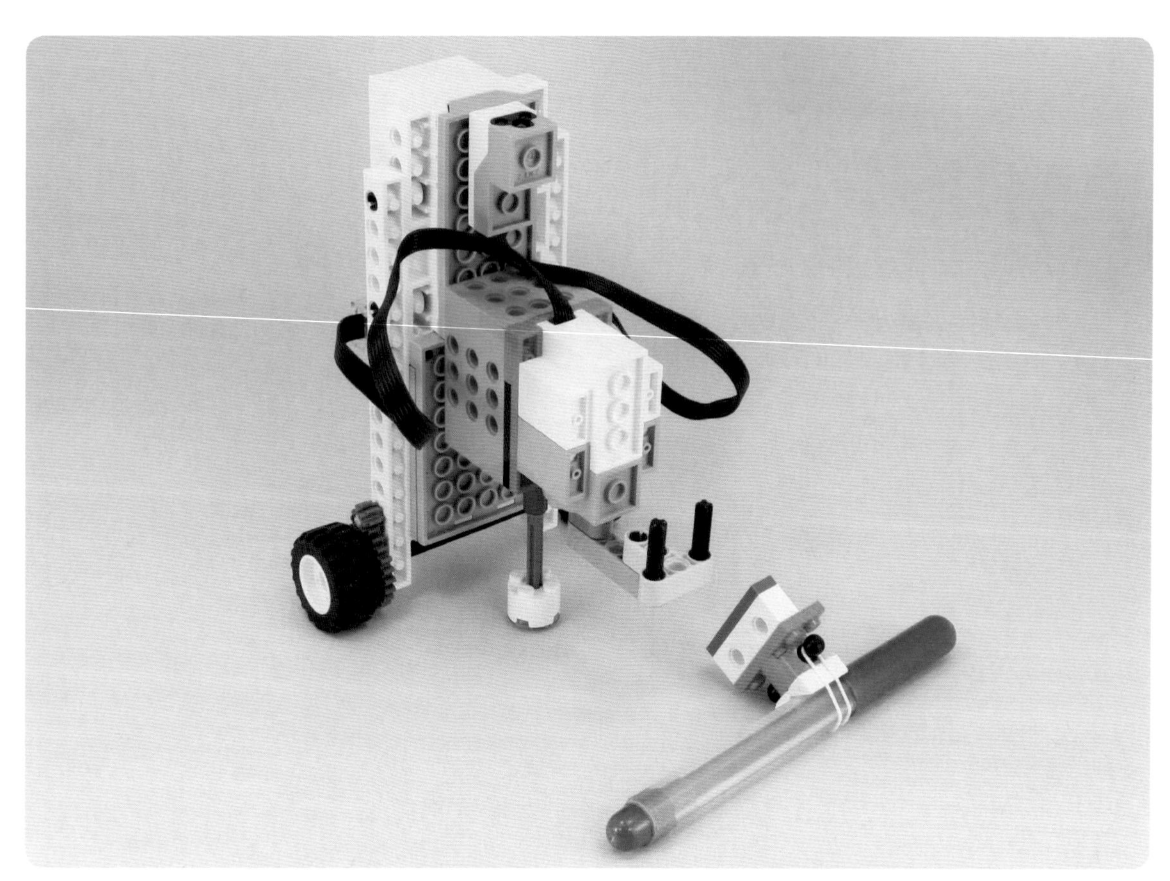

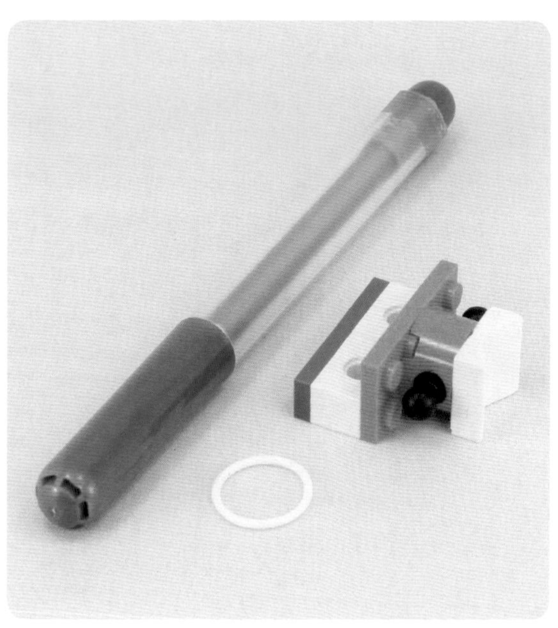

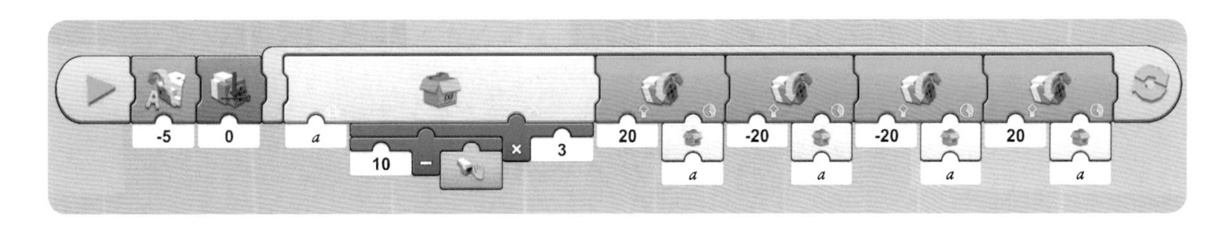
-5
0
a
10
3
20
a
-20
a
-20
a
20
a

转盘的应用

#83

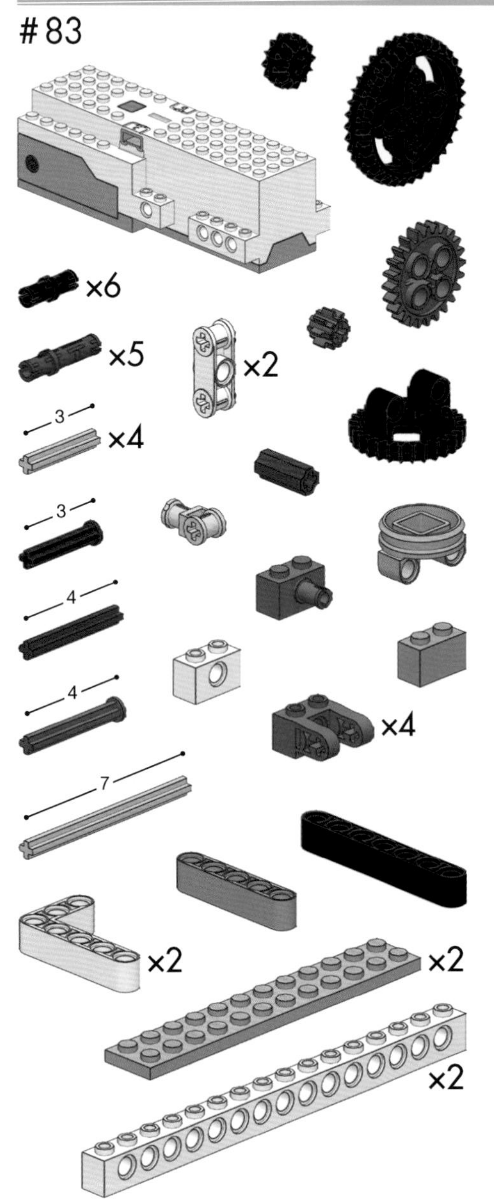

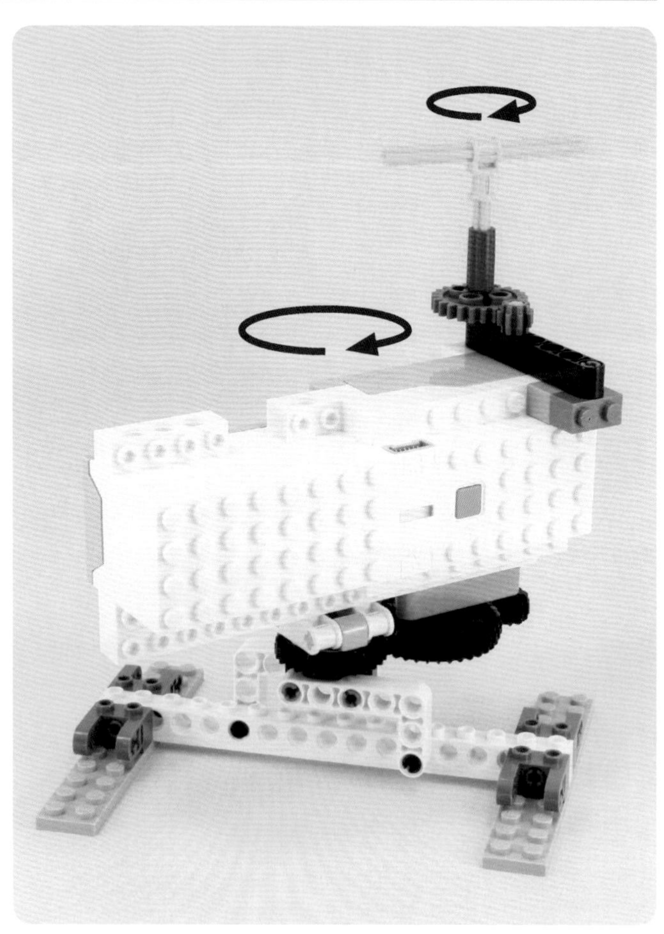

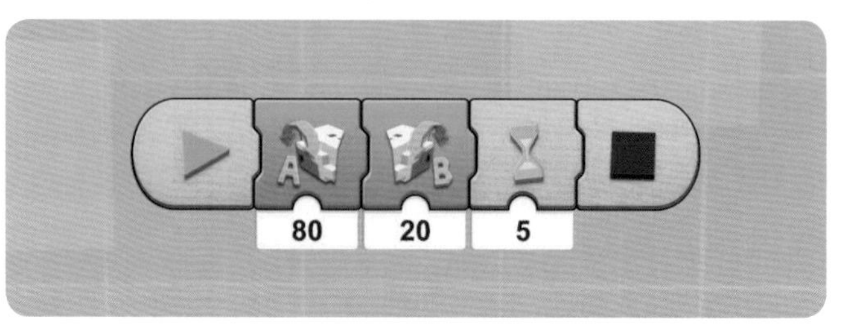

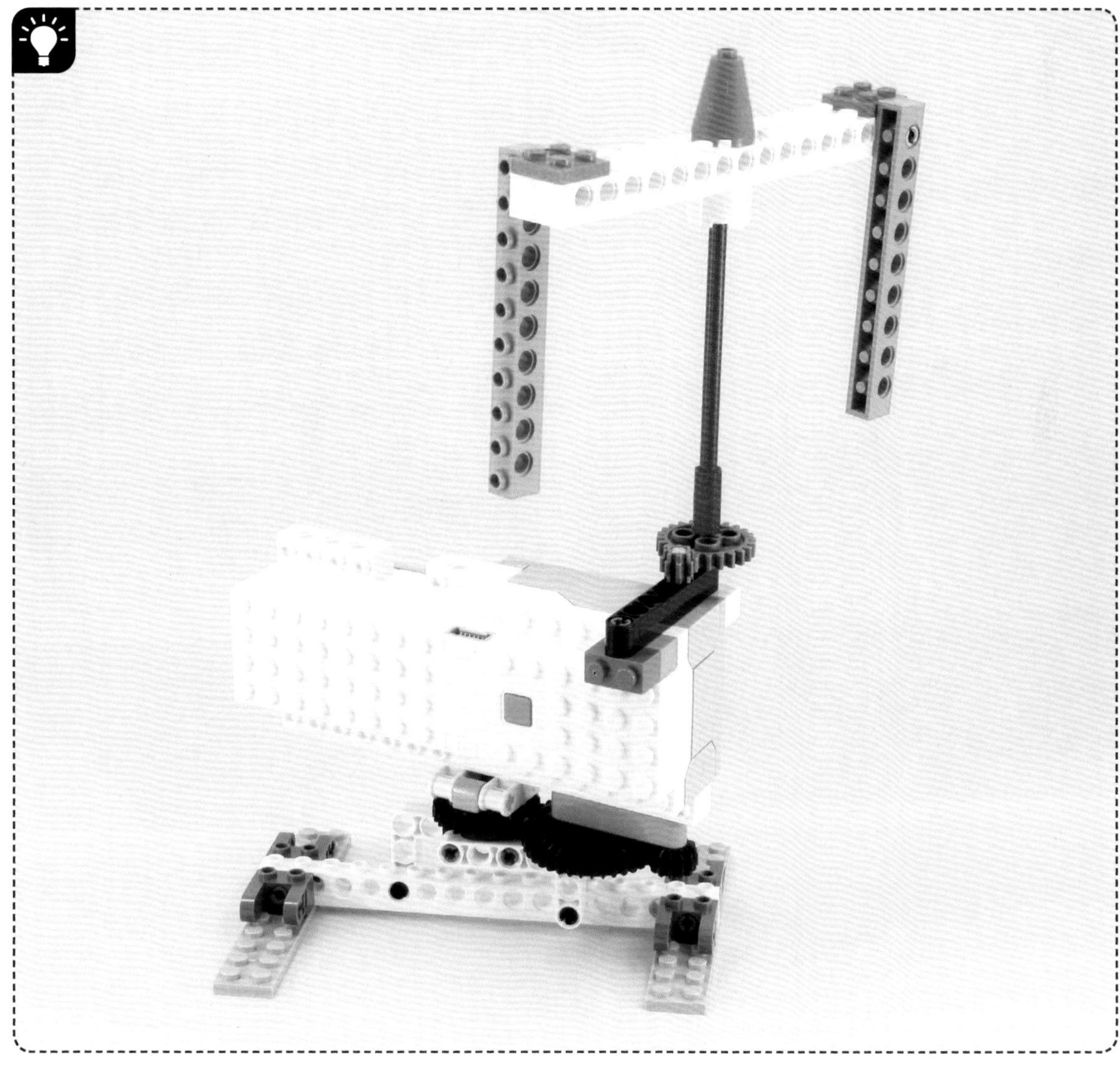

#84

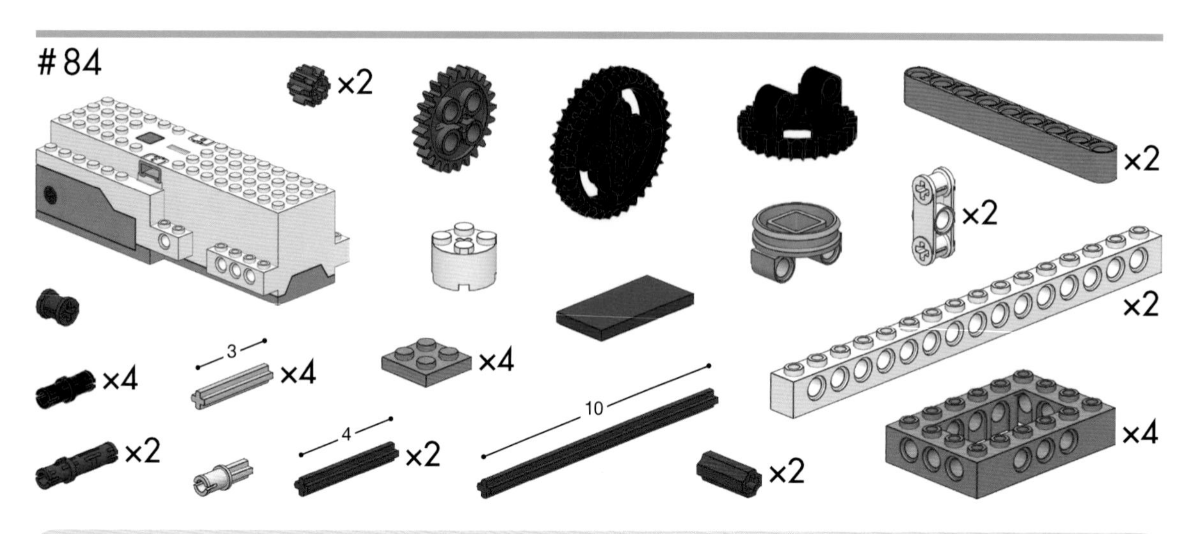

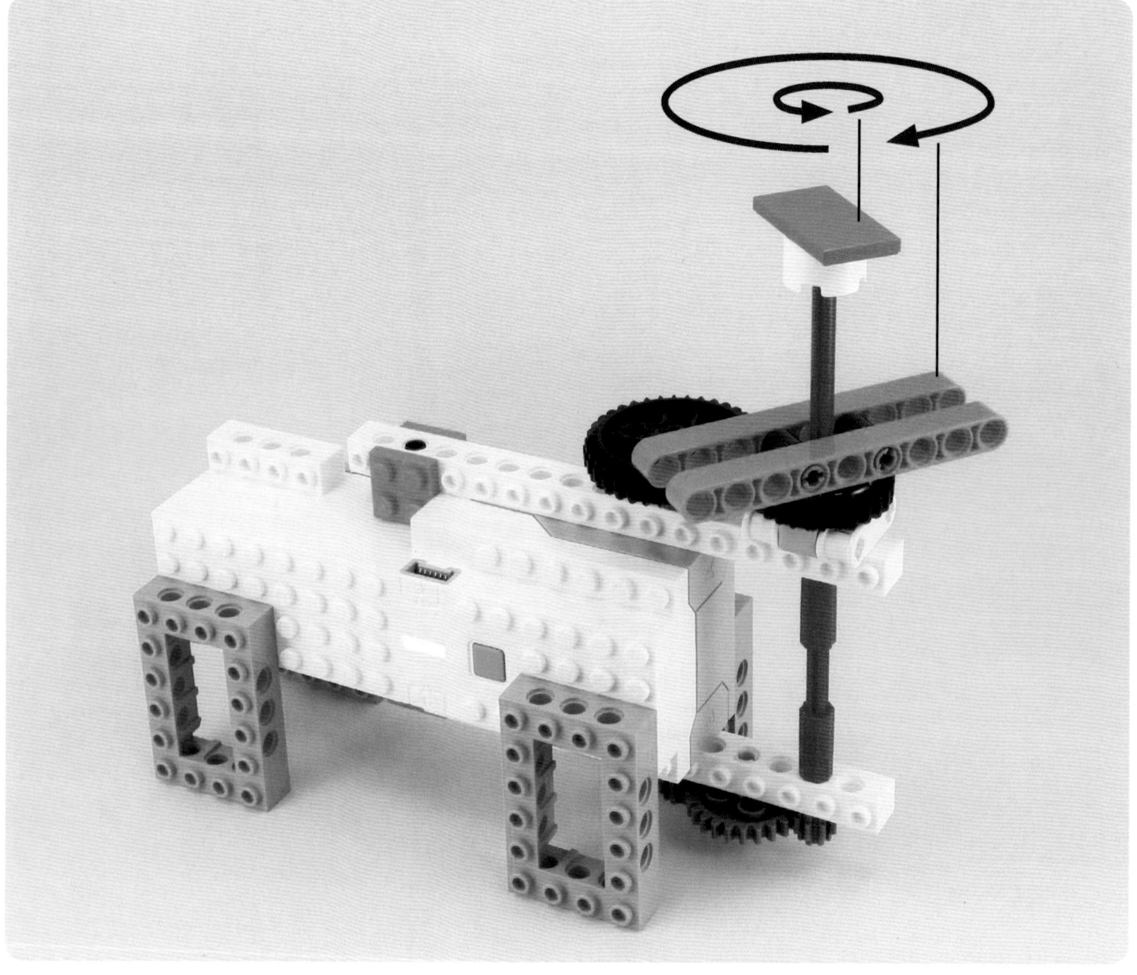

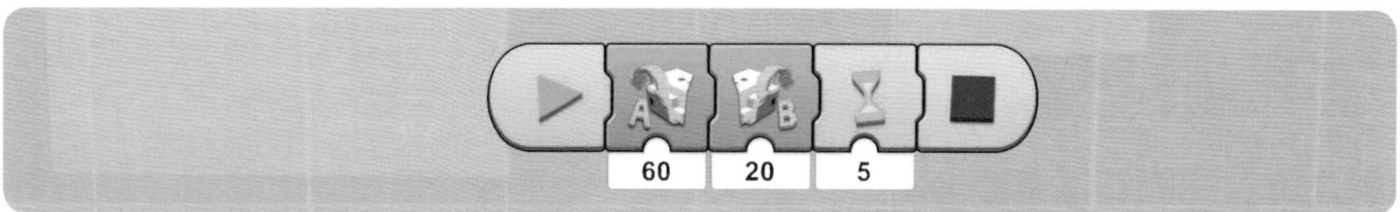
A
B
60
20
5

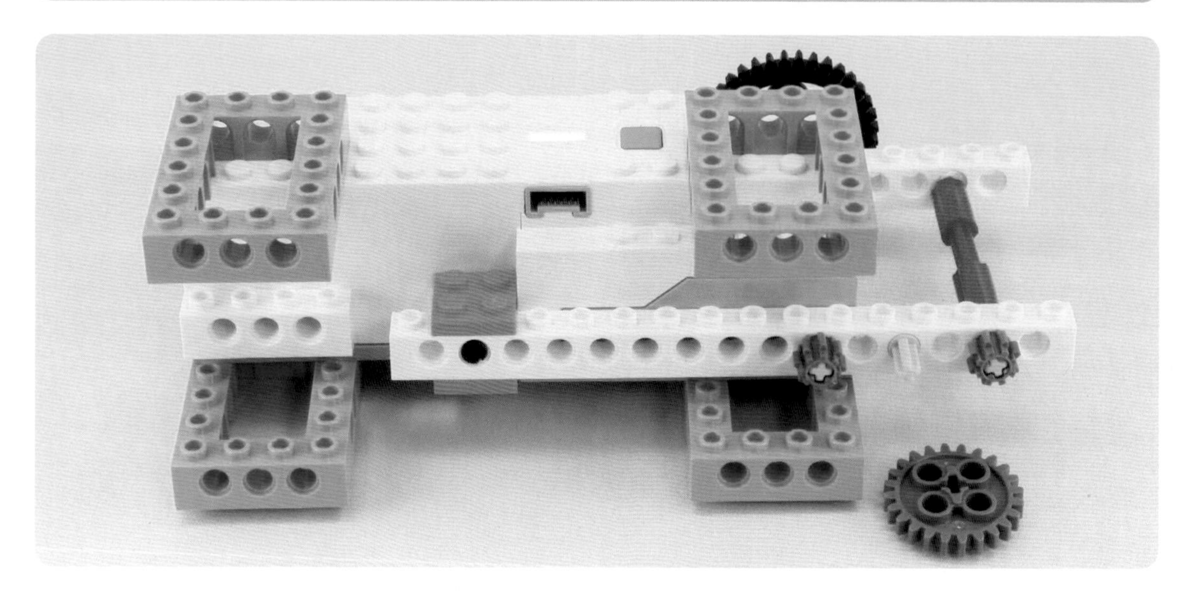

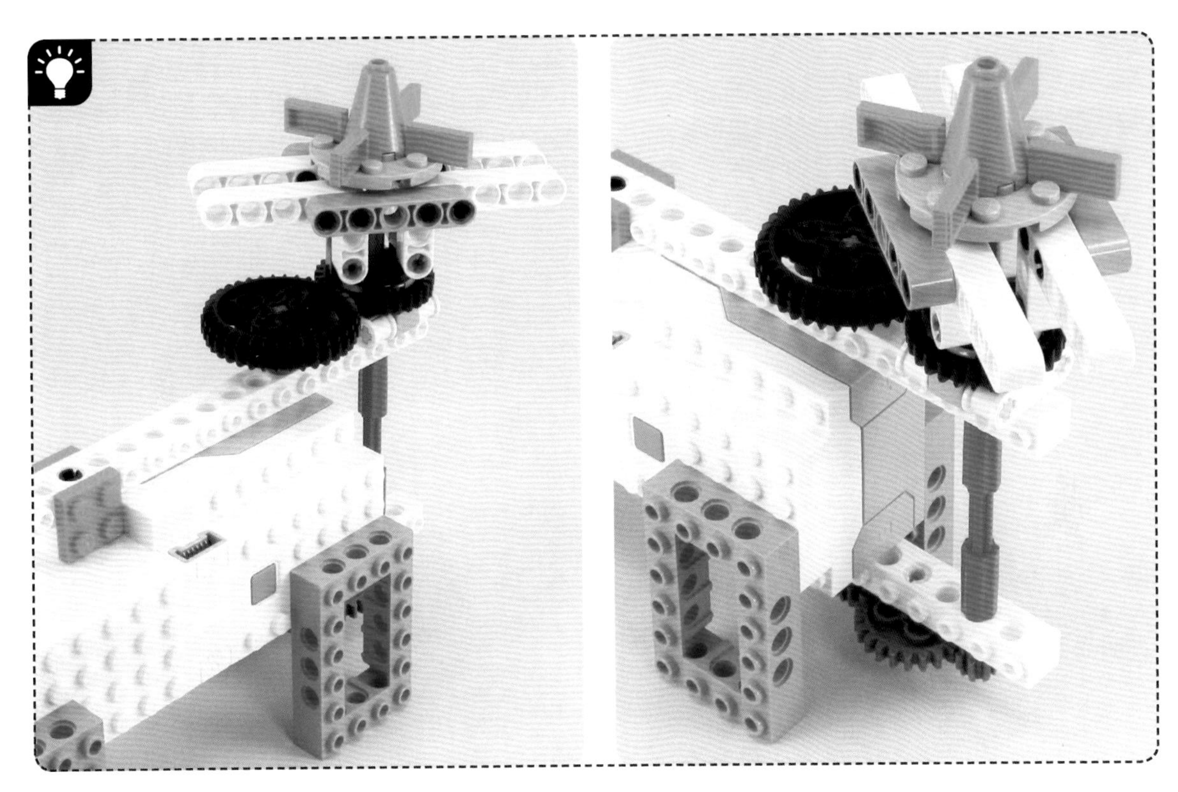

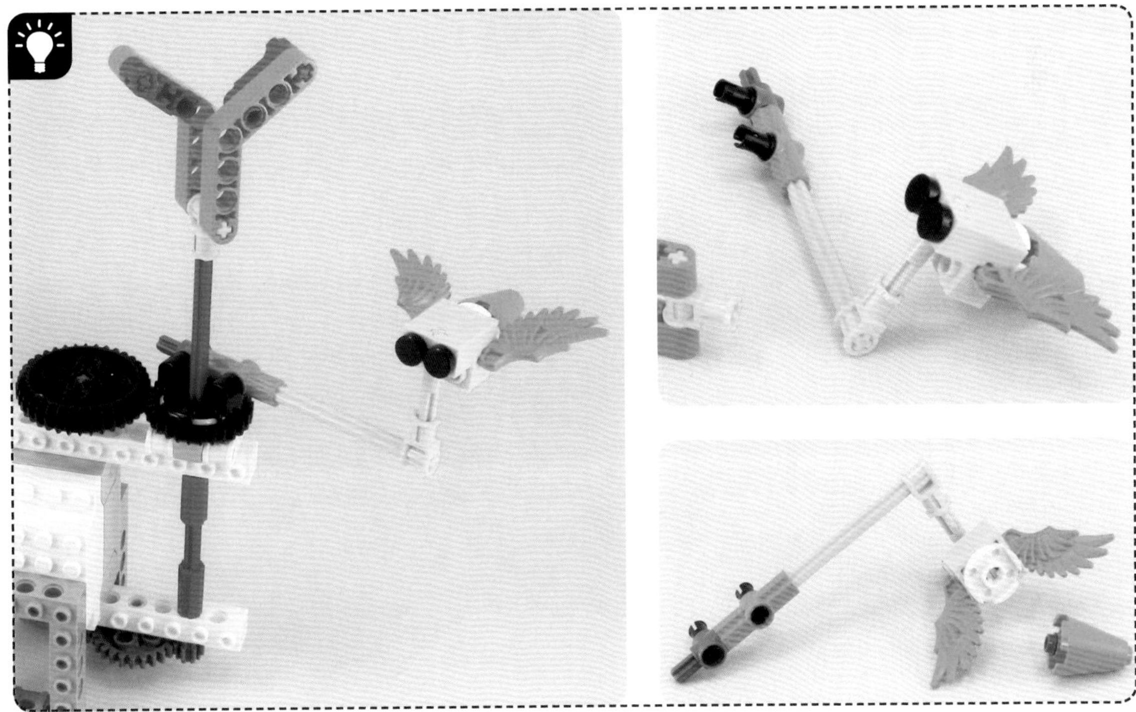

通过转向改变方向

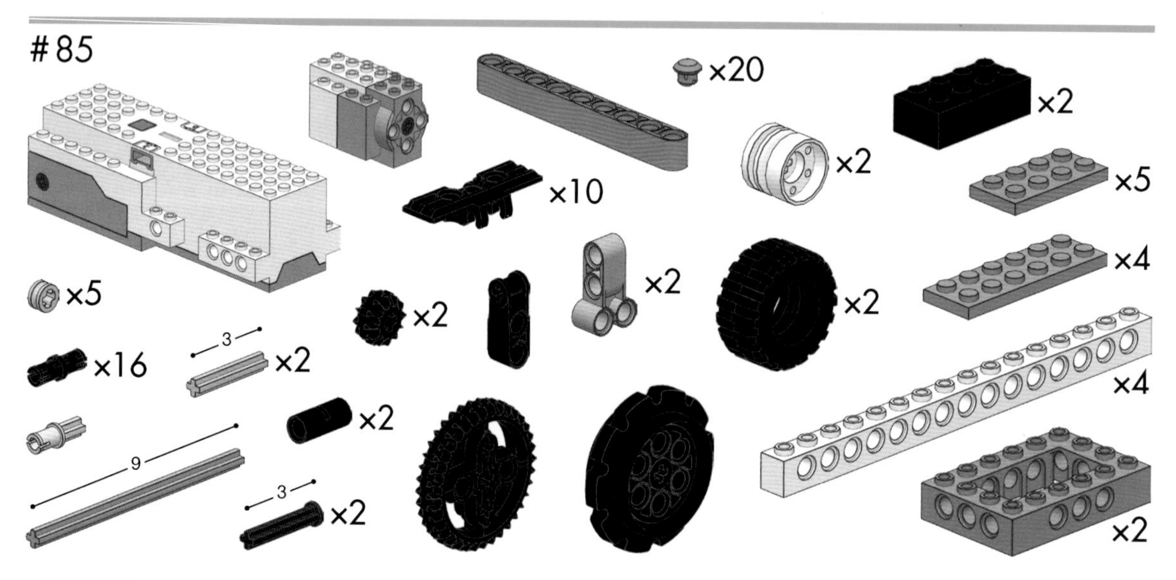

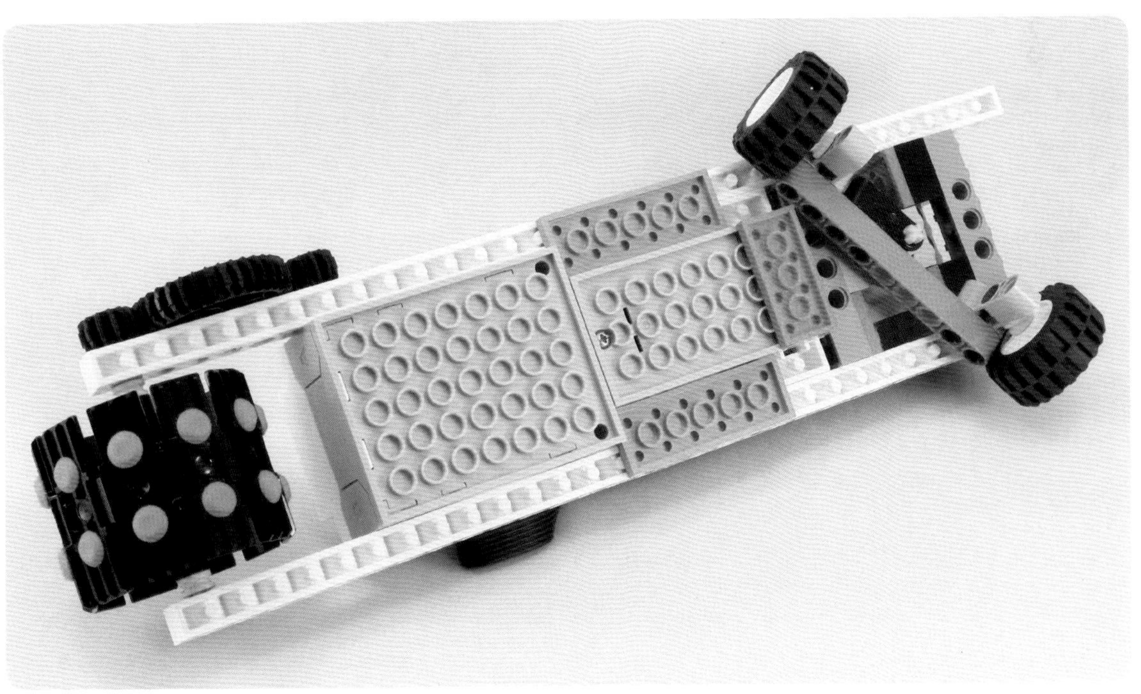

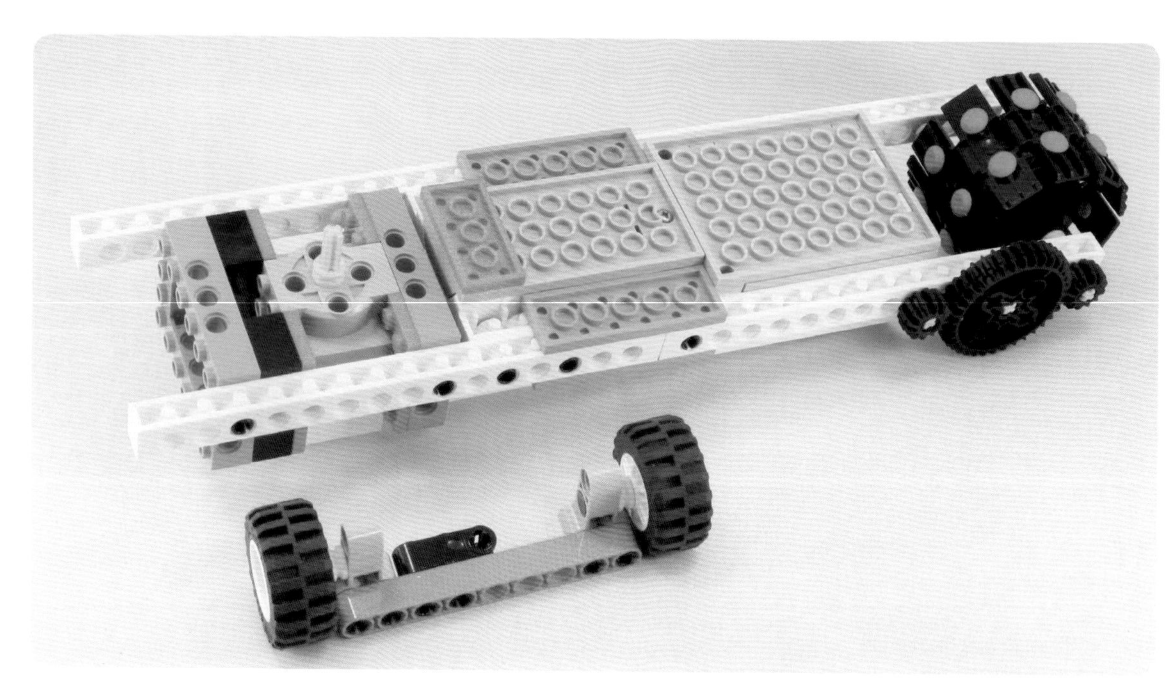

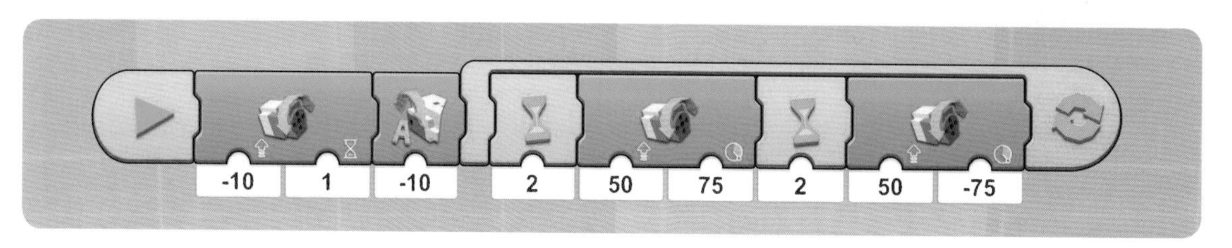
-10
1
-10
2
50
75
2
50
-75

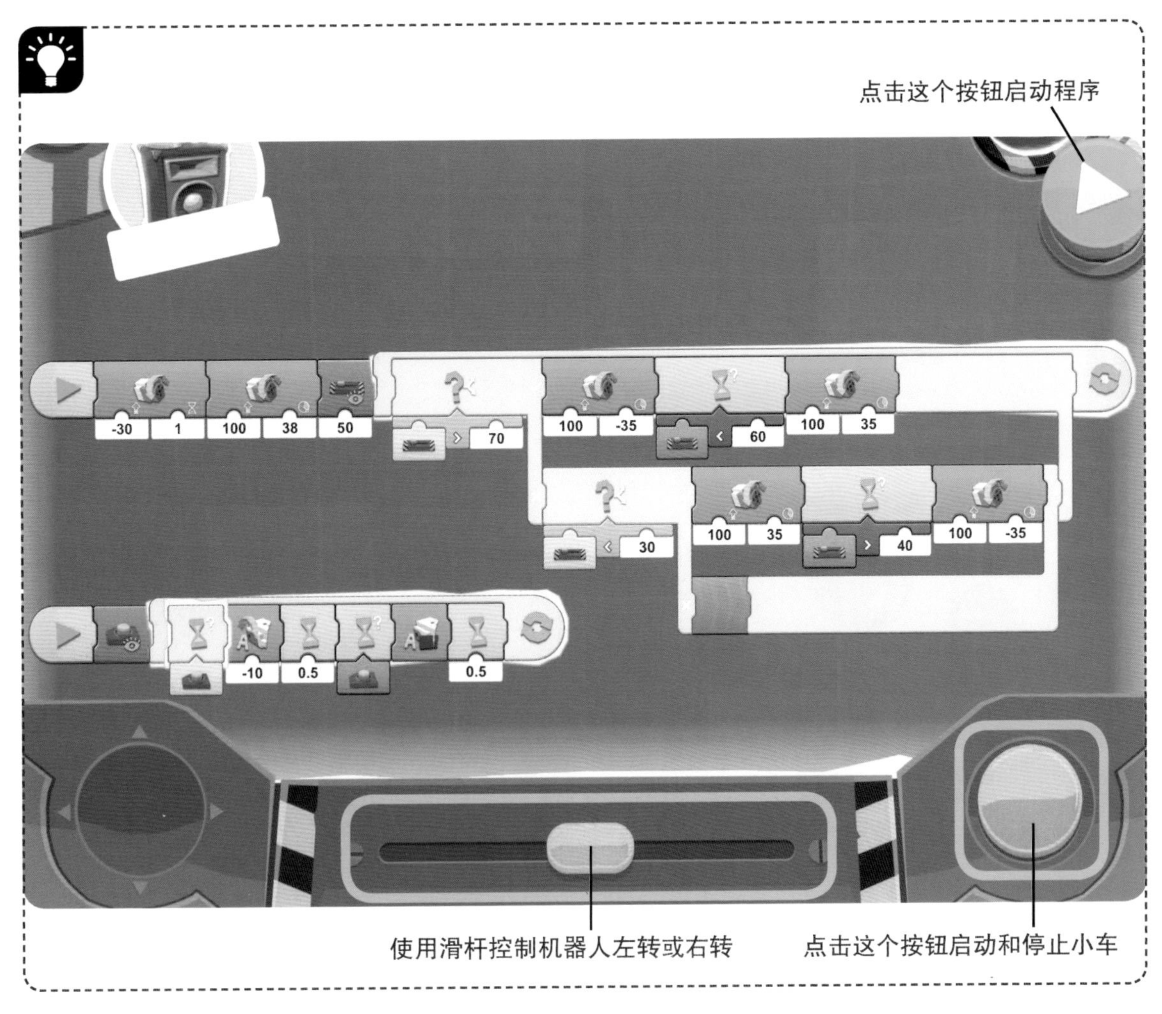
点击这个按钮启动程序
-30
1
100
38
50
70
100
-35
60
100
35
30
100
35
40
100
-35
-10
0.5
0.5
使用滑杆控制机器人左转或右转
点击这个按钮启动和停止小车

协同工作的车

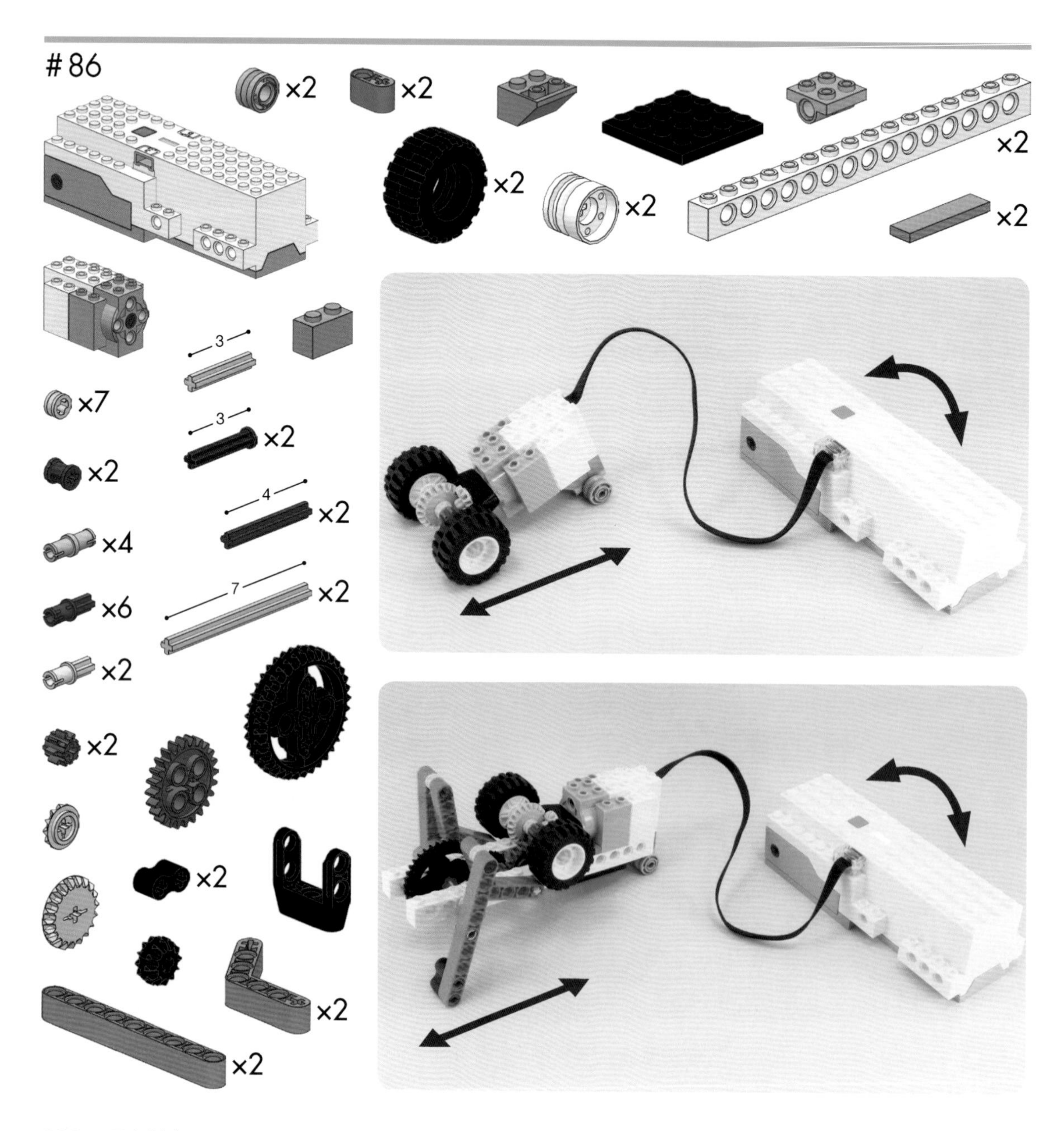

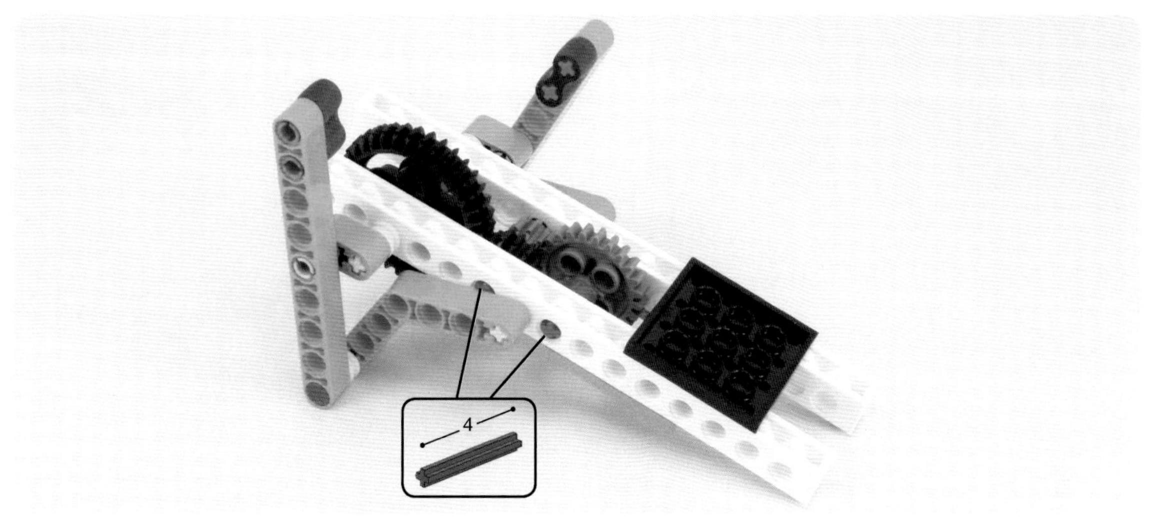
4

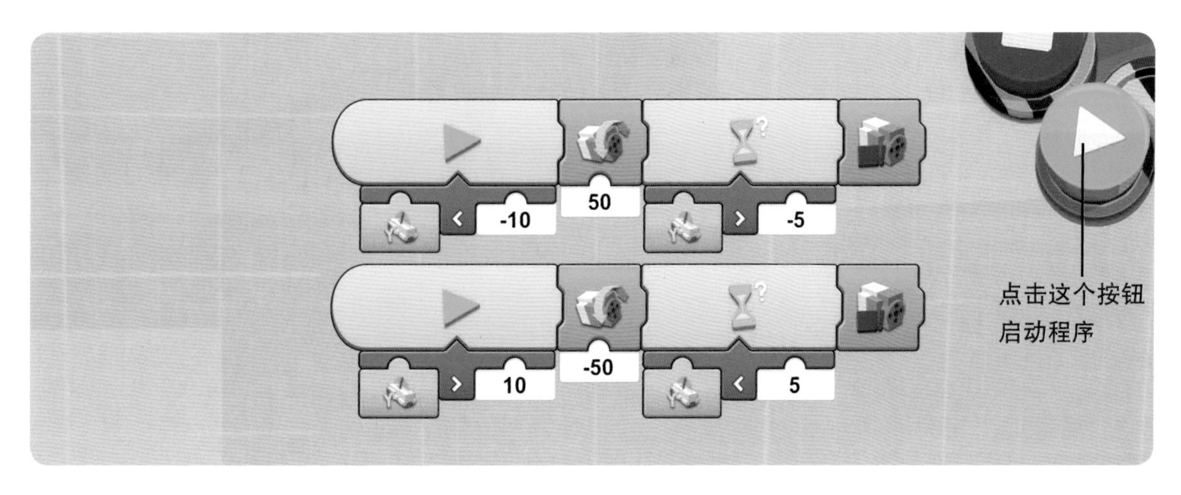
50
-10
-5
-50
10
5
点击这个按钮
启动程序

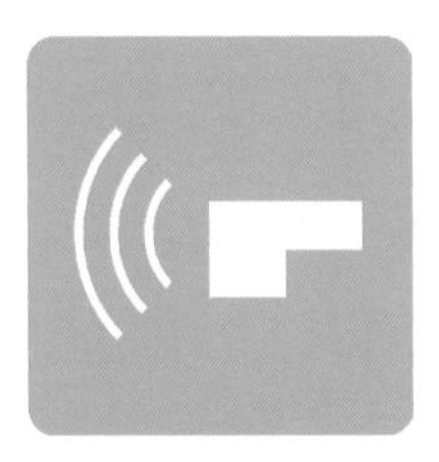

颜色和距离传感器的更多使用方式

#87

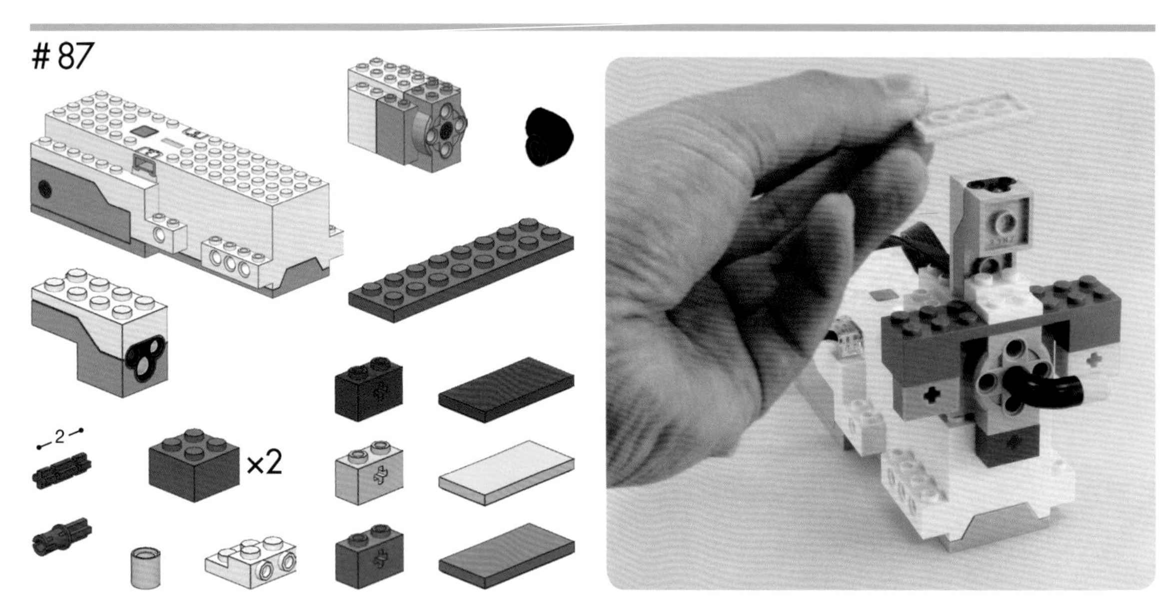

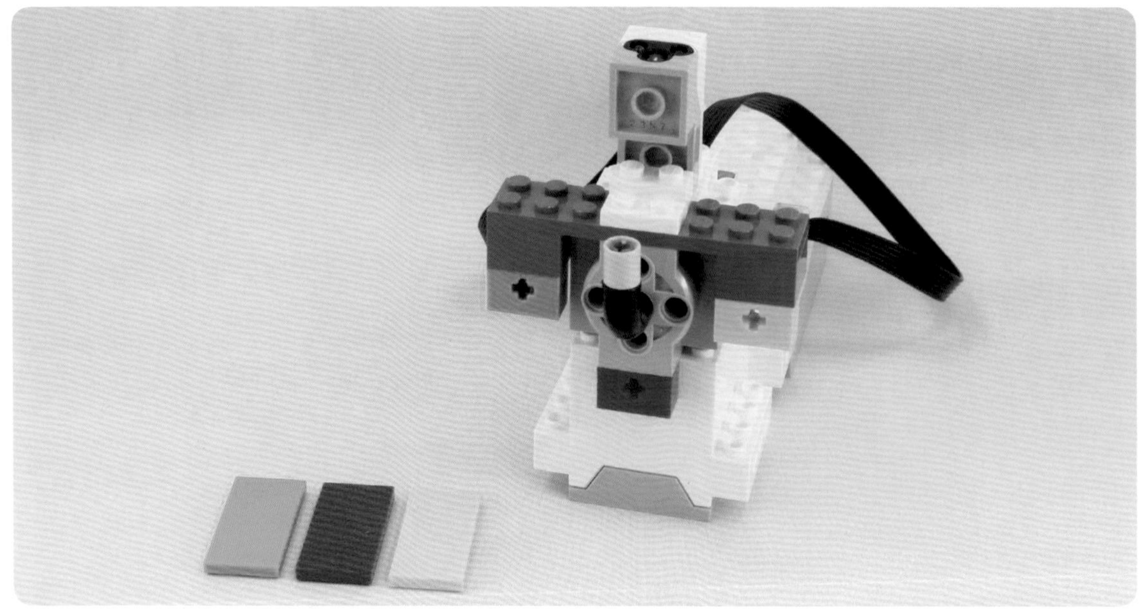

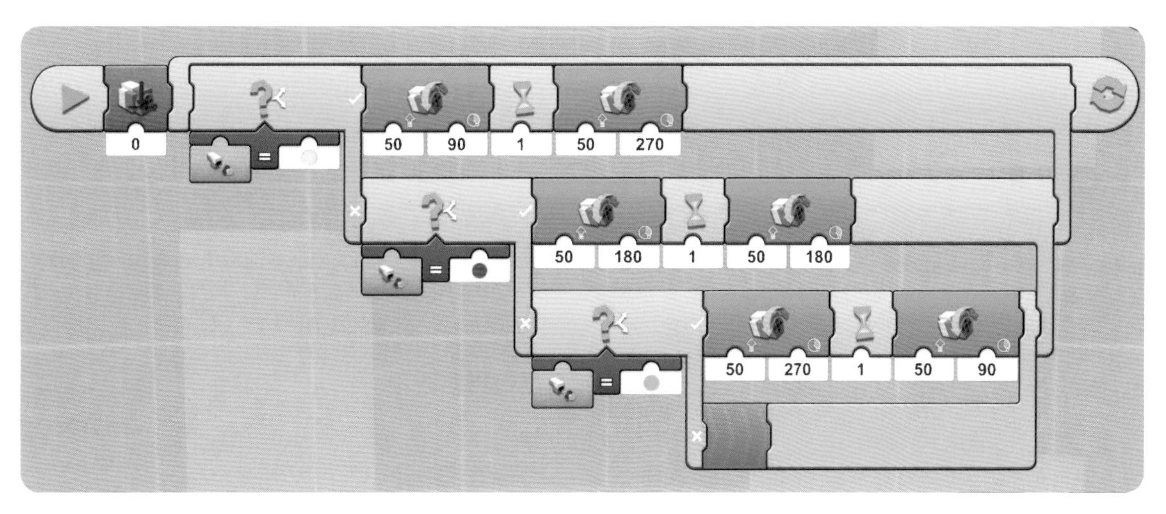
0
50
90
1
50
270
50
180
1
50
180
50
270
1
50
90

#88

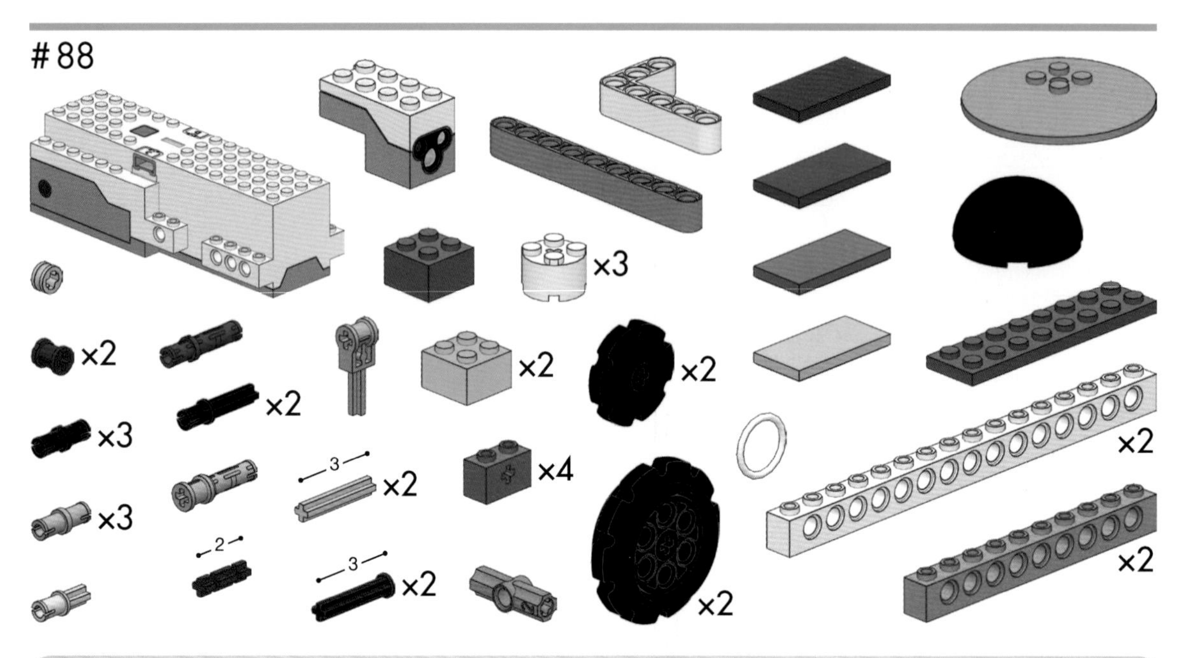

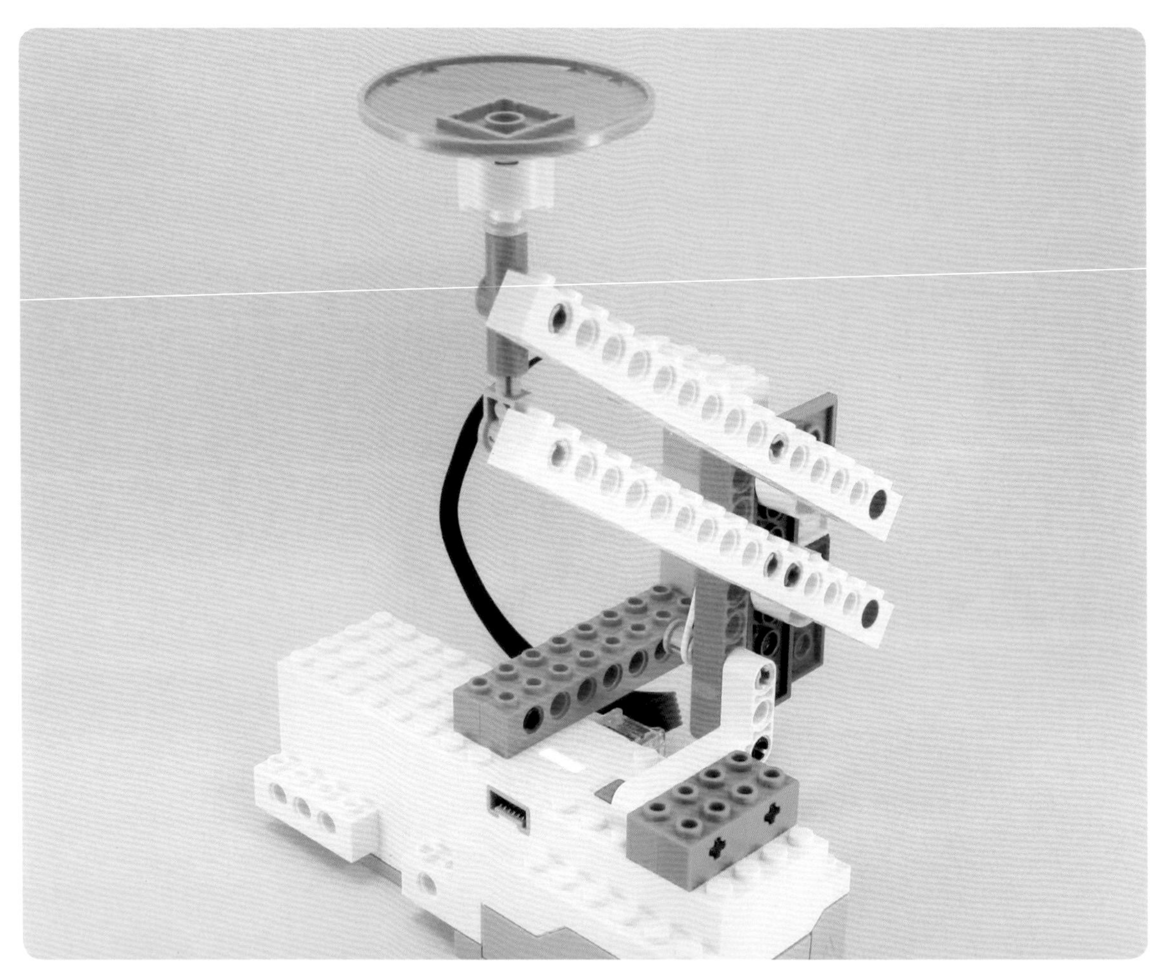

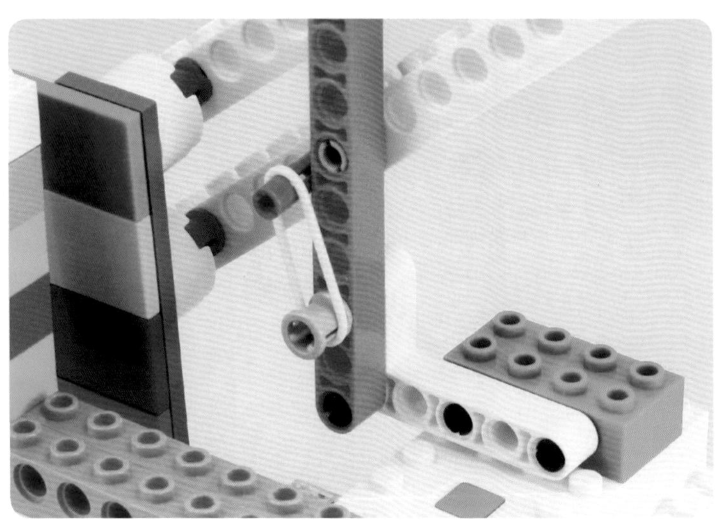

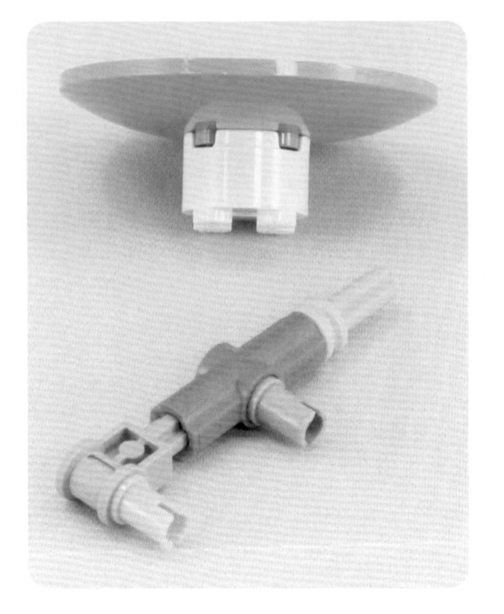

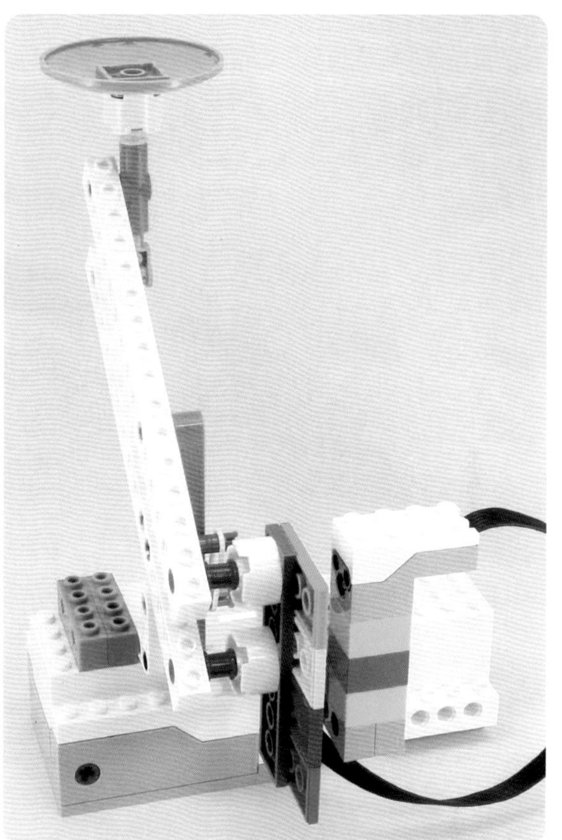

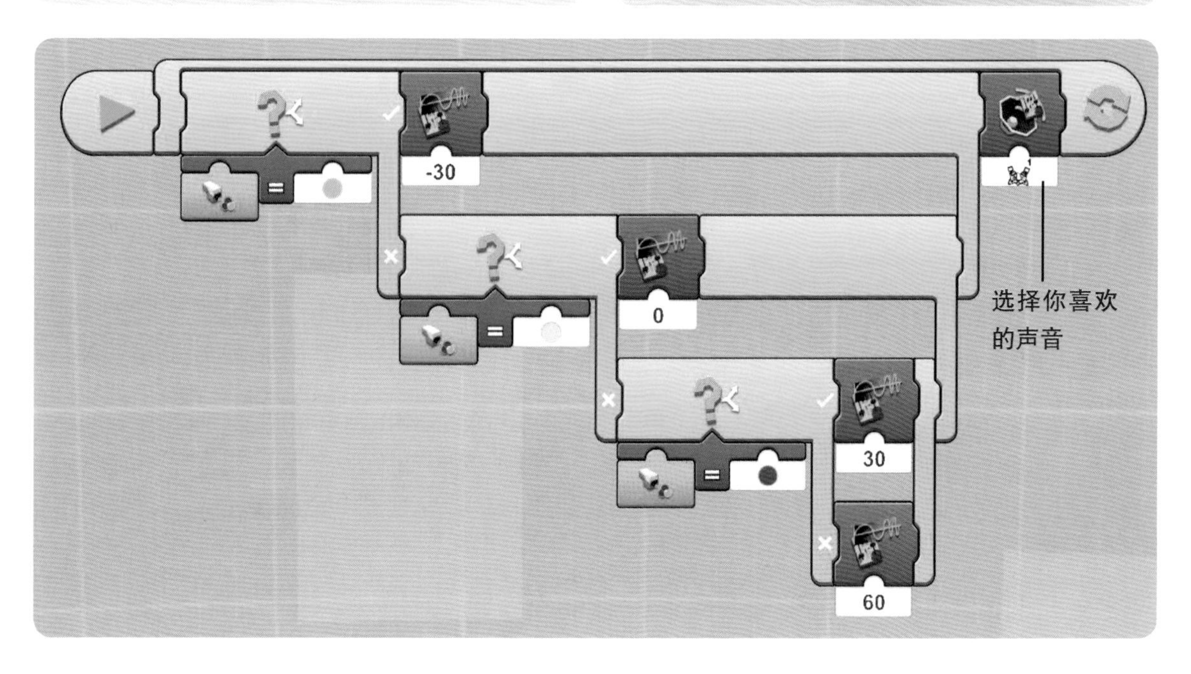
-30
0
30
60
选择你喜欢的声音

#89

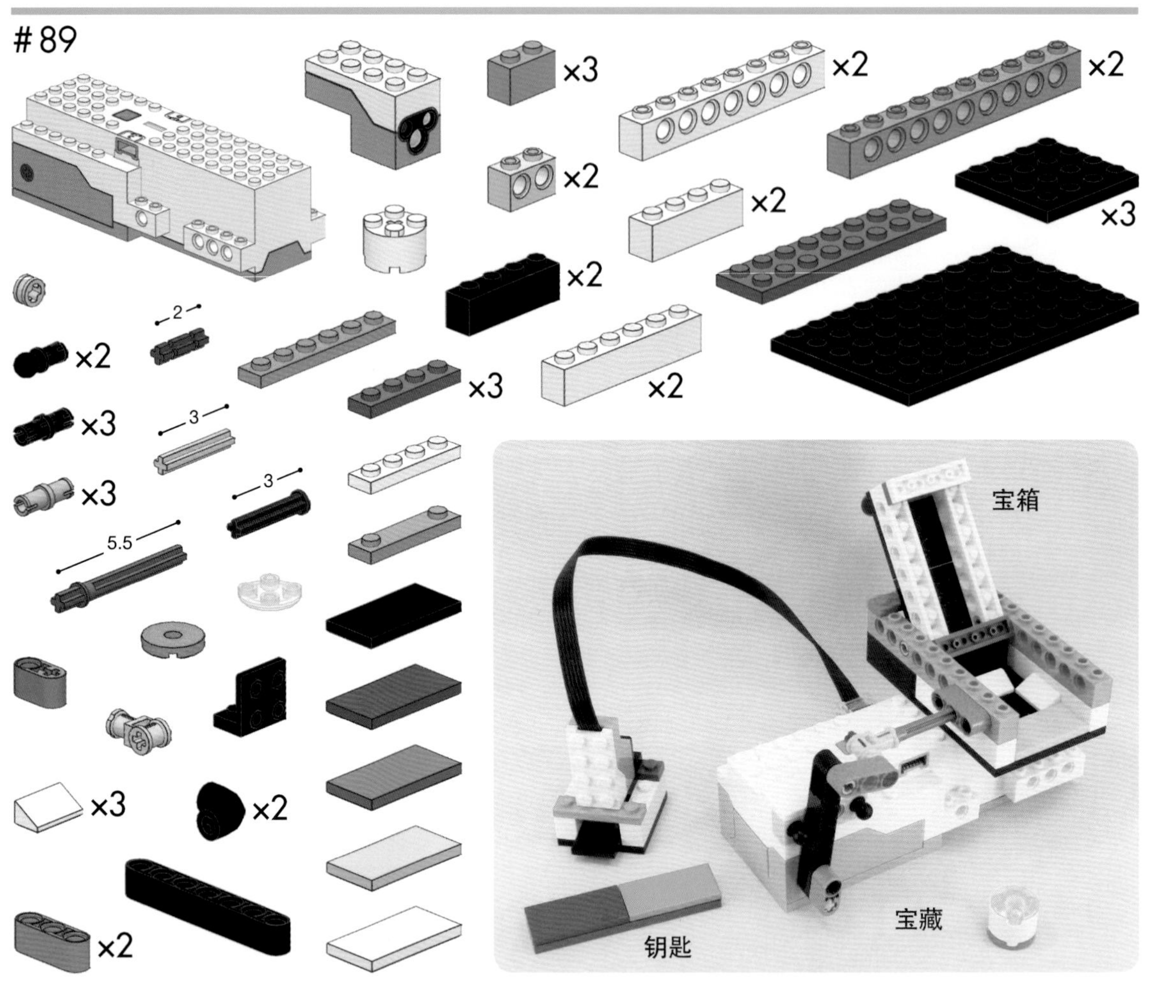

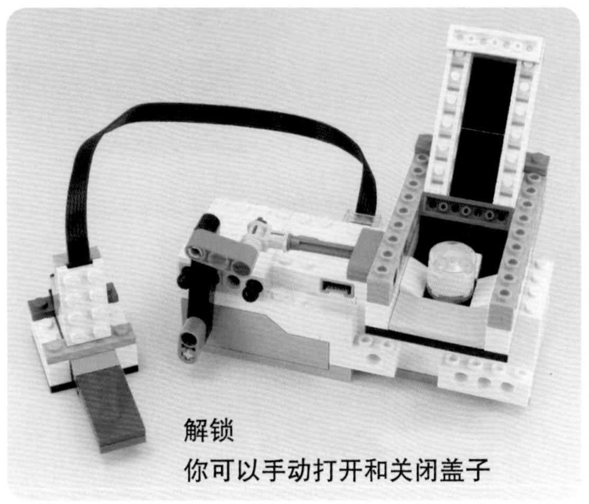

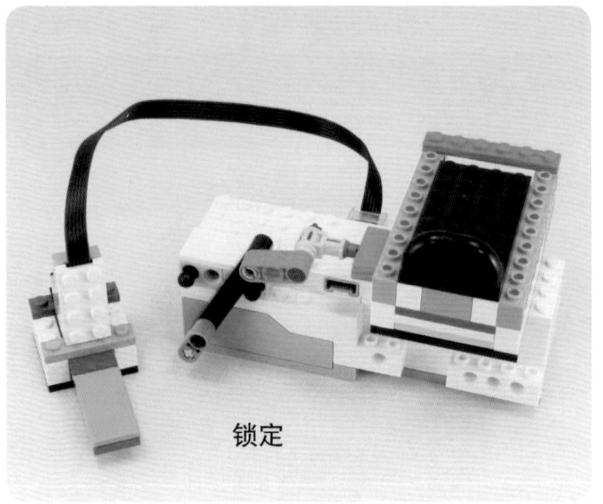

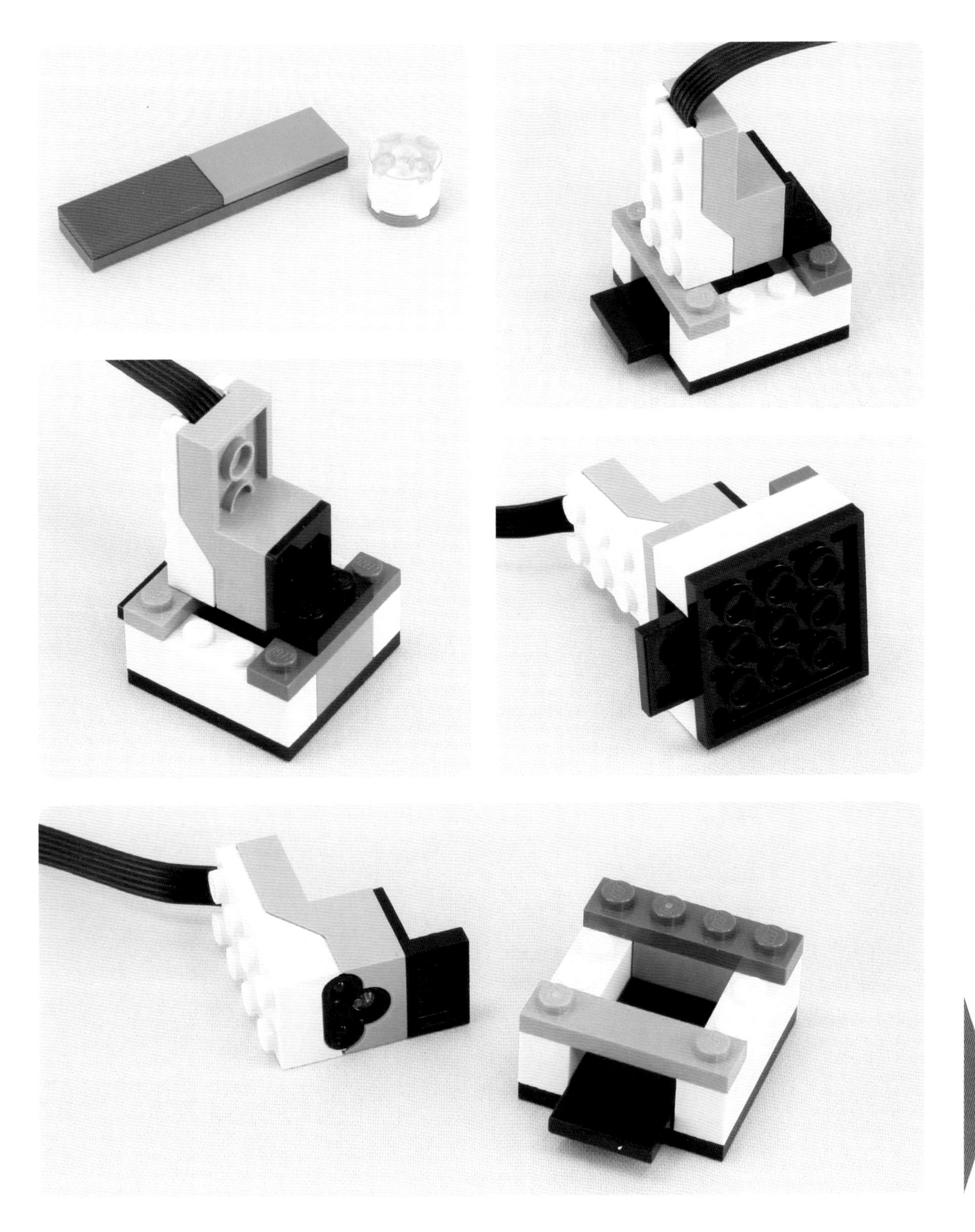

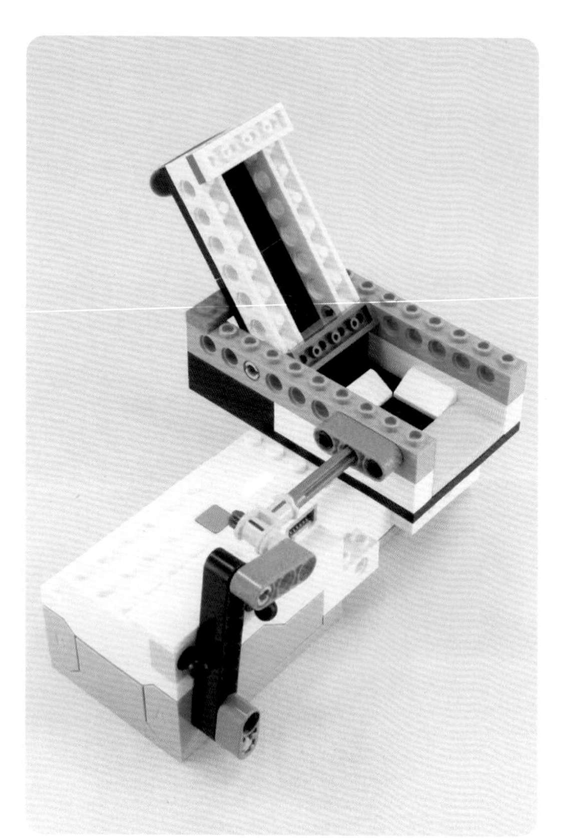

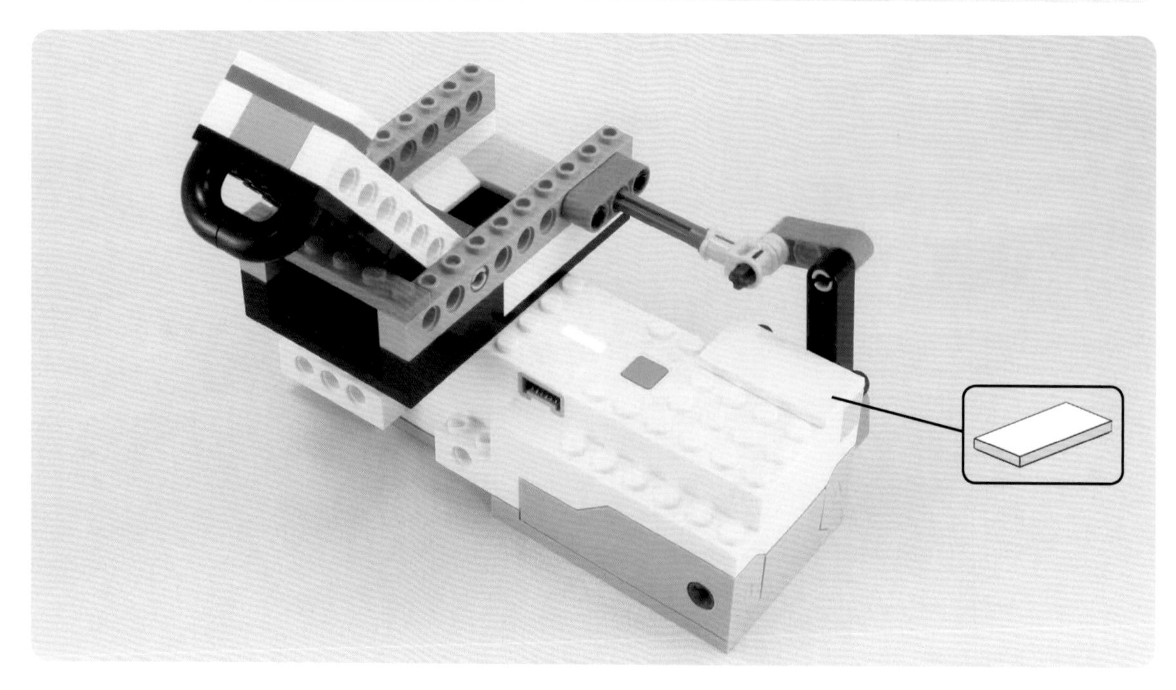

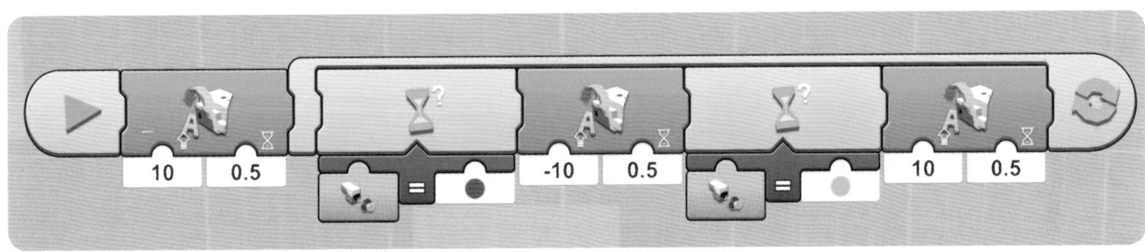

10
0.5
-10
0.5
10
0.5

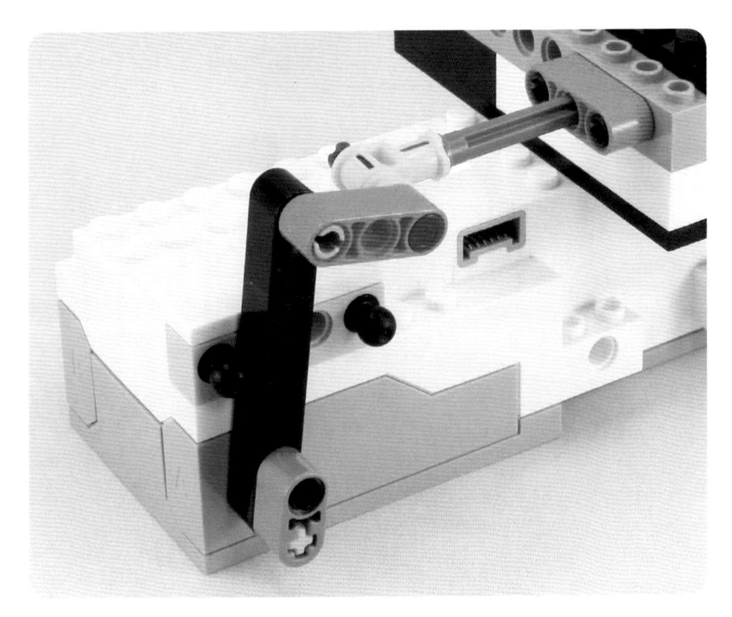

使用智能移动中心的倾斜传感器

#90

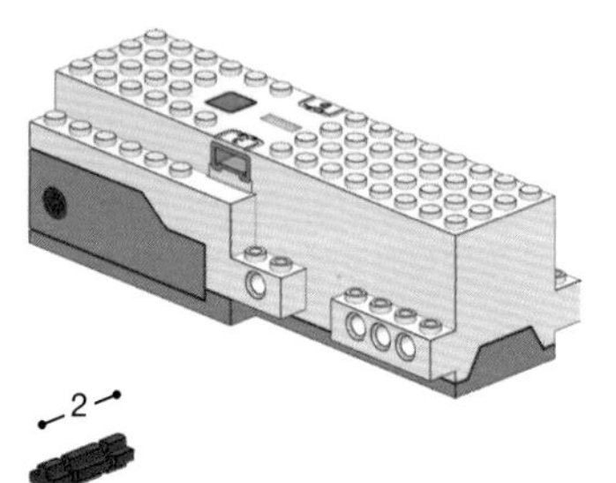

2

×2

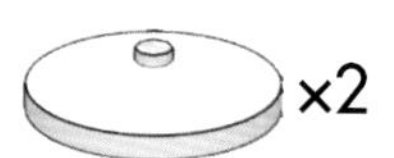

×2

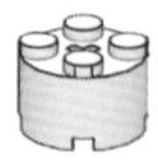

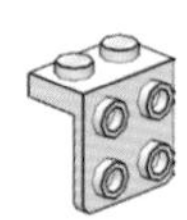

×2

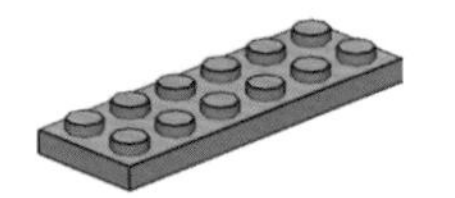

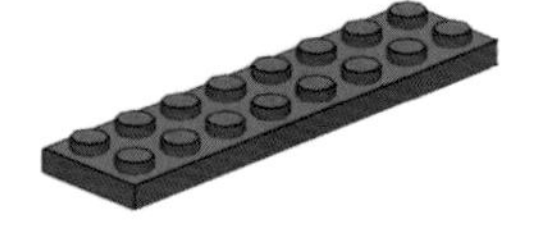

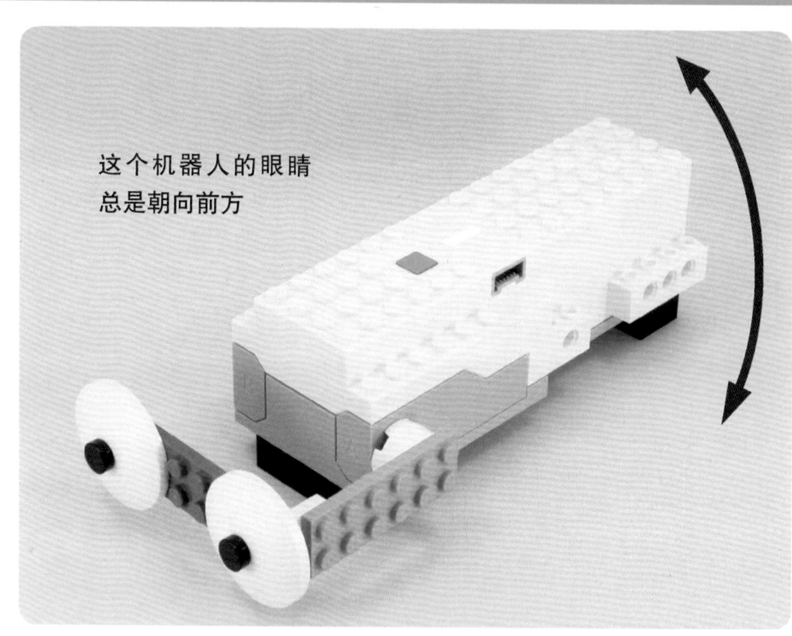

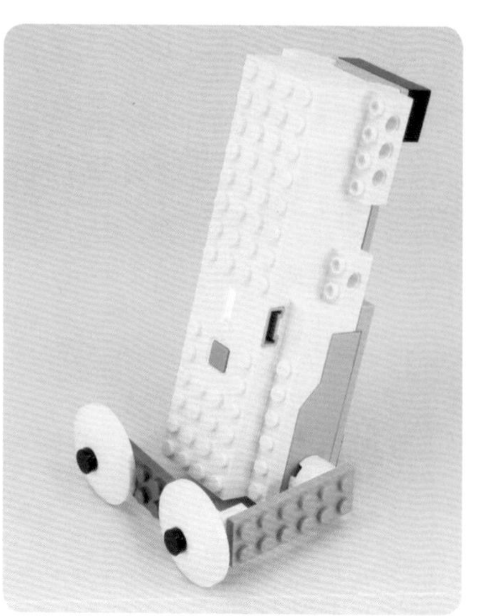

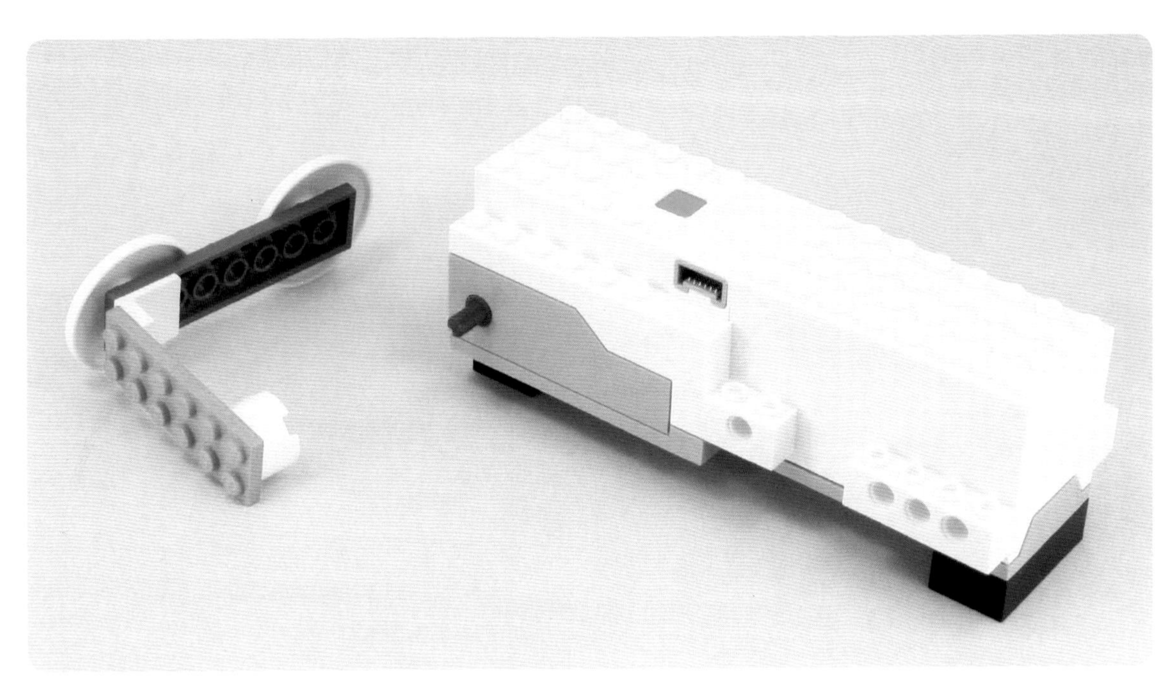

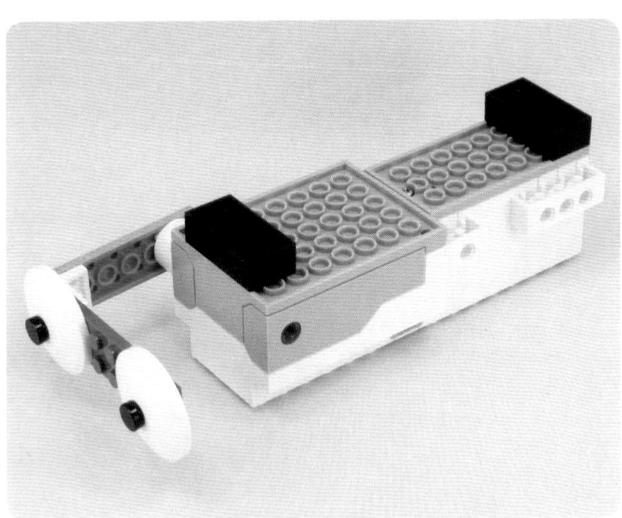

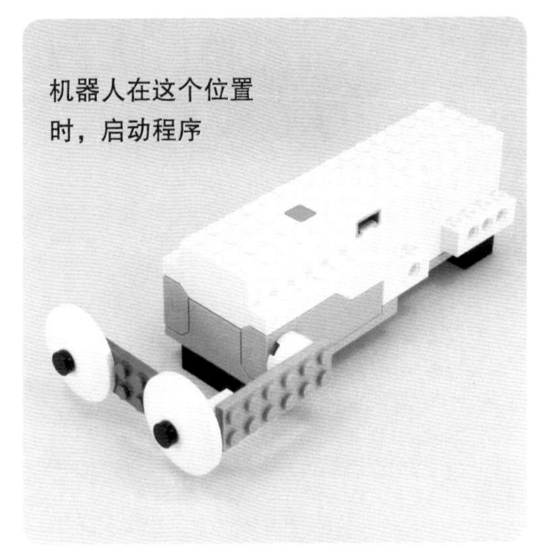
机器人在这个位置
时，启动程序

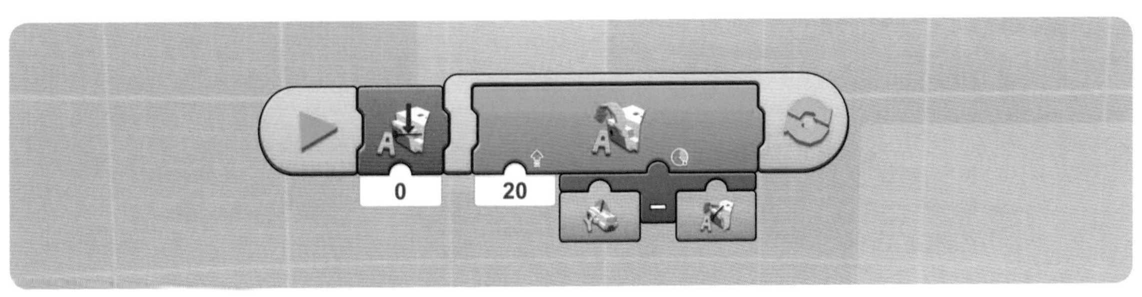
0
20

#91

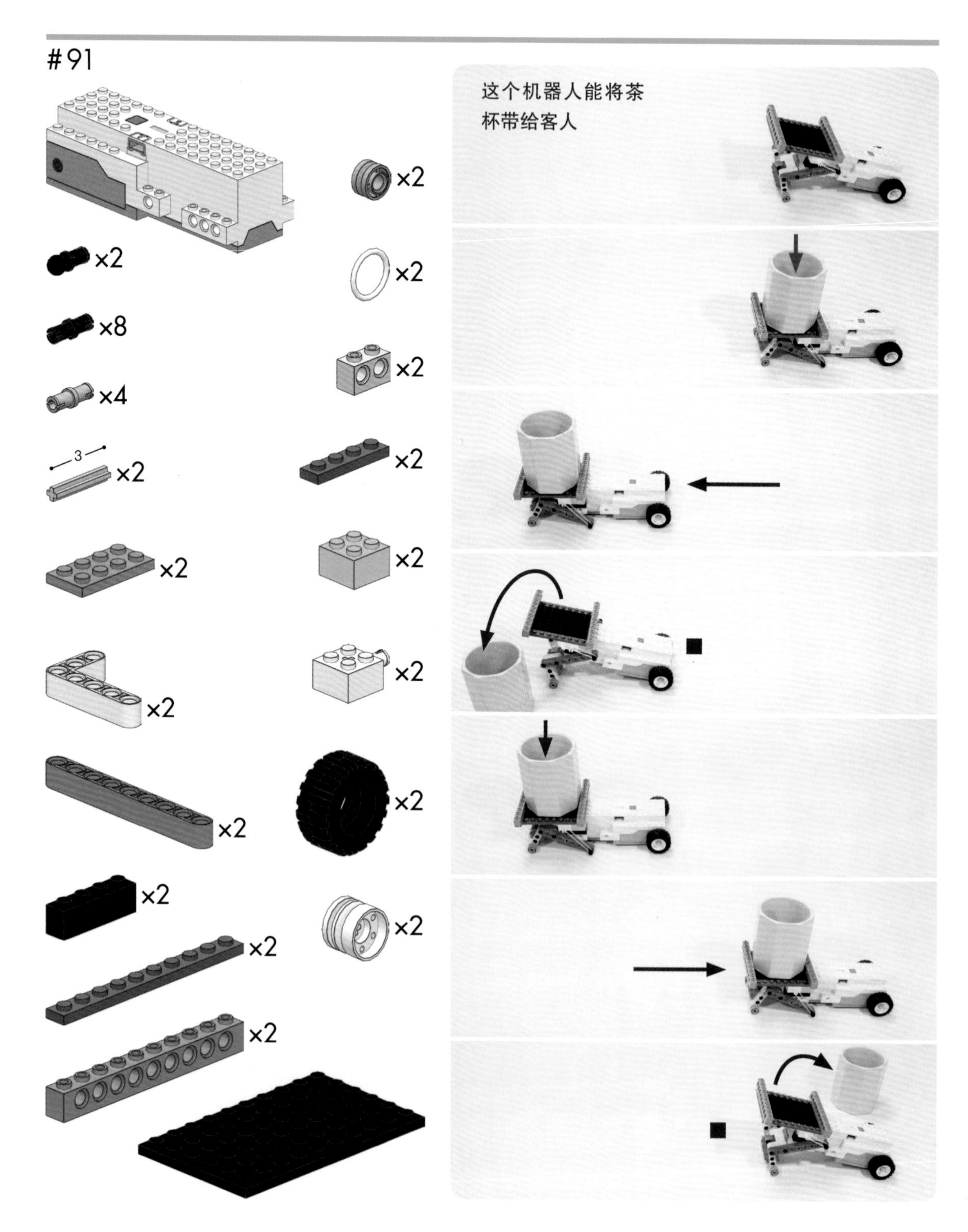

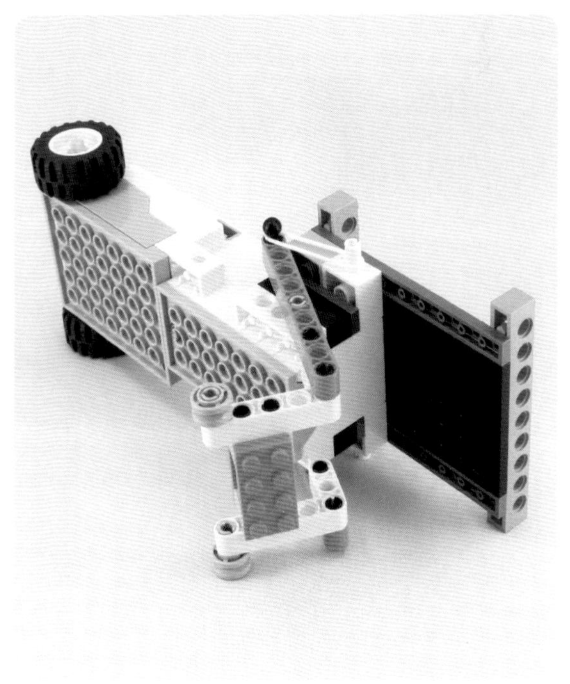

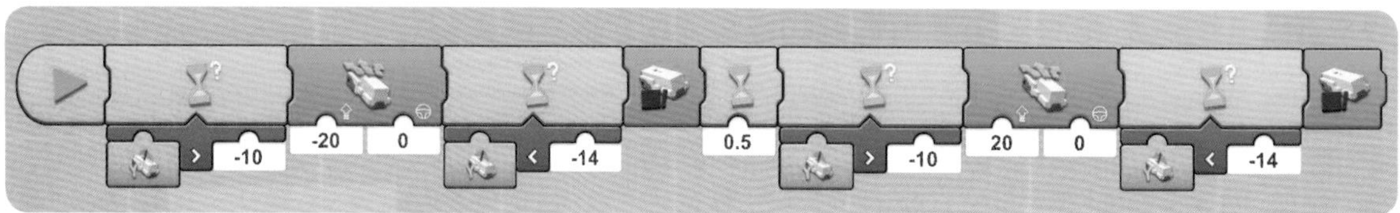

-10
-20
0
-14
0.5
-10
20
0
-14

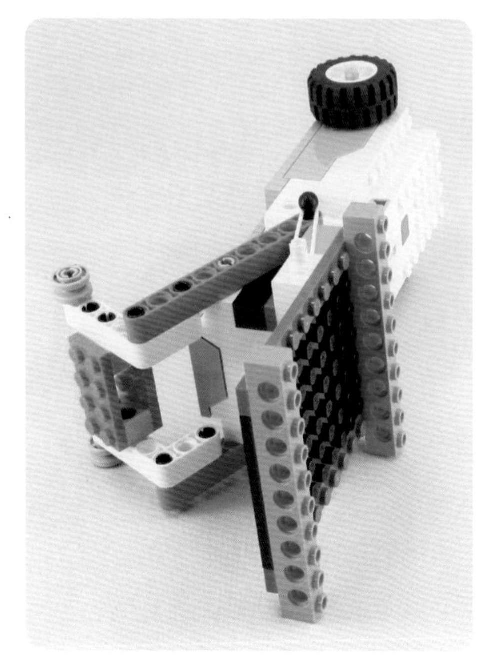

将电机 A 和电机 B 用于不同目的

#92

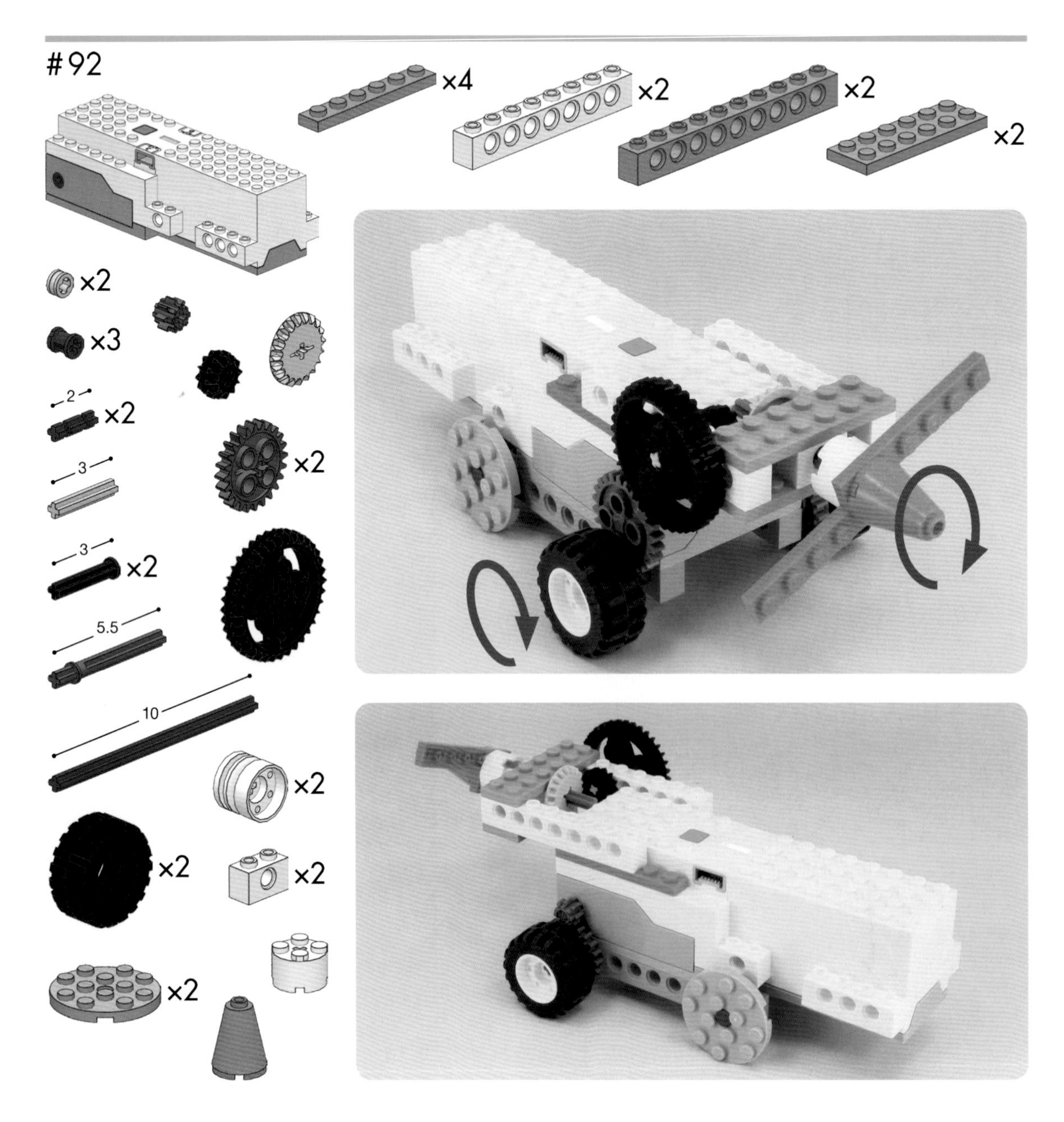

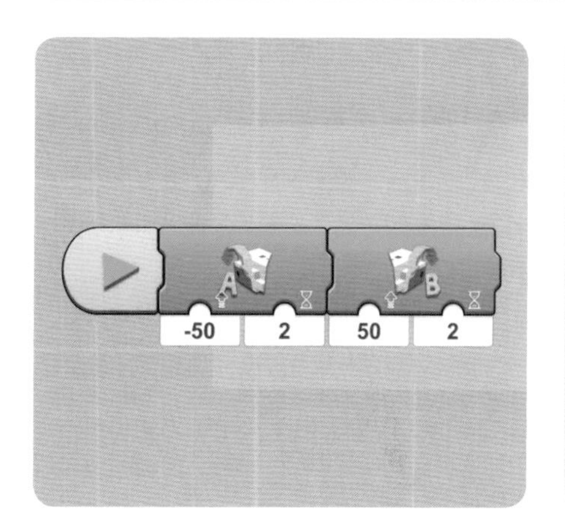
A
B
-50
2
50
2

更多想法

#93

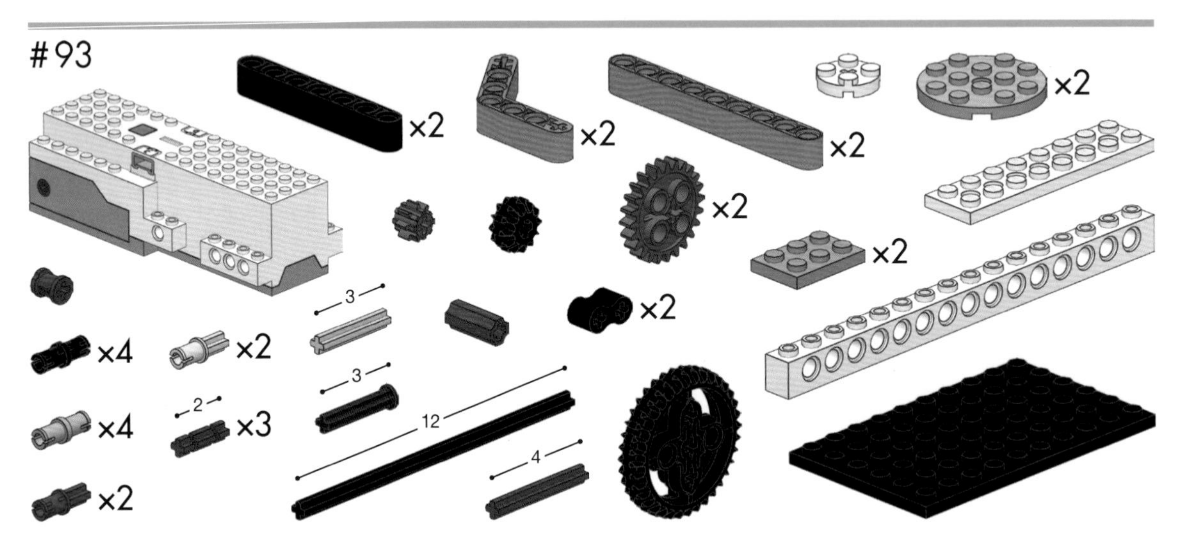

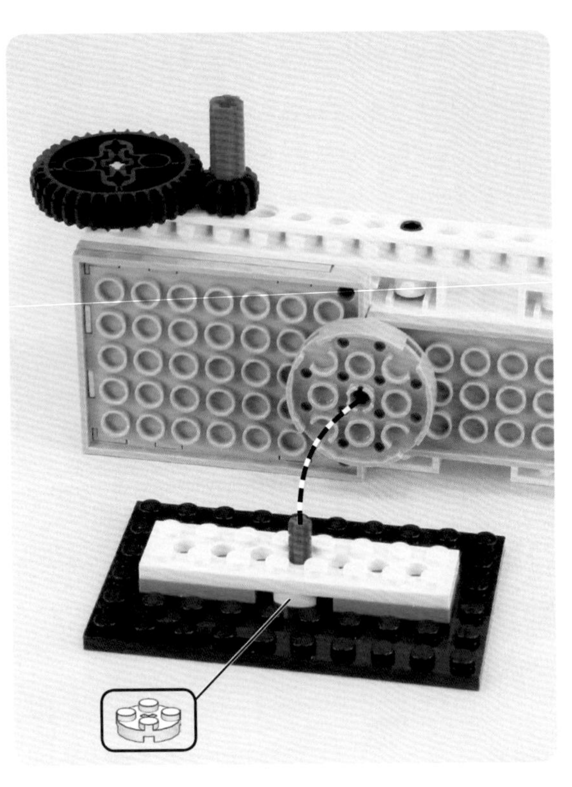

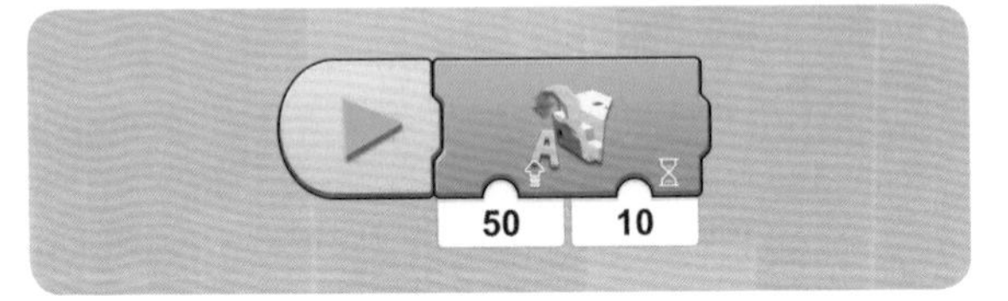
50
10

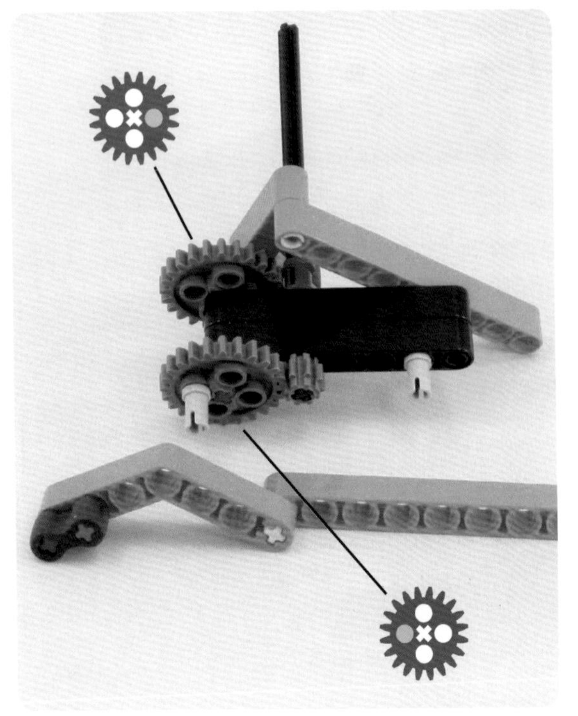

#94

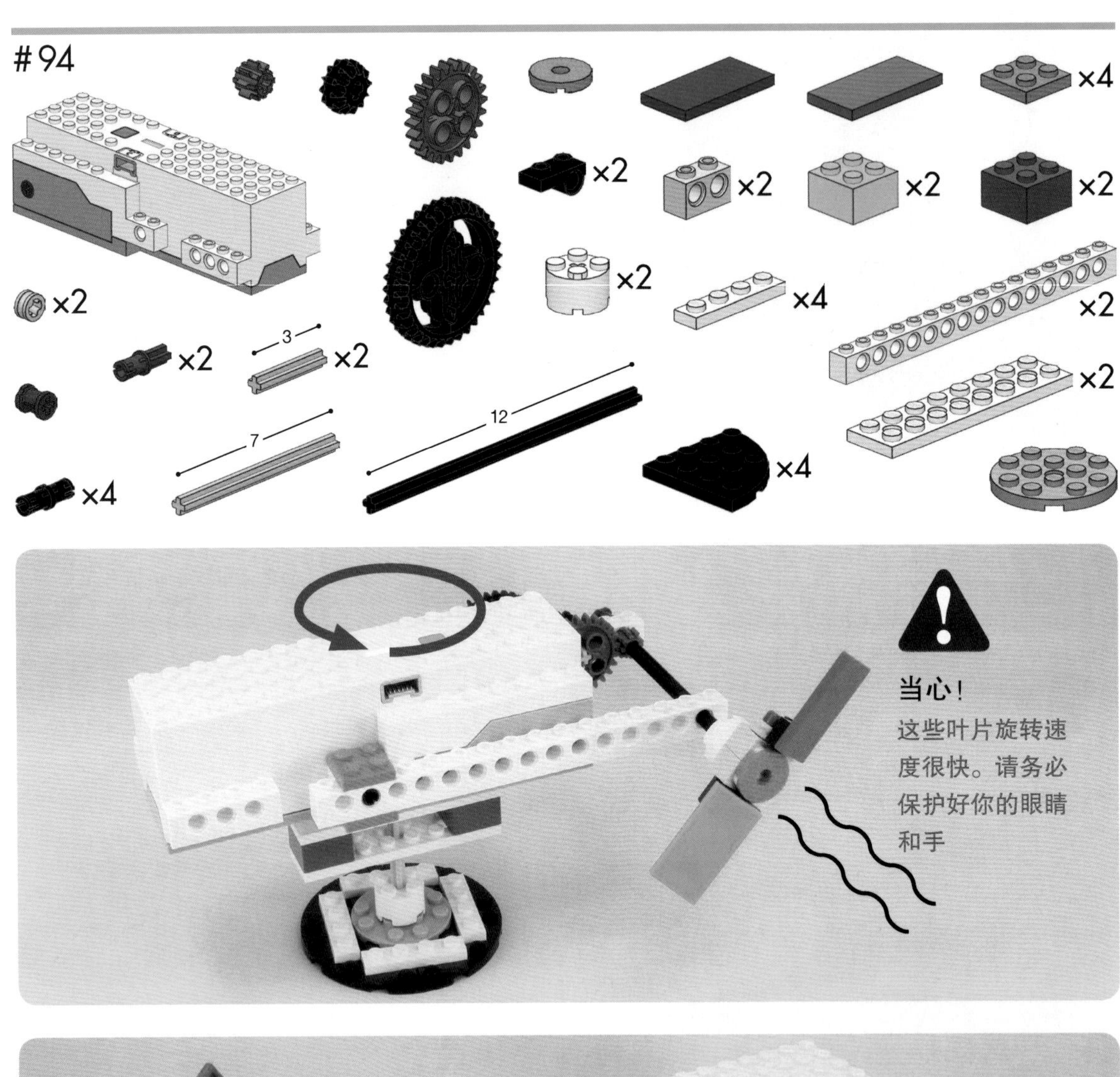

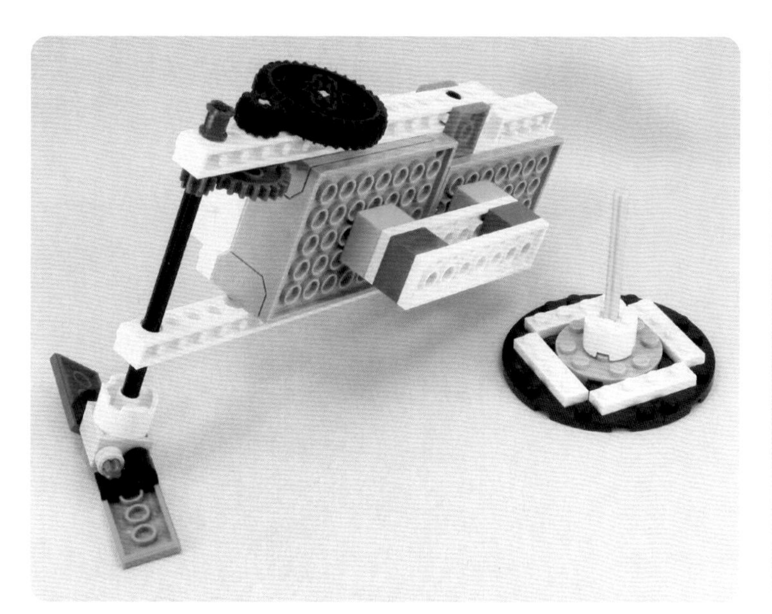

80

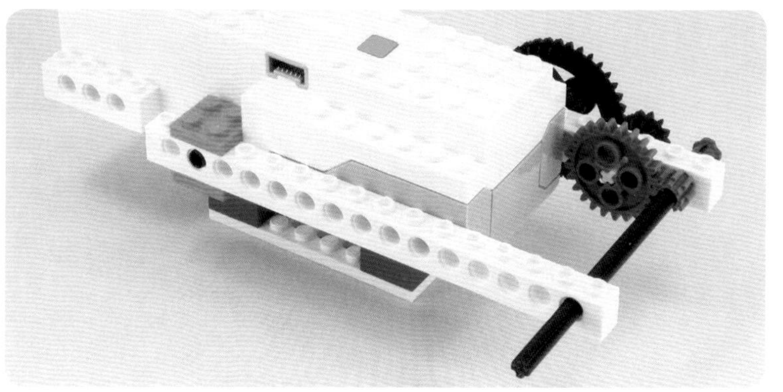

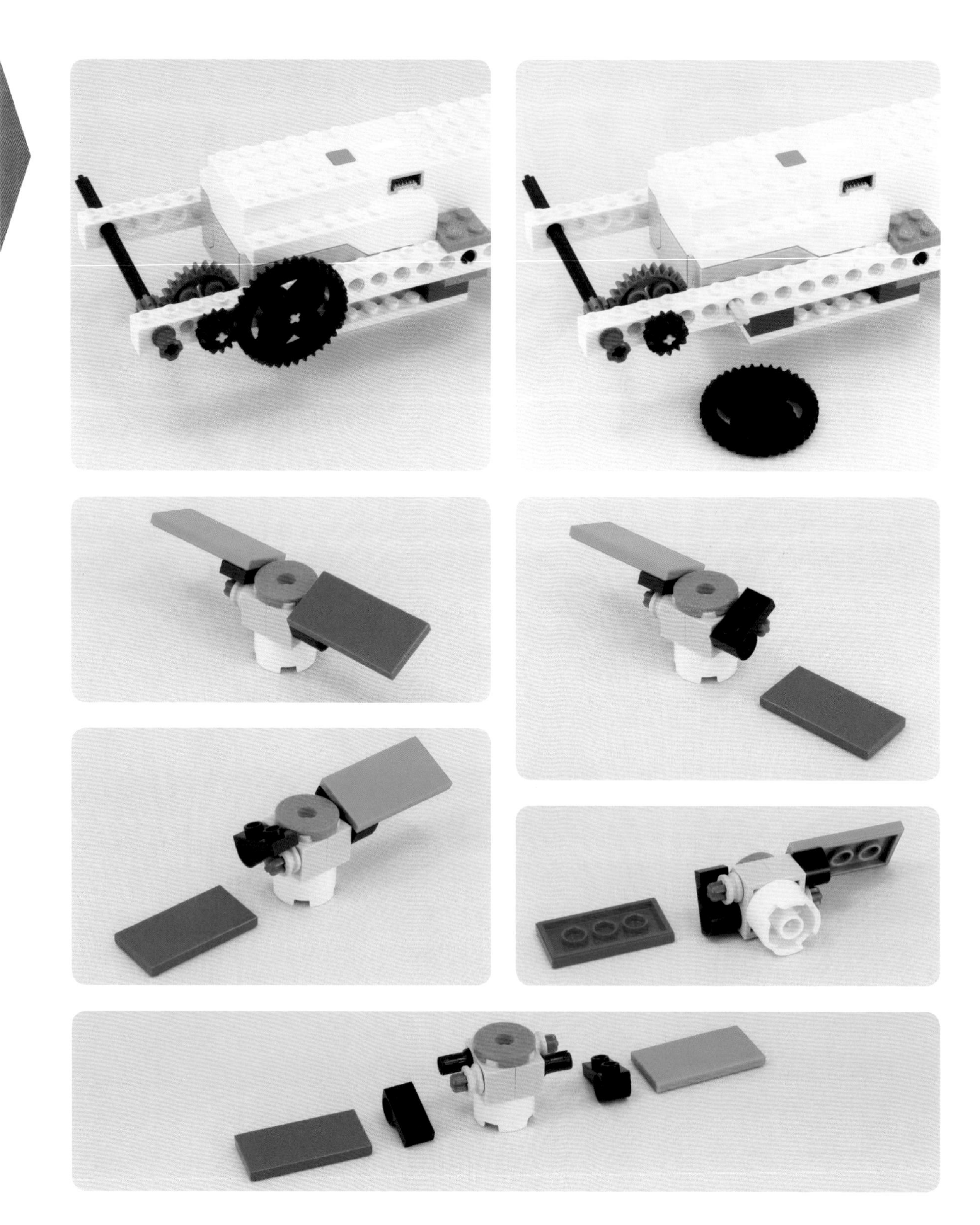

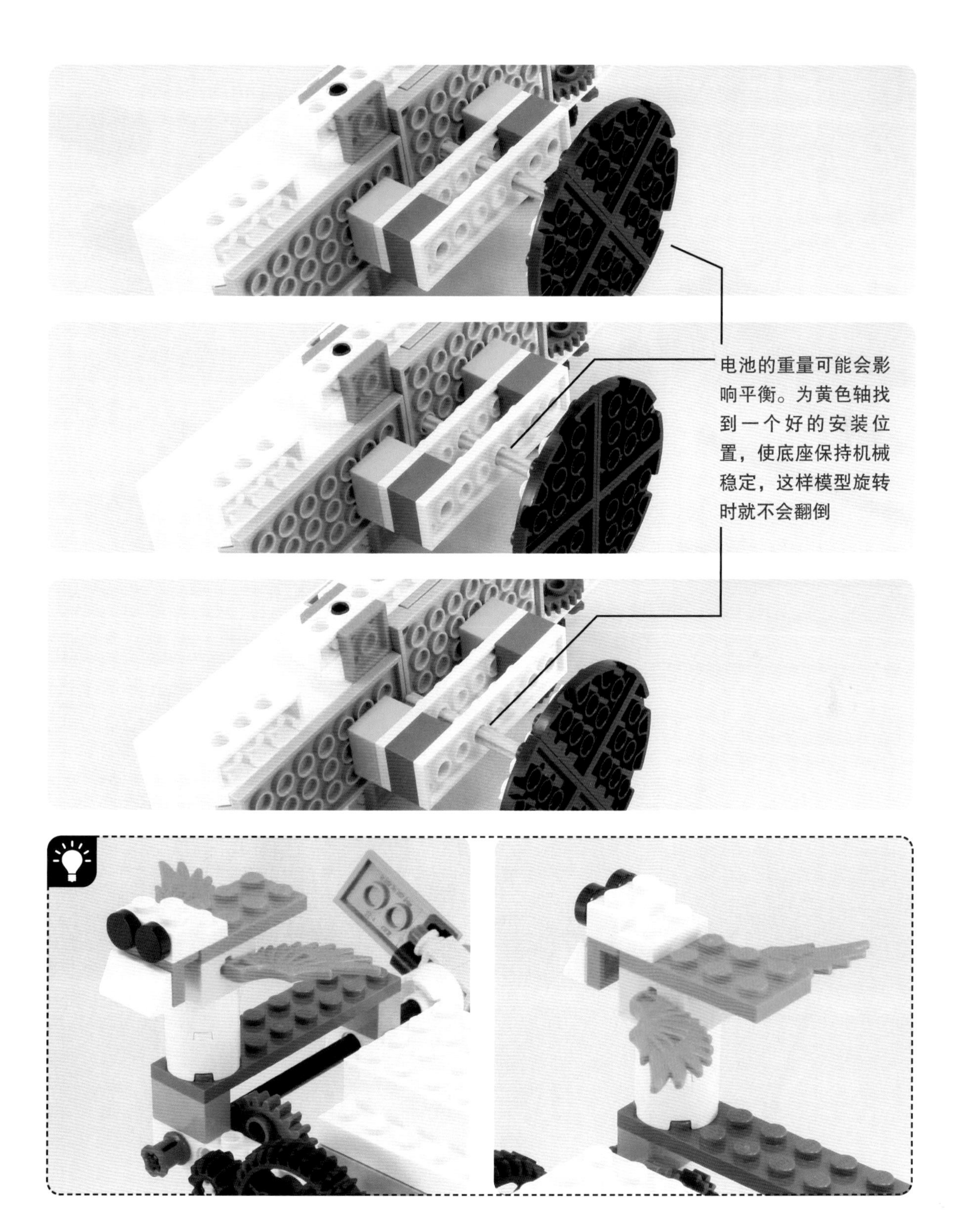
电池的重量可能会影响平衡。为黄色轴找到一个好的安装位置，使底座保持机械稳定，这样模型旋转时就不会翻倒

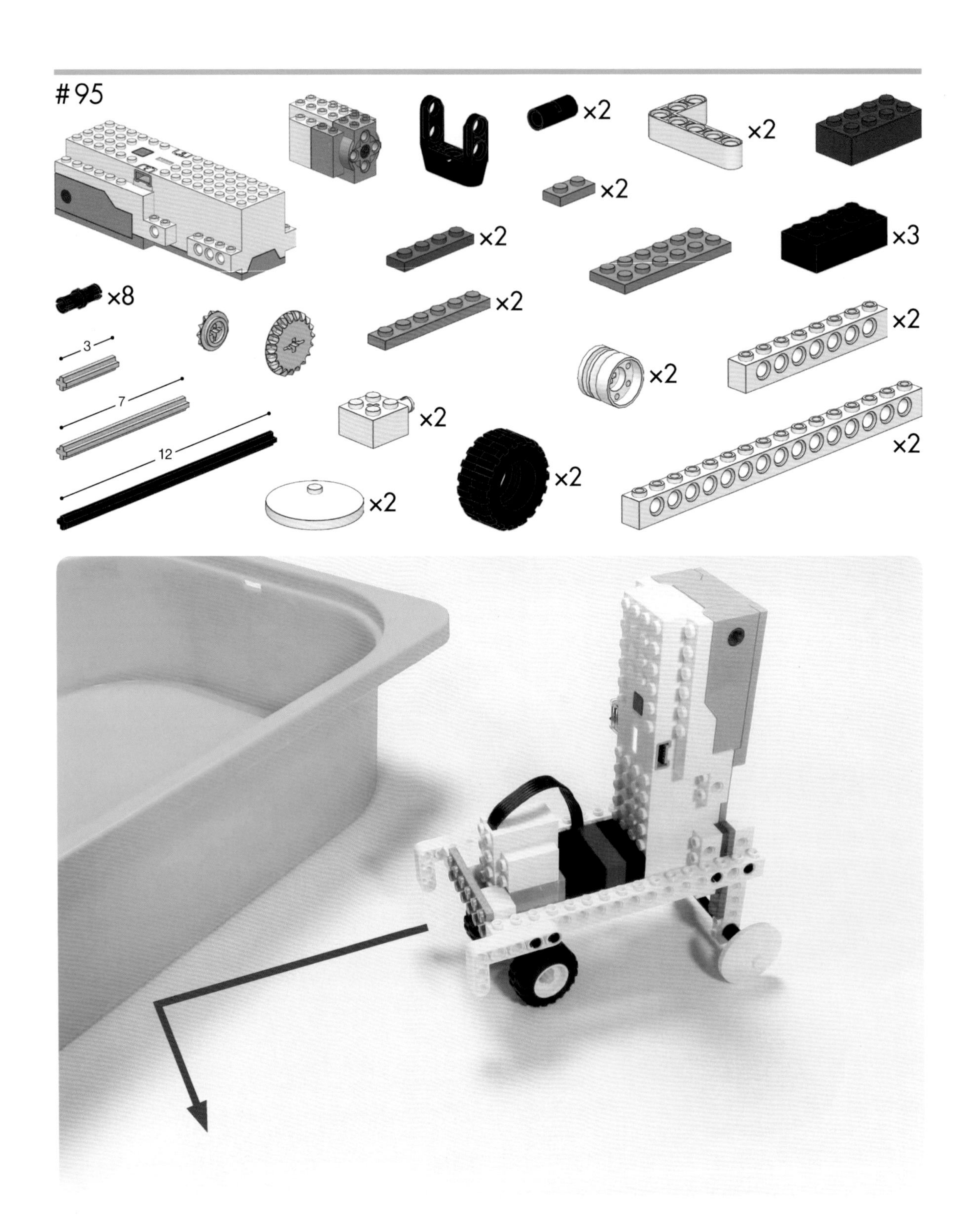

#95
×2
×2
×2
×2
×3
×8
×2
3
7
12
×2
×2
×2
×2
×2
×2
×2

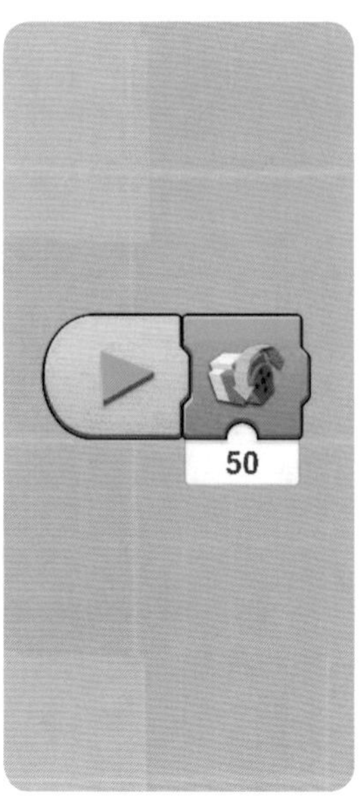
50

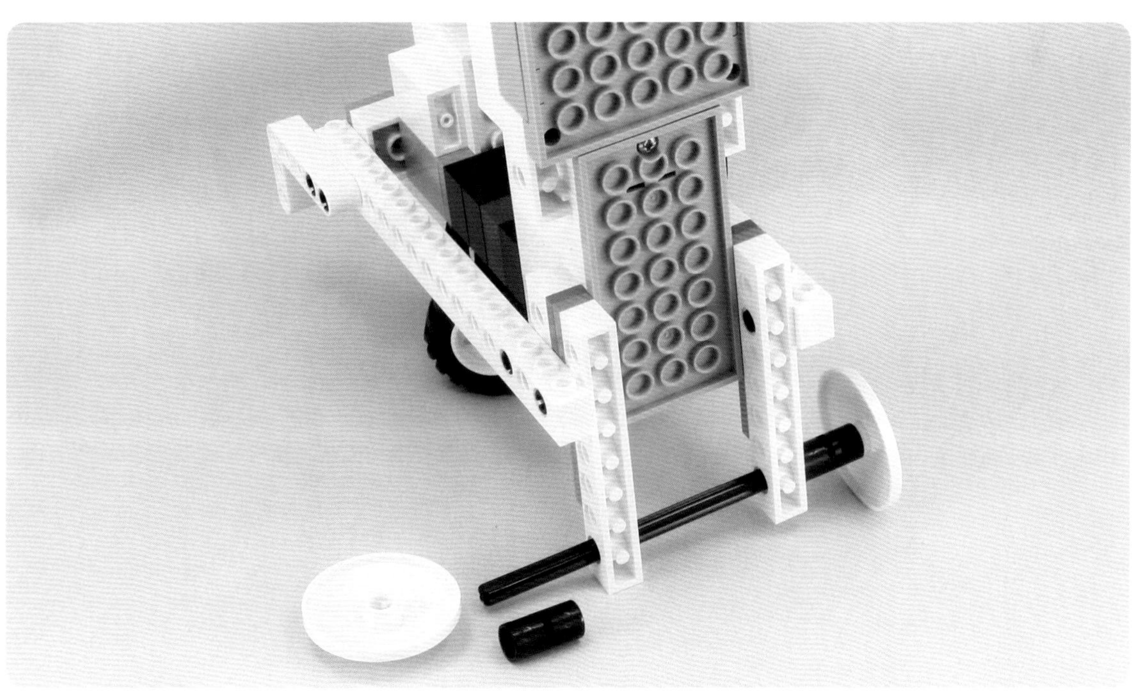

期待下一次再见!

—— 推荐阅读 ——

玩转乐高 BOOST：超好玩的创意搭建编程指南

[德] 亨利·克拉斯曼（Henry Krasemann）等著　　孟辉 杨慧利 译

乐高 BOOST 是一款可以让乐高积木动起来的可编程机器人，更是一款性价比超高、可玩性非常丰富的玩具。

如果想要充分发挥 BOOST 的潜力，你会很需要本书。本书是乐高 BOOST 套装非常有益的补充，为这个可爱的 BOOST 套装提供了详细的使用指南。本书首先介绍了套装自带的 5 个基础模型，为大家提供了宝贵的使用技巧，并展示了如何在此基础上进行扩展。

本书还详细介绍了乐高 BOOST 应用程序的使用方法，介绍了该软件各种重要命令和有趣功能。更重要的是，本书创新搭建了 5 个全新的 BOOST 模型，以丰富的搭建说明鼓励孩子使用 BOOST 做进一步的探索。

—— 推荐阅读 ——

玩转乐高 EV3 机器人：玛雅历险记（原书第 2 版）

［美］马克·贝尔（Mark Bell）等著　　孟辉 韦皓文 林业渊 译

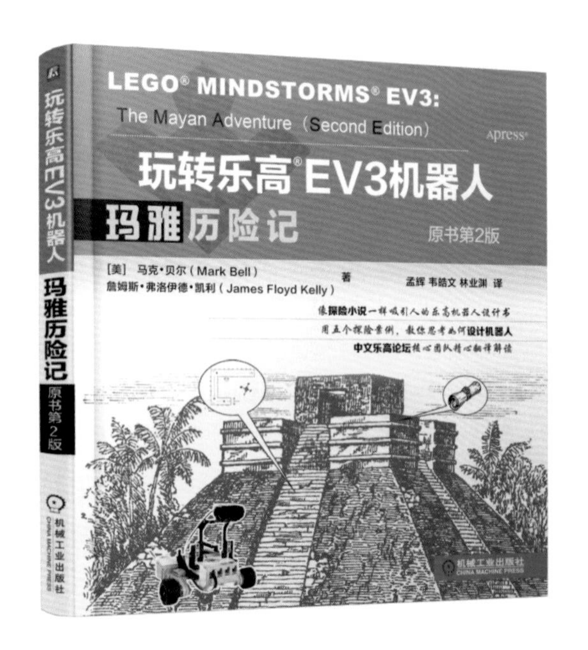

“我要从哪里开始？设计机器人应该从哪里开始？”而本书的核心就是要回答这个问题。

- **教你关注机器人的工作环境和任务详情**
- **教你机器人的设计思路**
- **教你如何测试机器人**
- **教你搭建和编程知识**

情节像探险小说一样吸引人的乐高机器人设计书。

用五个生动的机器人案例，教你思考如何设计机器人开展玛雅历险。

中文乐高论坛核心团队精心翻译解读。

在这个有趣的玛雅寻宝历险故事中你将领略到设计乐高 EV3 机器人的乐趣。你也许看过很多乐高书会教你如何搭建各种物品，但却很少有书教你思考如何设计机器人去解决现实问题。在这个寻宝历险故事中，主人公埃文会遇到多个挑战，而作者将如何设计机器人的各种知识、方法与经验完美融入了情节中，让埃文和他的 EV3 机器人一起迎接挑战。

参加各种机器人竞赛的教练和队员、机器人课程的老师和学生，还有机器人爱好者们，都会从本书中受益匪浅。

—— 推荐阅读 ——

玩转乐高 EV3：搭建和编程 AI 机器人

［美］凯尔·马克兰（Kyle Markland）著　　　　孟辉 姚力 林业渊 韦皓文 译

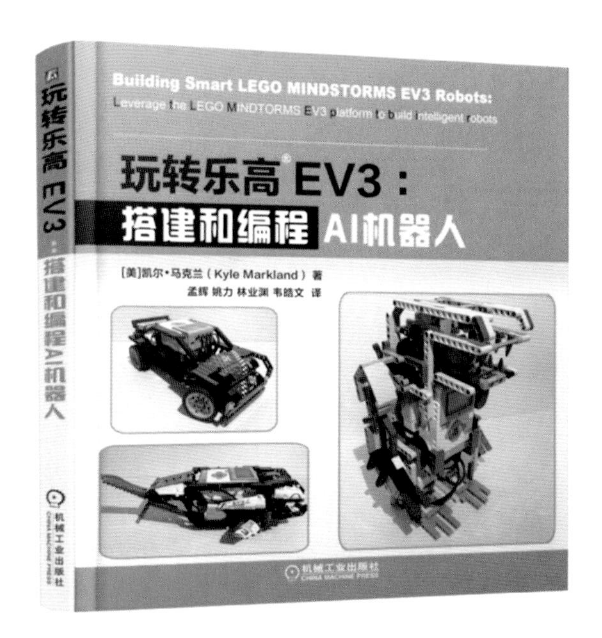

• 乐高官方头脑风暴社区合作伙伴倾力创作，乐高头脑风暴社区重点推荐

• 青少年人工智能（AI）入门的好方法

• 6 个从初级到高级的 EV3 项目，学习掌握搭建 AI 机器人（防卫坦克、欧姆尼陆地车、蒂米顿鲨鱼、格兰特魔兽、猎鹰遥控赛车、GPS 自主导航车），配有完整搭建过程和程序图

本书通过从初级到高级的 6 个 EV3 项目，讲解智能机器人的搭建和编程知识，并以实际生活中的 AI 机器人应用与之相对应。帮助读者全面深入掌握 EV3 技能与了 AI 应用，开发制作出自己的智能机器人。

学习创造是一种乐趣，本书适合任何对机器人感兴趣、想学习搭建和编程的读者，无论你是青少年还是成年人，都可以获得创造的乐趣。

—— 推荐阅读 ——

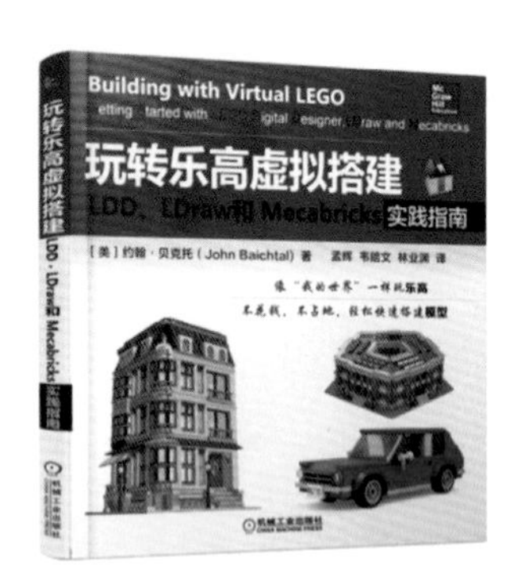

玩转乐高虚拟搭建：LDD、LDraw 和 Mecabricks 实践指南

像“我的世界”一样玩乐高，不花钱，不占地，轻松快速搭建乐高模型。

玩转乐高　探索 EV3

使用乐高 EV3 探索搭建和创造基于传感器的交互式机器人。

一本适合 FLL 和 WRO 赛事的实用指南，超越基本教程，结合核心编程命令与逐步搭建说明，探索创造机器人。

玩转乐高　拓展 EV3

顶级创客约翰·贝克托带领你如何突破 EV3 的极限

完成五个不可思议的机器人项目，打造 DIY 的全新高度